GONGNENG
SHIPIN

高职高专"十一五"规划教材
★ 食品类系列

功能食品

常 锋 顾宗珠 主编 张焕新 黎海彬 副主编

 化学工业出版社

·北 京·

内 容 简 介

　　本书依据国内外功能食品研发的重点以及行业现状,结合高职高专学生的基础和就业需求,首先详述了有关功能性成分的生理作用,并介绍了功能性食品开发的原理、方法和食品功能因子的制备及提取技术;本着为行业服务的目的,本书将功能食品的评价、管理和质量控制以及有效成分的检测也作为一个重点内容加以介绍,并融入了最新研究成果和技术。本书后附有国家认定的药食同源物品的性状和相关的最新政策法规。

　　本书可供高职高专食品类各专业师生使用,也可供功能食品生产企业的技术人员、管理人员参考,对需要了解功能食品生理特性以及养生保健的广大读者,也有一定参考价值。

图书在版编目(CIP)数据

功能食品/常锋,顾宗珠主编. —北京:化学工业出版
社,2009.1(2022.1重印)
高职高专"十一五"规划教材★食品类系列
ISBN 978-7-122-04405-1

Ⅰ.功… Ⅱ.①常…②顾… Ⅲ.功能(保健)食品-
高等学校:技术学院-教材 Ⅳ.TS218

中国版本图书馆 CIP 数据核字(2008)第 207824 号

责任编辑:梁静丽 李植峰 郎红旗　　　　　文字编辑:张春娥
责任校对:洪雅姝　　　　　　　　　　　　装帧设计:尹琳琳

出版发行:化学工业出版社(北京市东城区青年湖南街 13 号　邮政编码 100011)
印　　刷:北京京华铭诚工贸有限公司
装　　订:三河市振勇印装有限公司
787mm×1092mm　1/16　印张 12¾　字数 309 千字　2022 年 1 月北京第 1 版第 16 次印刷

购书咨询:010-64518888　　　　　　　　售后服务:010-64518899
网　　址:http://www.cip.com.cn
凡购买本书,如有缺损质量问题,本社销售中心负责调换。

定　　价:35.00 元

高职高专食品类"十一五"规划教材
建设委员会成员名单

主任委员　　贡汉坤　　逯家富

副主任委员　杨宝进　朱维军　于　雷　刘　冬　徐忠传　朱国辉　丁立孝
　　　　　　李靖靖　程云燕　杨昌鹏

委　　员　　（按姓名汉语拼音排列）

边静玮	蔡晓雯	常　锋	程云燕	丁立孝	贡汉坤	顾鹏程
郝亚菊	郝育忠	贾怀峰	李崇高	李春迎	李慧东	李靖靖
李伟华	李五聚	李　霞	李正英	刘　冬	刘　靖	娄金华
陆　旋	逯家富	秦玉丽	沈泽智	石　晓	王百木	王德静
王方林	王文焕	王宇鸿	魏庆葆	翁连海	吴晓彤	徐忠传
杨宝进	杨昌鹏	杨登想	于　雷	臧凤军	张百胜	张　海
张奇志	张　胜	赵金海	郑显义	朱国辉	朱维军	祝战斌

高职高专食品类"十一五"规划教材
编审委员会成员名单

主任委员　　莫慧平

副主任委员　魏振枢　魏明奎　夏　红　翟玮玮　赵晨霞　蔡　健
　　　　　　蔡花真　徐亚杰

委　　员　　（按姓名汉语拼音排列）

艾苏龙	蔡花真	蔡　健	陈红霞	陈月英	陈忠军	初　峰
崔俊林	符明淳	顾宗珠	郭晓昭	郭　永	胡斌杰	胡永源
黄卫萍	黄贤刚	金明琴	李春光	李翠华	李东凤	李福泉
李秀娟	李云捷	廖　威	刘红梅	刘　静	刘志丽	陆　霞
孟宏昌	莫慧平	农志荣	庞彩霞	彭　宏	邵伯进	宋卫江
隋继学	陶令霞	汪玉光	王立新	王丽琼	王卫红	王学民
王雪莲	魏明奎	魏振枢	吴秋波	夏　红	熊万斌	徐亚杰
严佩峰	杨国伟	杨芝萍	余奇飞	袁　仲	岳　春	翟玮玮
詹忠根	张德广	张海芳	张红润	赵晨霞	赵晓华	周晓莉
朱成庆						

高职高专食品类"十一五"规划教材建设单位

（按汉语拼音排列）

宝鸡职业技术学院　　　　　　江西工业贸易职业技术学院
北京电子科技职业学院　　　　焦作大学
北京农业职业学院　　　　　　荆楚理工学院
滨州市技术学院　　　　　　　景德镇高等专科学校
滨州职业学院　　　　　　　　开封大学
长春职业技术学院　　　　　　漯河医学高等专科学校
常熟理工学院　　　　　　　　漯河职业技术学院
重庆工贸职业技术学院　　　　南阳理工学院
重庆三峡职业学院　　　　　　内江职业技术学院
东营职业学院　　　　　　　　内蒙古大学
福建华南女子职业学院　　　　内蒙古化工职业学院
福建农业职业技术学院　　　　内蒙古农业大学职业技术学院
广东农工商职业技术学院　　　内蒙古商贸职业学院
广东轻工职业技术学院　　　　宁德职业技术学院
广西农业职业技术学院　　　　平顶山工业职业技术学院
广西职业技术学院　　　　　　濮阳职业技术学院
广州城市职业学院　　　　　　日照职业技术学院
海南职业技术学院　　　　　　山东商务职业学院
河北交通职业技术学院　　　　商丘职业技术学院
河南工业贸易职业学院　　　　深圳职业技术学院
河南农业职业学院　　　　　　沈阳师范大学
河南商业高等专科学校　　　　双汇实业集团有限责任公司
河南质量工程职业学院　　　　苏州农业职业技术学院
黑龙江农业职业技术学院　　　天津职业大学
黑龙江畜牧兽医职业学院　　　武汉生物工程学院
呼和浩特职业学院　　　　　　襄樊职业技术学院
湖北大学知行学院　　　　　　信阳农业高等专科学校
湖北轻工职业技术学院　　　　杨凌职业技术学院
湖州职业技术学院　　　　　　永城职业学院
黄河水利职业技术学院　　　　漳州职业技术学院
济宁职业技术学院　　　　　　浙江经贸职业技术学院
嘉兴职业技术学院　　　　　　郑州牧业工程高等专科学校
江苏财经职业技术学院　　　　郑州轻工职业学院
江苏农林职业技术学院　　　　中国神马集团
江苏食品职业技术学院　　　　中州大学
江苏畜牧兽医职业技术学院

《功能食品》编写人员名单

主　　编　　常　锋　中州大学

　　　　　　顾宗珠　广东轻工职业技术学院

副 主 编　　张焕新　江苏畜牧兽医职业技术学院

　　　　　　黎海彬　广州城市职业学院

编写人员　（按姓名汉语拼音排列）

　　　　　　常　锋　中州大学

　　　　　　顾宗珠　广东轻工职业技术学院

　　　　　　何飞燕　广西职业技术学院

　　　　　　黎海彬　广州城市职业学院

　　　　　　李　磊　河南商业高等专科学校

　　　　　　刘张虎　湖北大学知行学院

　　　　　　慕永利　平顶山工业职业技术学院

　　　　　　彭　宏　福建农业职业技术学院

　　　　　　张焕新　江苏畜牧兽医职业技术学院

　　　　　　张　霁　商丘职业技术学院

序

作为高等教育发展中的一个类型，近年来我国的高职高专教育蓬勃发展，"十五"期间是其跨越式发展阶段，高职高专教育的规模空前壮大，专业建设、改革和发展思路进一步明晰，教育研究和教学实践都取得了丰硕成果。各级教育主管部门、高职高专院校以及各类出版社对高职高专教材建设给予了较大的支持和投入，出版了一些特色教材，但由于整个高职高专教育改革尚处于探索阶段，故而"十五"期间出版的一些教材难免存在一定程度的不足。课程改革和教材建设的相对滞后也导致目前的人才培养效果与市场需求之间还存在着一定的偏差。为适应高职高专教学的发展，在总结"十五"期间高职高专教学改革成果的基础上，组织编写一批突出高职高专教育特色，以培养适应行业需要的高级技能型人才为目标的高质量的教材不仅十分必要，而且十分迫切。

教育部《关于全面提高高等职业教育教学质量的若干意见》（教高［2006］16 号）中提出将重点建设好 3000 种左右国家规划教材，号召教师与行业企业共同开发紧密结合生产实际的实训教材。"十一五"期间，教育部将深化教学内容和课程体系改革、全面提高高等职业教育教学质量作为工作重点，从培养目标、专业改革与建设、人才培养模式、实训基地建设、教学团队建设、教学质量保障体系、领导管理规范化等多方面对高等职业教育提出新的要求。这对于教材建设既是机遇，又是挑战，每一个与高职高专教育相关的部门和个人都有责任、有义务为高职高专教材建设作出贡献。

化学工业出版社为中央级综合科技出版社，是国家规划教材的重要出版基地，为我国高等教育的发展做出了积极贡献，被新闻出版总署领导评价为"导向正确、管理规范、特色鲜明、效益良好的模范出版社"，最近荣获中国出版政府奖——先进出版单位奖。依照教育部的部署和要求，2006 年化学工业出版社在"教育部高等学校高职高专食品类专业教学指导委员会"的指导下，邀请开设食品类专业的 60 余家高职高专骨干院校和食品相关行业企业作为教材建设单位，共同研讨开发食品类高职高专"十一五"规划教材，成立了"高职高专食品类'十一五'规划教材建设委员会"和"高职高专食品类'十一五'规划教材编审委员会"，拟在"十一五"期间组织相关院校的一线教师和相关企业的技术人员，在深入调研、整体规划的基础上，编写出版一套食品类相关专业基础课、专业课及专业相关外延课程教材——"高职高专'十一五'规划教材★食品类系列"。该批教材将涵盖各类高职高专院校的食品加工、食品营养与检测和食品生物技术等专业开设的课程，从而形成优化配套的高职高专教材体系。目前，该套教材的首批编写计划已顺利实施，首批 60 余本教材将于 2008 年陆续出版。

　　该套教材的建设贯彻了以应用性职业岗位需求为中心，以素质教育、创新教育为基础，以学生能力培养为本位的教育理念；教材编写中突出了理论知识"必需"、"够用"、"管用"的原则；体现了以职业需求为导向的原则；坚持了以职业能力培养为主线的原则；体现了以常规技术为基础、关键技术为重点、先进技术为导向的与时俱进的原则。整套教材具有较好的系统性和规划性。此套教材汇集众多食品类高职高专院校教师的教学经验和教改成果，又得到了相关行业企业专家的指导和积极参与，相信它的出版不仅能较好地满足高职高专食品类专业的教学需求，而且对促进高职高专课程建设与改革、提高教学质量也将起到积极的推动作用。

　　希望每一位与高职高专食品类专业教育相关的教师和行业技术人员，都能关注、参与此套教材的建设，并提出宝贵的意见和建议。毕竟，为高职高专食品类专业教育服务，共同开发、建设出一套优质教材是我们应尽的责任和义务。

贡汉坤

前　言

随着社会的进步、经济的发展和人民生活水平的不断提高，食品的功能如今已不再被认为只是提供给人们生化能量，人们对食品的要求已不再局限于解决温饱、满足口腹、享受美食之欲，已经开始通过提取食品中的营养成分来维持和增进身体的健康，帮助人类减少诸如糖尿病、心脏病、动脉硬化、高血压、骨质疏松症、关节炎和癌症、食物过敏等综合性疾病的发生，或是以此来改进由于社会竞争、生存环境、职业等因素造成的亚健康状态。现如今，随着对"食品裨益健康"这一观点理解的加深，人们开始对食品及其主要营养成分的防病价值进行重新认识。在这一大背景下，"功能食品"这一概念在 20 世纪 80 年代产生并在全球迅速传播。

功能食品（functional food）在我国也称之为保健食品（health food）。至今，国际上通用"功能食品"一词，故而本书仍采用《功能食品》作为书名。功能食品中的特殊成分可以有助于人体健康，这就是功能食品有益于特定人体功能的潜在价值。功能食品除了具有一般食品皆具备的营养价值和感官功能外，还具有调节人体生理活动、促进健康的效果，如延缓衰老，改善记忆，缓解疲劳，减肥，美容，辅助降血脂、血糖、血压等方面，亦利于让慢性疾病患者、处于生长发育期的儿童以及老年人群通过膳食获得某些特殊功效。

本书依据国内外功能食品研发的重点以及行业现状，结合高职高专学生的基础和就业需求，主要讲述了功能食品和健康的关系，功能食品的行业现状，功能性成分及其生理作用，功能食品开发的原理、方法，食品功能因子的制备和提取技术，功能食品的评价、管理和质量控制以及有效成分的检测等内容，并尽量选择功能食品生产中使用频率较高的技术。本书每章前设【学习目标】，章后精选【复习思考题】，以方便学生及时掌握知识和引导读者自学。本书后附有国家认定的药食同源物品的性状和相关的最新政策法规（附录一、附录二）。

本书编写分工如下：常锋编写第一章（第一、二节）黎海彬编写第一章第三节、第三章第一节，何飞燕编写第二章、第六章（第一、二节），刘张虎编写第三章第二节、第五章第三节，张霁编写第四章、第五章第一节、第六章第十节第二部分，李磊编写第五章第二节、第六章（第七、八节和第十节第一部分），张焕新编写第六章（第三、四节）、第八章，彭宏编写第六章（第五、六节），慕永利编写第六章第九节、第九章，顾宗珠编写第七章。全书由常锋统稿。

本书内容新颖，注重系统性、实用性和先进性，可供高职高专食品类食品加工技术、食品营养与检测、食品营养与卫生、食品营销等专业师生使用，也可供功能食品生产企业的技术人员、管理人员参考，对需要了解功能食品生理特性以及养生保健的广大读者，也有一定的参考价值。

由于编者水平和能力有限，加之时间仓促，难免有不妥之处，敬请各位专家和广大读者批评指正。

编者

2008 年 12 月

目 录

第一章 绪 论

学习目标

1. 正确认识健康和亚健康的内涵，了解亚健康的分类和起因。

2. 掌握功能食品的定义及分类，掌握功效成分的含义和分类。

3. 掌握功能食品与药品的区别，了解功能食品与药膳食品、黑色食品和绿色食品的区别。

4. 了解国内外功能食品的发展现状和前景，分析我国功能食品发展中存在的问题。

5. 了解高新技术在功能食品中的应用。

第一节 功能食品与健康

进入 21 世纪后，随着我国经济的迅速发展，人民生活水平大幅度提高。与此同时，因营养过剩和营养失调而产生的现代文明病，如肥胖症、心脑血管病、糖尿病、肿瘤等，以及人口老龄化、环境污染问题等逐渐增加，开始严重地威胁着人类的健康，并成为世界各国所面临的日益严重的社会问题。21 世纪，健康成为了人类最重要的问题，人们对于获得并保持健康的愿望日益增强，开始注重健康投资；人们对食品的功能也提出了更高的要求，具有调节生理、预防疾病和促进康复的功能食品受到了人们的普遍关注。

一、健康与亚健康

1. 健康

（1）对健康的认识 人人都希望健康，并把健康视为人生的宝贵财富。随着社会经济和文化的发展，健康的内涵和外延也发生了重大变化，人们已由原来的单一维度、消极的健康模式向着多维度、积极的整体健康模式发展，加深了对健康的认识和理解，促进了健康事业的发展。

20 世纪前，人们对健康的认识说得简单一点，那就是不生病，仅此而已！1984 年，世界卫生组织（WHO）在制定的世界保健大宪章中指出："健康不仅仅是没有病和虚弱症状，而且是生理上、心理上和社会适应能力上三方面的完美结合。"1990 年，世界卫生组织又在此基础上增加了道德健康。所谓道德健康，是指不能损害他人利益来满足自己的需要，能按照社会认可的道德行为规范准则约束自己及支配自己的思维和行为，具有辨别真伪、善恶、荣辱的是非观念和能力。

10 年后，即 2000 年，世界卫生组织又提出了"合理膳食，戒烟，心理健康，克服紧张压力，体育锻炼"的促进健康新准则。明确指出了只有在躯体健康、心理健康、社会良好适应能力、道德健康和生殖健康五方面都具备，才称得上是真正意义上的健康。

（2）衡量健康的标准 为了进一步使人们完整和准确地理解健康的概念，世界卫生组织提出了人体健康的 10 条标准：①有充沛的精力，能从容不迫地担负日常生活和繁重工作，而且不感到过分紧张与疲劳；②处事乐观，态度积极，乐于承担责任，事无大小，不挑剔；③善于休息，睡眠好；④应变能力强，能适应外界环境的各种变化；⑤能够抵抗一般性感冒和传染病；⑥体重适当，身体匀称，站立时头、肩、臀位置协调；⑦眼睛明亮，反应敏捷，眼睑不易发炎；⑧牙齿清洁，无龋齿，不疼痛，牙齿颜色正常，无出血现象；⑨头发有光泽，无头痛；⑩肌肉丰满，皮肤有弹性。

世界卫生组织同时还提出了心理健康的 7 条标准：①智力正常；②善于协调和控制情绪；③具有较强的意志和品质；④人际关系和谐；⑤主动地适应并改善现实环境；⑥保持人格的完整和健康；⑦心理行为符合年龄特征。

世界卫生组织《维多利亚宣言》明确指出："现有的科学知识和方法已足以预防大多数疾病，人们对其优劣利弊也有能力进行鉴定。但有四项因素是每个人必须具备的，称为健康的四大基石，即合理膳食、适量运动、生活规律、心理平衡。"做到了这四项就可解决 60% 的健康问题。此外，国内外营养学家、医学家、心理学家等也从不同的角度、不同的侧面，以不同的形式提出了多种判断人类健康的方法。健康已不仅仅属于医学的范畴，还属于社会学、经济学的范畴。

关于健康的任何一种说明，其实都突出强调了它在生物属性和社会属性方面的特点：健康在生物属性方面，不单纯是指人体没有病痛，而且还强调了人在气质、性格、情绪、智力等方面的完好状态；健康在社会属性方面，要求人们的社会生活、人际关系、社会地位、生活方式正常，在环境、物质和精神生活的满意度方面也属正常。

健康是一个动态的概念，是社会进步、物质文明和精神文明共同发展的重要标志，是社会与个人整体综合素质的集中体现。随着社会经济、医疗卫生技术的进步和人们生活水平的提高，人们对健康内涵的认识也会不断加深。

2. 亚健康

亚健康已成为 21 世纪人类健康的头号大敌。据世界卫生组织的一项全球性调查表明，真正健康的人仅占 5%，患有疾病的人占 20%，而 75% 的人处于亚健康状态，如不加以重视，疾病就会接踵而至。

（1）对亚健康的认识 亚健康（sub-health）概念首先是由前苏联学者 N. 布赫曼教授于 20 世纪 80 年代中期提出的。后来许多学者通过研究发现，除了健康（第一种状态）和疾病（第二种状态）之外，人体的确存在着一种非健康非患病的中间状态（第三种状态），称其为"亚健康"。亚健康是指健康的透支状态，即身体确有种种不适，表现为易疲劳，体力、适应力和应变力衰退，但又没有发现器质性病变的状态。亚健康因介于健康到疾病这个连续过程之间，它既可以因为采取自觉的防范措施处理及时而恢复到健康状态，又可以因为处置不当而自发向疾病转化。亚健康患者除有许多不适应症状外，现代医学的理化检查往往没有异常发现，这正是亚健康的危害所在，使人们往往忽视了对身体不适所进行的进一步检查以及动态观察与调控而导致意外。

（2）亚健康分类 亚健康主要分为躯体性亚健康、心理性亚健康、社交性亚健康和道德亚健康 4 类。

① 躯体性亚健康。有头晕头疼、两目干涩、胸闷气短、心慌、疲倦乏力、少气懒言、脘腹痞闷、胸胁胀满、食欲不振、消化吸收不良等症状。

② 心理性亚健康。有精神不振、情绪低落、抑郁寡欢、情绪急躁易怒、心中懊悔、紧张、焦虑不安、睡眠不佳、记忆力减退、无兴趣爱好、精力下降等症状。

③ 社交性亚健康。孤独、冷漠、自卑、猜疑、自闭、虚荣、傲慢等是社会人际交往性

亚健康的代表现象。

④ 道德亚健康。持续的道德问题会直接导致行为的偏差、失范和越轨，从而产生一种内心深处的不安、沮丧和自我评价降低的状态。由于思维方法不科学、错误选择接受、社会默化、从众、去个性化等心理影响，在某些特定的时空，许多人存在人生观、世界观、价值观上的认识偏差，出现了道德和行为的问题，造成了不利于自己和社会的后果，既违反了社会伦理、道德规范，又损害了自己的身心，甚至走上了违法犯罪的道路。

（3）亚健康的起因　亚健康的起因有多种，有社会因素、心理因素、生物因素、生活因素、环境因素等的不良影响，是多方面因素作用的结果。

① 社会因素。生活、工作节奏加快，长时间不间断超个人能力的工作易产生疲劳；人际关系复杂，缺少情感交流，建立和处理人际关系变得谨慎和困难；不适应社会发展新形势以及由此带来的诸多新问题。

② 心理因素。巨大的心理压力超出人的承受能力，使心理脆弱的人产生一系列心理不适症状，尤其是 A 型、C 型性格。A 型性格有强烈的竞争心理，脾气急躁，以快节奏、高效率、强竞争力以及强烈的好胜心为外显特征，又称"经理性格"。随着社会的不断发展，A 型行为者将会越来越多。A 型行为者的时间紧迫感特强，好胜心过强，容易发生激动、发怒、焦虑、不耐烦等所谓情绪反应，这恰恰是心血管疾病的诱因。C 型性格的"C"是cancer（癌）一词的第一个字母，指容易发生癌变的性格行为，C 型性格行为的癌症发生率是普通人群的 3 倍，主要原因是性格抑郁、内心痛苦、怒气难消、逆来顺受、焦虑不安、心情紧张等。

③ 生物因素。病毒感染、内分泌失调、代谢异常、免疫学异常等均可引起免疫功能紊乱，导致亚健康状态的发生。

④ 生活因素。不良生活方式是造成亚健康状态很重要的原因，其中吸烟、严重酗酒、膳食不平衡、运动不足、睡眠不足等是主要原因。

⑤ 环境因素。水源污染、空气污染、各类噪声污染、电磁波辐射等环境污染，使人的反应性、警觉性以及行为表现都有衰退的迹象。

二、功能食品的定义

食品对维持人体正常生长发育是必不可少的，食品除具有营养功能（亦称为生理学要素）和感官功能（亦称为心理学要素）外，食品的第三功能就是对人体生理调节的功能，即通过食品的摄入对人体健康发生积极的作用，发挥食品成分中有机体防御、生理调节、预防疾病、恢复健康等方面的生理调节功能的作用。功能食品就是指对人体具有增强机体防御功能、调节生理节律、预防疾病和促进康复等有关生理调节功能的工业化食品。但在称谓上，人们也习惯将功能食品称为"保健食品"、"营养食品""改善食品"、"健康食品"或"特定保健用食品"等。

德国早在第一次世界大战后就开始发展保健食品，美国在 1936 年成立了全国健康食品协会。1962 年，日本就出现过"功能食品"一词，1989 年 4 月日本曾明确了功能食品的定义。1991 年 7 月，日本通过《营养改善法》将功能食品改名为"特定保健用食品（Food for Specified Health Use）"。1995 年 9 月，由联合国粮农组织（FAO）、世界卫生组织（WHO）和国际生命科学研究所（ILSI）联合，在新加坡举办了"东西方对功能食品第一届国际科研会"，会上对功能食品进行了科学评价，制定了功能食品规章，并将功能食品的英文名称确定为"functional food"。

1996 年 3 月 15 日我国卫生部颁布的《保健食品管理办法》对保健食品的定义是："保

健食品（health food）系指表明具有特定保健功能的食品，即适宜于特定人群食用，具有调节机体功能，不以治疗为目的的食品"。1997 年 2 月原国家技术监督局发布的强制性国家标准《保健（功能）食品通用标准》（见附录二）对保健（功能）食品的定义是："保健（功能）食品是食品的一个种类，具有一般食品共性，能调节人体的机能，适于特定人群食用，但不以治疗疾病为目的。"保健食品必须符合下面的 4 点要求：①保健食品首先必须是食品，必须无毒、无害，符合应有的营养要求。②保健食品又不同于一般食品，它具有特定保健功能。这里的"特定"是指其保健功能必须是明确的、具体的，而且经过科学验证是肯定的。同时，其特定保健功能并不能取代人体正常的膳食摄入和对各类必需营养素的需要。③保健食品通常是针对需要调整某方面机体功能的特定人群而研制生产的，不存在对所有人都有同样作用的所谓"老少皆宜"的保健食品。④保健食品不以治疗为目的，不能取代药物对病人的治疗作用。

我国在 2005 年 7 月 1 日施行的《保健食品注册管理办法（试行）》中所称的保健食品，是指声称具有特定保健功能或者以补充维生素、矿物质为目的的食品。即适宜于特定人群食用，具有调节机体功能，不以治疗疾病为目的，并且对人体不产生任何急性、亚急性或者慢性危害的食品。

依据国际性术语的规范性，在学术与科研上，称谓"功能食品"更科学些，至于生产销售单位，可继续沿用由来已久的"保健食品"这一名词。需要强调的是，作为食品，功能食品要以通常使用的素材和成分组成，并且是以通常的形态和方法摄入的，是可以日常摄取的。

三、功能食品的分类

因其选用原料、消费对象、保健作用、科技含量、生产工艺、产品形态等的多样性，使得功能食品的分类有多种方法。

1. 按保健功能不同分类

2003 年 4 月卫生部发布了《保健食品功能学评价程序与检验方法规范》。这一新标准明确了自 2003 年 5 月 1 日起，卫生部受理的保健食品功能分为 27 类（表 1-1）。

表 1-1 保健食品功能分类

增强免疫力	促进排铅	提高缺氧耐受力	祛黄褐斑
辅助降血脂	清咽	减肥	改善皮肤水分
辅助降血糖	辅助降血压	改善生长发育	改善皮肤油分
抗氧化	改善睡眠	增加骨密度	调节肠道菌群
辅助改善记忆	促进泌乳	改善营养性贫血	促进消化
缓解视疲劳	缓解体力疲劳	祛痤疮	通便
对辐射危害有辅助保护功能	对化学性肝损伤有辅助保护功能		对胃黏膜有辅助保护功能

2. 根据科技含量分类

（1）第一代产品　第一代产品是根据各类人群的营养需要，有针对性地将营养素添加到食品中去。主要根据食品中固有的营养成分或强化的营养素和其他有效成分的功能来推断整个产品的功能，未经严格的实验予以证实或严格的科学论证，大多建立在经验基础上或传统的养生学理论之上。这代功能食品包括各类强化食品及滋补食品，目前欧美各国已将这类产品列入普通食品来管理，我国也不允许它们再以保健食品的形式面市。

（2）第二代产品　第二代产品强调科学性与真实性，要求经过动物和人体实验证明其具有某种生理调节功能。第二代功能食品比第一代功能食品有了较大的进步，其特定的功能有了科学的实验基础。为了保证其功能的稳定、可靠，其生产工艺要求更科学、更合理，以避免其功效成分在加工过程中被破坏或转化。

（3）第三代产品 第三代产品不仅需要经过人体及动物试验证明该产品具有某种生理功能，而且需要了解具有该项保健功能的功效成分（功能因子），以及该成分的化学结构、含量、作用机理以及其在食品中的配伍性和稳定性等。这类产品在我国现有市场上还不多见，且功效成分多数是从国外引进，缺乏自己的系统研究。

目前我国市场上的功能食品大多属于第二代产品。第三代功能食品与第二代功能食品的根本区别，就在于前者的功效成分明确清楚，结构明确，含量确定，作用机理清楚，研究资料充实，临床效果肯定等，而后者则往往未能确切了解产品中起作用的成分与含量等。

四、功能食品的功效成分

1. 功效成分的定义

功能食品中真正起生理作用的成分称为功效成分（functional composition），或称活性成分、功能因子。

富含这些成分的配料，称为功能食品基料，或称活性配料、活性物质。

2. 功效成分的分类

① 功能性碳水化合物。活性多糖（膳食纤维、真菌多糖）、功能性甜味剂（功能性单糖、功能性低聚糖、多元糖醇和强力甜味剂）等。

② 功能性油脂。功能性脂肪酸（亚麻酸、DHA、EPA）、磷脂、油脂替代品、胆碱等。

③ 氨基酸、肽与蛋白质。半必需氨基酸（牛磺酸、精氨酸）；活性肽（酪蛋白磷肽、谷胱甘肽、大豆肽、降压肽）；活性蛋白质（乳铁蛋白、免疫球蛋白）等。

④ 维生素类。如维生素 B_1、维生素 C、维生素 D、维生素 E、维生素 A 等。

⑤ 矿物质。如钙、铁、锌、硒、铬等。

⑥ 自由基清除剂。包括酶类清除剂和非酶类清除剂两大类。如超氧化物歧化酶（SOD）、谷胱甘肽过氧化物酶等。

⑦ 益生菌。主要是乳酸菌类，尤其是双歧杆菌等。

⑧ 植物活性成分。皂苷、黄酮类、酚类、醇类、萜类化合物等。

第二节 功能食品与医药品及其他食品的区别

一、功能食品与医药品的区别

药品是用来治病的，俗话说"七分药三分毒"，药物在治病的同时不可避免地或多或少地带有毒副作用，对人体可能产生某种不良反应，正因为如此，才会有"一天吃几次，一次吃多少"的严格规定，不可擅自增加或减少服药量。

① 与药品相比，功能食品有以下特点：功能食品必须是食品，必须无毒、无害，不以治疗为目的，不能取代药物对病人的治疗作用。功能食品要达到现代毒理学上的无毒水平或基本无毒水平，在正常摄入范围内不能带来任何毒副作用，必须保证对人体不产生任何急性、亚急性或慢性危害。

② 功能食品无需医生的处方，没有剂量的限制，可按机体的正常需要自由摄取，且要满足摄食者生理和心理要求。

③ 功能食品重在调节机体内环境平衡与生理节律，增强机体的防御功能，以达到保健康复的目的。

绝不能认为功能食品是介于食品与药品之间的一种中间产品或加药产品。若将加药食品当作功能食品提倡人们大量食用，药物中的毒副成分在体内积累，加上特殊营养消费群本来机体就较虚弱，因而对毒副成分的抵抗力差，时间一长很容易出现不良后果。

中国几千年悠久的传统中医理论和养生康复理论为国际同行一致公认，这无疑为发展中国特色的功能食品工业奠定了基础。所谓"医食同源"，据专家考证原意是说医学起源于生活，医事活动与食事活动有关。考虑到我国几千年传统中医理论和养生理论的特殊性，为进一步规范保健食品原料管理，卫生部根据《中华人民共和国食品卫生法》，发布了《卫生部关于进一步规范保健食品原料管理的通知》，印发了《既是食品又是药品的物品名单》、《可用于保健食品的物品名单》和《保健食品禁用物品名单》（见附录二），明确了功能食品原料的取用范围。87 种既是食品又是药品的物品，114 种可用于保健食品的物品是发展中国特色功能食品的原料基础。

目前卫生部允许使用部分中草药开发现阶段的保健食品，在具体操作上应注意以下几点：①有明显毒副作用的中药材不宜作为开发保健食品的原料；②如保健食品的原料是中草药，其用量应控制在临床用量的 50% 以下；③已获国家药政管理部门批准的中成药不能作为保健食品加以开发；④已受国家中药保护的中药处方不能作为保健食品加以开发；⑤传统中医药中典型的强壮阳药材不宜作为保健食品加以开发。

二、功能食品与其他食品的区别

1. 功能食品与药膳食品的区别

中国自古的"滋补养生膳"就是根据人体的健康状况，依据天然食物的健康功能，用蔬菜、谷物、豆类、肉类等各种食物补充和调节机体营养平衡，进行食疗。中药有四气五味及归经之说，食物同药物一样，也有寒、热、温、凉四性，辛、甘、酸、苦、咸五味以及归经之说。熟知食物的性能，对科学运用和指导食疗具有重要的意义。

以中医辨证论治理论为指导，将中药与食物相配伍，通过加工制成色、香、味、形俱佳的具有保健和治疗作用的食品，称为药膳食品。药膳食品以中医基础理论为核心，强调整体观念，辨证论治，药食同源，药食性味功能的统一，同时重视药食宜忌，保护脾胃之气，最大限度增进药食的吸收与利用。简单地说，药膳食品部分品种属保健食品，另一部分使用有毒副作用的中药材成分的则不属保健食品。

药膳食品是根据食性理论，以食物的四性、五味、归经等与人体的生理密切相关的理论和经验为指导，针对病人表现出来的"证"，根据"五味相调，味性相胜"的原则以及"寒者热之，热者寒之，虚者补之，实者泻之"的法则，应用相关的食物和药膳治疗调养病人，以达到治病康复的目的。

（1）四性　所谓四性，又称四气，其中温、热性食物具温补、散寒、壮阳的作用，而寒、凉性食品则具有清热泻火、滋阴生津的功效。同理，热性或温性食物适宜寒证或阳气不足之人，寒性或凉性的食品则适宜热证或阳气旺盛者。此外，食性还要与四时气候相适应，寒凉季节要少吃寒凉性食品，炎热季节要少吃温热性食物，饮食宜忌要随四季气温而变化。

（2）五味　辛味宣散，能行气，通血脉，所以辛味食物可促进胃肠蠕动，增强消化液分泌，提高淀粉酶活性，促进血液循环和新陈代谢，祛散风寒、疏通经络。甘味有补益强壮作用，凡气虚、血虚、阴虚、阳虚以及五脏虚弱者比较适宜。甘还能消除肌肉紧张和解毒，但甜食摄入过多容易发胖。酸味收敛、固涩，能增进食欲、健脾开胃、增强肝脏功能，提高钙、磷的吸收率。适宜久泄、久痢、久咳、久喘、多汗、虚汗、尿频、遗精等患者食用，但过量食用酸性食物会导致消化功能紊乱。苦味具有清泄、燥湿的功能，适宜热证、湿证病人食用。咸味能软坚散结、润下，凡结核、痞块、便秘者宜食之。具有咸味的食物，多为海产品和某些肉类。

（3）归经 归经即"五味入口，各有所归"，是指食物由于五味不同而各归其经的营养生理现象。如梨、香蕉、柿子、桑葚、芹菜、莲心、猕猴桃都是寒凉食物，但梨、柿子偏于清肺热，香蕉则偏于清大肠热，桑葚偏于清肝虚之热，芹菜则偏于清肝火，莲心偏于清心热，猕猴桃偏于清肾虚膀胱热。同为补益食品，猪心、龙眼肉、柏子仁、小麦则入心经，故补心，可养心安神，心悸失眠者宜之；山药、扁豆、糯米、粳米、大枣则入脾胃经，故能够健脾养胃，脾虚便溏者宜之。究其原因，就在于各种食物归经不同。

四气、五味、归经等理论不仅是中医用药的原则，也是中国药膳食品配餐的理论依据。"药膳"既要了解食物的性味归经及功用，又要考虑到个体素质、性别、年龄、疾病属性而有针对地选择饮食的宜忌。这与现代营养学从分析食物营养成分入手，从所含营养素去解释其营养价值的还原论方法存在明显的区别。

2. 功能食品与黑色食品的区别

一般认为，黑色食品是指自然颜色较深、营养较丰富、结构较合理的具有一定调节人体生理功能并经科学加工而成的一类食品。国内外对黑色食品的看法有两种：一种是凡带有黑色的食品都被称为黑色食品；第二种是凡膳食纤维含量较高的食品也将其列为黑色食品。

黑色食品具有自然性、营养性。传统医学认为黑色入肾，有滋阴补肾功效，并可带来养肝补血、暖脾胃等功效。现代分析表明，食品的营养与其天然色泽有一定的关系，自然颜色较深的黑色食品含有较理想的营养成分。如黑豆的蛋白质含量高达49.8%，而青豆仅为37.7%、黄豆为33.3%、白豆为22%，黑豆还含有丰富的皂苷。紫色小麦比普通小麦蛋白质含量高59%，赖氨酸含量高50%，钙高3倍，磷高70%，膳食纤维高14.3%。黑米所含的赖氨酸数量比白米高30%～60%。

黑色食品主要原料包括黑米、紫糯、黑豆、黑芝麻、黑麦、海藻、黑枣、紫菜、发菜、首乌、巴戟、黑木耳和冬菇等植物性食品，以及乌鸡、龟、甲鱼和黑蚂蚁等。大部分的黑色食品原料属于普通食品原料，属普通食品，其中也有部分原料属于药食两用品种。利用其开发的黑色食品如果具有特定的生理功能并经功能学评价确认，则属保健食品。

3. 功能食品与绿色食品的区别

1972年，美、法、英、瑞典以及非洲几国共同发起成立"有机农业运动国际联盟"（IFOAM），即国际上第一个绿色食品开发组织，在大会上首次提出了生态农业（ecological agriculture）的概念，也有国家称为有机农业或自然农业。我国于1990年5月15日组建中国绿色食品开发办公室，1993年2月正式成立"中国绿色食品发展中心"，并于1993年5月加入"有机农业运动国际联盟"。相对于生态农业生产出来的食品就称为生态食品，或称有机食品、自然食品，我国统一称为绿色食品（green food），即指无污染的安全、优质、营养食品。绿色食品有如下主要特征。

① 产品或产品原料的产地符合绿色食品的生态环境标准。

② 农作物种植、畜禽饲养、水产养殖与食品加工符合绿色食品的生产操作规程。

③ 产品符合绿色食品的质量卫生标准。

④ 产品标签符合绿色食品有关规定，在产品标签上印有作为质量证明的商标标志，即经国家工商行政管理总局批准注册的有关绿色食品标志的规范图案。

绿色食品是强调安全、无污染、无公害的天然食品，是与功能食品内涵完全不同的概念。

第三节　功能食品行业的发展现状和前景

一、我国功能食品的发展现状

我国功能食品的发展已有几千年的历史，自古就有"药食同源"、"药补不如食补"之说。功能食品可能起源于我国的"药食同源"学说和养生学理论的"食养、食疗、食补"学说。但是，当时的功能食品偏重于实践经验，缺少功能保健机制的研究。

随着社会经济迅速发展，出现了各种营养过剩的"文明病"，人们对营养保健的要求越来越强烈。同时社会向老龄化发展，人们不仅希望延年益寿，还渴望吃到防病健体的食品，提高生活质量。因此，形成了世界性的"保健食品热"。在 1991 年，我国功能食品的生产企业已有 1000 多家，产品有 2000 多种，年产值 25 亿人民币。到 1994 年，功能食品的生产企业已有 3000 多家，产品也有 3000 多种，年产值达 300 亿人民币，大约占食品生产总值的 10%。1996 年，根据我国功能食品的发展状况，卫生部发布了《保健食品管理办法》，在其中规定了保健食品的定义，并对保健食品的研制、生产、审批、销售和广告宣传做出了明确规定。此后，政府有关部门就功能食品的生产和经营发布了相关的法规文件，这说明我国功能食品已经进入了一个发展阶段。

二、国外功能食品的发展现状

1. 德国

德国很早就开始发展保健食品，曾在 1944 年创立了世界第一家饮食改善学校，主要是培养食品改善及营养方面的人才。该校的毕业生就业于食品加工厂、食品商店、医院、社区等有关部门，这对于促进德国的保健食品发展起到了积极作用。在德国，保健食品生产厂家很多，其中 Eden（亿德）公司和 Schoenenberger（纤林伯格）公司为知名大型专业生产企业，其产品达 2500 多种，产品市场占有率超过 10%。在保健食品消费阶层上，主要是城市居民和较高收入者，其中 10% 的人定期消费保健食品。在德国，各类保健食品中自然食品（谷物类食品、面包、果汁、动植物油脂）占 50%，低热量、低盐、低糖食品占 20%，维生素食品与保健茶（如菊花茶、茴香茶等）占 20%，其他类占 10%。

2. 美国

在美国，保健食品的快速发展主要是在近几十年。随着人们收入的增加，其消费水平不断提高，对健康食品的需求不断增加。据报道，美国在 1970 年保健食品的总销售额仅为 1.7 亿美元，在 1980 年为 17.7 亿美元，在 1983 年达 34 亿美元，14 年间约提高了 20 倍。到了 20 世纪 90 年代后期，其销售额已突破 700 亿美元，10 多年又增加了 20 余倍。美国的保健食品生产企业已有几百多家，包括大型的保健食品生产企业、中型的保健食品生产企业以及小型的保健食品生产企业。

3. 日本

近 20 多年来，日本对保健食品的需求不断增加，这直接促进了功能食品行业的快速发展。据报道，在日本，仅 1987 年功能食品销售总额就达 5000 亿日元，仅次于美国，是德国的 2 倍以上，1991 年其销售总额达到 10000 亿日元。日本目前的功能食品生产企业有几千家，产品也有几千多种，主要品种有蜂王浆、小球藻、大麦胚芽油、维生素 C 和维生素 E 制品、植物蛋白、豆乳、鱼油、钙类食品以及乌龙茶等。

三、我国功能食品发展的特点

我国古代饮食养生的保健文化，食疗、药膳、药食同源的理论和经验，以及利用药食同源的理论及以中医中药理论形成的独特的养生保健配方，对于开发各种功能食品提供了宝贵的财富，具有广阔的发展前景。随着经济的发展，人民生活水平的提高，现代"文明病"在我国普遍增加，促进了人们对健康的追求，同时随着我国食品生产技术的提高，生产规模的扩大，管理监督体系的法制化、科学化和规范化。功能食品在我国的发展已形成了其特有的特点。

① 生产产地相对集中。我国保健食品生产主要集中在经济比较发达的地区，如北京、上海等，而经济不发达地区的产品则相对较少。这说明我国保健食品的发展与经济的发展有着很大的关系。

② 申报保健食品功能相似的多。其保健功能主要表现在增强免疫力、辅助降血脂、缓解体力疲劳等。另外，保健食品的产品结构不合理，低水平重复，保健功能集中造成竞争过于激烈，经济效益不理想。

③ 采用相同的原料不断重复开发。这主要表现在螺旋藻、鱼油、灵芝、鲨鱼软骨、虫草、甲壳质、银杏等原料方面。

④ 保健品的产品剂型主要以药品剂型为主。有胶囊、片剂、口服液、颗粒冲剂等剂型，而作为一般食品形态的产品相对较少。

⑤ 作为保健品的科技含量较低。目前我国生产的保健品中 90％以上属于第一代、第二代产品。随着科学技术的发展，保健品的科技含量得到不断的提高。目前我国的第三代保健食品正在快速发展，这也代表了未来保健食品的发展趋势。

四、我国功能食品的发展趋势

我国拥有世界上人数最多的保健食品消费群体，因此拥有保健食品很好的市场。目前保健食品的市场潜力不可估量。

1. 保健食品的发展继续保持高速增长

随着外资企业的增加以及保健食品品种的增多，市场竞争将更加激烈。企业在很大程度上要借鉴国际上保健食品发展的成果，开发出更多的更有竞争力的科技含量高的产品。

2. 天然的植物药是我国得天独厚的保健食品资源

通过结合现代生命科学技术、中医理论和中草药研制出来的保健食品，是我国保健食品市场中的特色产品。在挖掘我国传统食品和传统医药中有关食补食疗丰富经验的同时，应大力发展有效成分的提取、分离、纯化技术，加强食品加工新技术的研究和利用。

3. 保健食品将从城市走向农村

随着人们生活水平的提高以及科学知识的普及，保健食品也将逐渐为广大的农村所接受。

4. 大力发展维生素、矿物质类的保健食品

美容保健、健脑益智、抗氧化等保健食品将平衡发展。

五、充分利用天然植物资源开发功能食品

随着现代医药、食品等工业的不断发展以及对药用植物的药理、药化、临床应用和食品等产品开发研究的不断深入，药用植物的使用价值已经越来越引起人们的广泛关注，因此，

开展对药用植物资源的研究及开发利用，生产绿色保健食品、药用植物系列药品等，有着十分广阔的前景。综合开发利用药用植物资源，不仅可寻求防治疾病、保障人民健康的新药，还可以利用资源进行深度加工，开发功能食品取得最佳的经济效益。

植物中的有效成分是开发各种功能食品的主要原料。天然植物中具有药效的成分的提取在我国有悠久的历史。但针对药用植物有效成分的传统提取技术能耗与物耗大、杂质多、效率低的状况，近年来，许多学者从不同角度对药用植物有效成分的提取工艺进行了摸索与优化，充分借鉴和利用了现代提取分离工程技术。近年来，一些新型分离技术已开始引入到药用植物有效成分的提取过程中，如超临界流体萃取（SFE）、超声场强化、微波辅助提取技术、大孔吸附树脂等。许多研究结果表明，与传统技术相比，这些新技术的引入具有产率高、纯度高、速度快、物耗能耗少等特点，它们有着广阔的应用前景。

1. 超临界流体萃取技术

随着国际上超临界流体萃取技术的迅速发展，用该技术提取植物中的有效成分也越来越得到不断的普及。与有机溶剂法相比，超临界流体萃取技术具有提取效率高、无溶剂残留、有效成分和热不稳定成分不易被分解等优点，通过控制温度和压力以及调节改性剂的种类和用量，还可以实现选择性萃取和分离纯化。

超临界流体萃取不适于极性物质的提取分离，对生产设备的工艺要求较高，因此，其运行成本比较高，但是该项技术的高选择性、高收率以及低毒害是其他方法所不能比拟的。

2. 超声波辅助提取技术

超声波是一种高频机械波，它在溶液体系中产生声空化的过程——液体中空腔的形成、振荡、生长、收缩至崩溃，是集中声场能量并瞬间释放的过程。空化泡崩溃时，在极短的时间以及在空化泡周围的极小空间内，可产生 5000K 以上的高温和大约 50MPa 的高压，温度变化率可高达 10^9 K/s，并伴有强烈的冲击波。在这种特殊的物理环境下，使处于空化中心附近的细胞受到严重的损伤以至破坏，从而使细胞中的有效成分得以释放，直接与溶剂接触并溶解在其中，从而提高了有效成分的提出率。

3. 微波辅助提取技术

微波是频率介于 300MHz 和 300GHz 之间的电磁波。利用微波强化固液浸取过程是颇具发展潜力的一种新型辅助提取技术。其原理是微波射线辐射于溶剂并透过细胞壁到达细胞内部，由于极性的溶剂及细胞液吸收微波能，细胞内部及附近的温度升高，汽化压力增大，当压力超过细胞壁的承受能力时，细胞壁破裂，位于细胞内部的有效成分从细胞中释放出来，传递转移到溶剂中。

微波辐射辅助提取法具有选择性高、提取时间短、易挥发性成分的提取得率高以及不需要特殊的分离步骤等优点。该技术适用于许多天然物的提取，可不受限制地达到高效、快速、高度选择性、安全无害等要求。近十几年来，国内外不少学者将微波辐射应用于天然产物的浸取过程中，有效地提高了收率。

4. 双水相萃取技术

双水相体系萃取分离技术的原理是生物活性物质在双水相体系中的选择性分配。当生物活性物质进入双水相体系后，在上相和下相间进行选择性分配，表现出一定的分配系数。不同的生物活性物质在特定的体系中有着不同的分配系数。因此，双水相体系对生物物质的分配有着很大的选择性。

尽管采用双水相萃取技术从天然产物中提取有效成分的文献报道不是很多，但已有实例证实其具有良好的应用前景。例如，从植物中提取酶比较困难，这是由于受到存在于植物中的酚化合物、色素和胶质等的影响。而当采用双水相萃取技术对植物中的酶进行提取时，在得率、产品纯度和操作时间等方面都显示出极大的优越性，双水相萃取技术在药用植物研究，特别是从植物中获取酶方面开辟了一个新的途径。

5. 高速逆流色谱技术提取法

高速逆流色谱（high-speed counter current chromatography，HSCCC）技术是一种不需要任何固定载体或支撑体的液-液分配色谱技术，由美国国家医学院 Yiochiro Ito 博士于20 世纪 60 年代末首创。该技术具有分离效率高、产品纯度高、不存在载体对样品的吸附和粘染以及制备量大和溶剂消耗量少等优点，20 世纪 80 年代后期被广泛应用于天然药物成分的分离制备和分析中。目前，在分离提取天然药物中黄酮、生物碱、蒽醌类衍生物、皂苷等有效成分方面已获得满意效果。用 HSCCC 技术提取分离银杏叶中的黄酮苷及总内酯成分，已引起各国专家的重视。

6. 大孔吸附树脂

大孔吸附树脂是 20 世纪 60 年代发展起来的一类有机高分子聚合物吸附剂，是离子交换技术领域的重要发展之一，其具有良好的吸附性能，主要应用于工业脱色、环境保护等领域，近十年来逐渐被应用于药用植物有效成分的分离纯化中。

鉴于大孔吸附树脂在分离纯化过程中的应用存在单体残留物等问题，卫生部曾于 2002年发布了"卫生部关于暂不受理以大孔吸附树脂分离纯化工艺生产的保健食品的通知"。近年来，随着大孔吸附树脂分离纯化工艺的发展和完善，卫生部在 2003 年 3 月又组织专家草拟了《在保健食品中采用大孔吸附树脂分离纯化工艺的技术要求（草案）》，就大孔吸附树脂分离纯化工艺能否用于保健食品的生产以及可以应用的技术要求公开征求各方面的意见。由此可见，大孔吸附树脂在药用植物有效成分的分离纯化中应用广泛。

目前，药用植物有效成分提取工艺还有很大的局限性，提取效率不高，这与我国拥有丰富的药用植物资源极不相称，必须加强技术改造，利用现代新技术使传统药用植物有效成分提取工艺得到升级，以提高药用植物有效成分的质量和产生更大效益。

【本章小结】

亚健康已成为了 21 世纪人类最关注的问题之一。亚健康是指健康的透支状态，是身体处于健康和疾病之间的一种临界状态。随着社会经济的进步和人们生活水平的提高，人们的饮食保健意识愈来愈明显。功能（保健）食品是食品的一个种类，是指具有特定保健功能或者以补充维生素、矿物质为目的的食品。即适宜于特定人群食用，具有调节机体功能，不以治疗疾病为目的，并且对人体不产生任何急性、亚急性或者慢性危害的食品。功能食品中真正起生理作用的成分称为功效成分，或称活性成分、功能因子。功效成分可分为功能性碳水化合物、功能性油脂、活性肽和活性蛋白质、维生素类、矿物质、自由基清除剂、益生菌、植物活性物质等类别。

功能食品重在调节机体内环境平衡与生理节律，增强机体的防御功能，以达到保健康复的目的。绝不能认为功能食品是介于食品与药品之间的一种中间产品或加药产品。黑色食品如果具有特定的生理功能并经功能学评价确认，则属保健食品。绿色食品是强调安全、无污染、无公害的天然食品，是与功能食品内涵完全不同的一个概念。

植物中的有效成分是开发各种功能食品的主要原料。近年来，一些新型分离技术已开始引入到药用植物有效成分提取过程中，如超临界流体萃取（SFE）、超声波辅助提取技术、微波辅助提取技术、双水相萃取技术、高速逆流色谱技术提取法等，有效提高了天然产物的提取效率。

【复习思考题】

1. 谈谈你对健康的认识，你认为的健康标准是什么？
2. 你是否曾经出现亚健康状态？是什么原因造成的？你是怎样调节恢复的？
3. 怎样理解功能食品的定义？
4. 谈谈功能食品与药品的区别。
5. 试析我国功能食品行业存在的问题，展望功能食品的发展趋势。
6. 查阅资料说明高新技术在功能食品有效成分提取中的具体应用。

第二章　功能性碳水化合物

学习目标

1. 了解功能性碳水化合物的种类。
2. 掌握各种功能性碳水化合物的生理功能。
3. 了解各种功能性碳水化合物的主要品种。

第一节　膳食纤维

1970 年前营养学中没有"膳食纤维"这个词，而只有"粗纤维"一说。粗纤维曾被认为是对人体不起营养作用的一种非营养成分，而且食用的粗纤维过多反而会影响人体对食物中的营养素的吸收。因此人们认为食物越精制越好，并且使用精细、有效的设备把食物中的麸皮等纤维成分尽可能地除去。

一直到 20 世纪 70 年代，Denis Burkett 和 Hugh Trowell 等人提出假说，即粗粮或富含纤维的食物可以预防西方社会中所发生的一些疾病如肠癌、阑尾炎、便秘、痔疮、糖尿病、心脏病、高胆固醇症及肥胖病等，人们对纤维的研究才逐渐重视起来。通过 30 多年来的调查和研究，发现并认识到这种"非营养素"确实与人体健康密切相关，它在预防人体的某些疾病方面起着重要的作用，同时也认识到这种"非营养素"的概念已不适用，因而将"粗纤维"一词废弃，改为"膳食纤维"。

由于膳食纤维不是单一实体而是许多复杂有机物质的混合物，因而给予膳食纤维唯一明确的定义就有一定的困难。Trowell 给膳食纤维的定义是"不被人体肠道内消化酶消化吸收，但能被大肠内的某些微生物部分酵解和利用的一类非淀粉多糖类物质及木质素"。这一定义和膳食纤维这一名称，现在已普遍被人们接受。

一、膳食纤维的分类及来源

1. 水可溶性膳食纤维

水可溶性膳食纤维是指不被人体消化酶所消化，但可溶于热水或温水的膳食纤维。包括来源于植物的树胶、果胶、种子胶；来源于海藻的卡拉胶、琼脂、海藻酸钠；来源于微生物的黄原胶以及人工合成的羧甲基纤维素和葡聚糖类等。

2. 水不可溶性膳食纤维

水不可溶性膳食纤维是指不被人体消化酶所消化，且不溶于热水的膳食纤维。包括纤维素、半纤维素和木质素，它们是植物细胞壁的组成成分，存在于禾谷类和豆类种子的外皮及植物的茎和叶中；而甲壳素、壳聚糖、胶原则存在于动物的外壳、皮肤和肌腱等组织中。

二、膳食纤维的物化特性

1. 具有较强的持水力

膳食纤维的化学结构中含有很多亲水基团，因此具有很强的持水性。不同种类膳食纤维的持水能力各不相同，变化范围大致在自身重量的 1.5～25 倍之间。一般来说，水溶性膳食纤维要比水不溶性膳食纤维的持水能力强。很多研究表明，膳食纤维的持水性可以增加人体排便的体积与速度，减轻直肠内压力，同时也减轻了泌尿系统的压力，从而缓解诸如膀胱炎、膀胱结石和肾结石这类泌尿系统疾病的症状，并能使毒物迅速排出体外。

2. 对阳离子有结合和交换的能力

膳食纤维化学结构中包含一些羧基和羟基类侧链基团，起到弱酸性阳离子交换树脂的作用，可与阳离子特别是有机阳离子进行可逆的交换。这种作用是可逆性的，它不是通过单纯结合而减少机体对离子的吸收，而是通过改变离子的瞬间浓度，一般是起稀释作用并延长它们的转换时间，从而对消化道的 pH、渗透压以及氧化还原电位产生影响，并出现一个更缓冲的环境以利于消化吸收。当然，膳食纤维也因此必然影响到人体内某些矿物质元素的代谢。

3. 对有机化合物有吸附螯合作用

20 世纪 60 年代开始的许多试验已表明，由于膳食纤维表面带有很多活性基团，可以螯合吸附胆固醇和胆汁酸之类的有机分子，从而抑制人体对它们的吸收，这是膳食纤维能够影响体内胆固醇类物质代谢的重要原因。同时，膳食纤维还能吸附肠道内的有毒物质（内源性有毒物）、化学药品和有毒医药品（外源性有毒物）等，并促进它们排出体外。

4. 具有类似填充剂的容积作用

膳食纤维的体积较大，其缚水之后的体积更大，对肠道产生容积作用，易引起饱腹感。同时，由于膳食纤维的存在，影响了机体对食物其他成分（可利用碳水化合物等）的消化吸收，人不易产生饥饿感。为此，膳食纤维对预防肥胖症大有益处。

5. 可改变肠道系统中的微生物群系组成

肠系统内流动的肠液和寄生菌群对食物的蠕动和消化有重要作用。肠道内膳食纤维含量高时，会诱导出大量好气菌群来代替原来存在的厌气菌群，这些好气菌很少产生致癌物，而厌气菌会产生较多的致癌性毒物。

三、膳食纤维的生理功能

1. 可预防肠道疾病

现在对膳食纤维在防治结肠癌与便秘方面的作用已成定论。通常认为，结肠癌是由于某种刺激物或毒物停留在结肠内的时间过长而引起的。食物中膳食纤维含量过少，有毒物质在肠道停留时间过长，就会对肠壁发生毒害作用，并被肠壁所吸收。长此以往，就会诱导结肠癌的发生。

若食物中膳食纤维含量较高，进入大肠内的纤维能被肠内细菌部分地、选择性地分解与发酵，从而改变肠内菌群的构成与代谢，并诱导大量好气菌的繁殖。水溶性膳食纤维被分解而成为菌体的养分，并使粪便保持一定的水分与体积。微生物发酵生成的低级脂肪酸还能降低肠道的 pH，从而促进有益好气菌的大量繁殖，同时刺激了肠道黏膜，加快了粪便的排泄。水不溶性膳食纤维被细菌所分解的数量较少，但作为肠道异物也能刺激肠黏膜，促进肠道功能正常化。

由于膳食纤维的通便作用，有益于肠道内压的下降，可以预防便秘，以及长时间便秘而引起的痔疮和下肢静脉曲张。肠内细菌的代谢产物以及脱氧胆汁酸、石胆酸和突变异原物质，可随膳食纤维迅速排出体外。这样明显缩短了毒物与肠黏膜的接触时间，起到预防结肠癌的功效。

2. 降血脂和预防心血管病

膳食纤维具有降低血脂和血清胆固醇的作用，膳食纤维能吸收胆汁酸和胆固醇，减少肠壁对胆固醇的吸收，并促进胆汁酸从粪便中排出，加快胆固醇的代谢，从而使体内胆固醇的含量下降。水溶性膳食纤维对降低胆固醇的作用明显，蔬菜和水果中的膳食纤维要明显优于谷物。而谷物中的燕麦麸皮水溶性膳食纤维对降低胆固醇有较好的效果。

3. 防治糖尿病

膳食纤维能够延缓淀粉类物质的降解和葡萄糖的吸收。膳食纤维进入胃肠后如同海绵一样可吸水膨胀呈凝胶状，增加了食物的黏滞性，延缓了对食物中葡萄糖的吸收，同时增加饱腹感，使糖的摄入减少，防止了餐后血糖急剧上升。同时，水溶性纤维吸收水分后，还能在小肠黏膜表面形成一层"隔离层"，从而阻碍了肠道对葡萄糖的吸收。另外，膳食纤维还可改善末梢组织对胰岛素的感受，降低对胰岛素的要求，从而调节糖尿病患者的血糖水平。

4. 其他生理功能

前已提及，除以上几点外，膳食纤维还能增加胃部饱满感，减少食物摄入量，具有预防肥胖症的作用。膳食纤维可减少胆汁酸再吸收量，改变食物消化速度和消化道分泌物的分泌量，可预防胆结石。另外，膳食纤维的缺乏与阑尾炎、静脉曲张、肾结石和膀胱结石、十二指肠溃疡等疾病也有很大的关系，摄入高纤维膳食可保护机体免遭这些疾病的侵害。

四、膳食纤维的质量与日推荐量

膳食纤维也有质量问题。各个不同品种的膳食纤维其生理功能是不同的，不能认为凡是膳食纤维均具备上述所有的生理功能。例如水溶性燕麦纤维对降低血清胆固醇效果十分明显，可使冠心病的死亡率减少 3%，但水不溶性膳食纤维的这方面功能就要差很多，甚至几乎没有。

虽然目前尚未提出明确的日推荐量标准，但有数据表明，每天每千克体重摄入 0.045～0.067g 膳食纤维，可保证每天大便一次；有便秘习惯的人每天每千克体重应保证 0.09～0.11g 的膳食纤维。一般认为，正常体重者每天每人必须保证 15～25g 的膳食纤维数量。

五、膳食纤维的主要品种

目前，我国对膳食纤维研究较广泛的资源主要集中于玉米麸皮纤维、小麦麸皮纤维、大豆纤维、甜菜纤维和魔芋纤维等品种。

1. 玉米麸皮纤维

从黄玉米中提取出浅褐色的玉米麸皮纤维有特殊的香味。可用作面包、糕点、饼干等的添加剂，可以增加食品的香味；也可用作汤类、肉汁的增稠剂。近年有些肉制品加工厂将其用来作为肉罐头的膳食香味添加剂。

2. 甜菜膳食纤维

从甜菜浆汁中提取得到的甜菜膳食纤维，其膳食纤维含量高达 74% 以上，水溶性膳食纤维占 24%。甜菜膳食纤维的持水性能使它在许多食品制作中有广泛的应用功能，如在配方中可以不同比例添加而制成各类烘焙食品。也可用于方便食品、布丁、肉汁、汤类、饮料和挤压膨化食品等。利用残渣浆汁再生产甜菜膳食纤维是甜菜资源综合利用的发展方向。

3. 小麦麸皮膳食纤维

小麦麸皮膳食纤维是从小麦加工过程中分离出谷物糖类和淀粉后剩余的非氮质类组分。这一膳食纤维添加入面包、糖果等食品中可使其结构保持松软，增进食品风味，延长保存期，有助于改善食品加工质量。还可添加在肉制品中，以保持肉制品的水分，降低其热量。小麦麸皮膳食纤维含有较多的半纤维素，有利于提高面团的流变等特性，是改善面包烘焙质量的良好添加剂。

4. 大豆膳食纤维

大豆膳食纤维一般以豆渣为原料提取而成，是一种优质膳食纤维，具有明显降低胆固醇、调整胃肠功能和血糖及胰岛素水平等功能。经过处理的大豆膳食纤维能够增强面团的结构特性，是高档面包烘焙中比较理想的天然添加剂。此外，大豆膳食纤维可用于糕点、饼干、膨化食品等谷物类低热量食品中，也可用于各类保健饮料中。我国是大豆产品主产国，也是豆制品主要消费国，各大城市豆制品加工规模都很大，仅上海地区每天豆渣等下脚料均在数百吨。如果开发这一资源并加以综合利用，并将大豆膳食纤维纳入大豆综合利用的项目中加以扶持发展，相信会很快形成具有特色的高附加值食品新产业。

5. 魔芋膳食纤维

魔芋膳食纤维是从我国西部山区特有的天然植物魔芋块茎中经细化、纯化而成的提取物。魔芋是目前已发现的植物中唯一能大量提供葡甘聚糖（一种水溶性膳食纤维）的特有资源。魔芋水溶性膳食纤维是最优秀的膳食纤维，其持水性能特别优越，吸水膨胀后可达自身重量的 $80 \sim 100$ 倍，1% 水溶液的黏度值一般在 $15000 \text{mPa} \cdot \text{s}$ 以上，最高可达 $36000 \text{mPa} \cdot \text{s}$，大大超过目前已知的任何一种水溶性膳食纤维，其葡甘聚糖含量高达 90% 以上。可广泛应用于医药保健、食品加工等诸多工业领域，而且效果好，性价比优。目前国外如欧美、日本、韩国等对其研究和应用已达较高水平，国内也有不少科研机构和企业正对其进行开发利用。魔芋主产区也一直在进行改良品种、扩大种植面积、提高产量和改进产品加工工艺、优化产品品质等的工作，以适应即将到来的魔芋产业化高潮。

第二节　活性多糖

活性多糖广泛存在于植物、微生物（细菌和真菌）和海藻中，来源很广。其中研究较早且最多的是从细菌中得到的各种荚膜多糖，它们在医药上主要用于生产疫苗。1984 年，在荷兰召开的第十二次国际碳水化合物讨论会上报道了用全合成特定结构的荚膜多糖作疫苗，这引起了与会者的极大兴趣。而后，有关真菌多糖的研究既深又广，如酵母菌多糖、食用菌多糖，特别是食用菌多糖的研究，对其报道的频率相当高，其中以香菇多糖研究得较清楚。另外，植物多糖的开发也备受人们的青睐。

一、真菌活性多糖

真菌多糖是从真菌子实体、菌丝体、发酵液中分离出来的，可以控制细胞分裂分化，调节细胞生长衰老的一类活性多糖。真菌多糖主要有香菇多糖、灵芝多糖、云芝多糖、银耳多糖、虫草（冬虫夏草）多糖、茯苓多糖、金针菇多糖、黑木耳多糖等。对真菌多糖的研究主要始于 20 世纪 50 年代，在 60 年代以后作为免疫促进剂而引起人们的兴趣。

1. 真菌活性多糖的生理功能

（1）免疫调节功能　免疫调节作用是大多数活性多糖的共同作用，也是它们发挥其他生理和/或药理作用（抗肿瘤）的基础。真菌多糖可通过多条途径、多个层面对免疫系统发挥调节作用。大量免疫实验证明，真菌多糖不仅能激活 T 淋巴细胞、B 淋巴细胞、巨噬细胞和自然杀伤细胞（NK）等免疫细胞，还能活化补体，促进细胞因子的生成，对免疫系统发挥多方面的调节作用。

（2）抗肿瘤的功能　据文献报道，高等真菌已有 50 个属 178 种提取物都具有抑制 S-180 肉瘤及艾氏腹水瘤等细胞生长的生物学效应，可明显促进肝脏蛋白质及核酸的合成及骨髓造血功能，促进体细胞免疫和体液免疫功能。

（3）抗突变作用　在细胞分裂时，由于遗传因素或非遗传因素的作用，会产生转基因突变。突变是癌变的前提，但并非所有突变都会导致癌变，只有那些导致癌细胞产生恶性行为的突变才会引起癌变。但可以肯定，抑制突变的发生有利于癌症的预防。多种真菌多糖表现出较强的抗突变作用。

（4）降血压、降血脂、降血糖的功能　虫草多糖对心律失常有疗效。灵芝多糖对心血管系统具调节作用，可强心、降血压、降低胆固醇、降血糖等。实验结果表明，蜜环菌多糖（AMP）能使正常小鼠的糖耐量增强，能抑制四氧嘧啶糖尿病小鼠血糖升高。研究也发现，蘑菇、香菇、金针菇、木耳、银耳和滑菇等 13 种食用菌的子实体具有降低胆固醇的作用，其中以金针菇为最强。虫草多糖对正常小鼠、四氧嘧啶小鼠均有显著的降血糖作用，且呈现一定的量效关系。

（5）抗病毒作用　研究证明，真菌多糖对多种病毒，如艾滋病毒（HIV-1）、单纯疱疹病毒（HSV-1，HSV-2）、巨细胞病毒（CMV）、流感病毒、囊状胃炎病毒（VSV）、劳氏肉瘤病毒（RSV）和反转录病毒等有抑制作用。香菇多糖对水泡性口炎病毒感染引起的小鼠脑炎有治疗作用，对阿伯耳病毒和十二型腺病毒有较强的抑制作用。

（6）抗氧化作用　已发现许多真菌多糖具有清除自由基、提高抗氧化酶活性和抑制脂质过氧化的活性，可起到保护生物膜和延缓衰老的作用。

（7）其他功能　除具有上述生理功能外，真菌多糖还具有抗辐射、抗溃疡和抗衰老等功能。具有抗辐射作用的真菌多糖有灵芝多糖和猴头多糖；具有抗溃疡作用的真菌多糖有猴头多糖和香菇多糖；具有抗衰老作用的真菌多糖有香菇多糖、虫草多糖、灵芝多糖、云芝多糖和猴头多糖等。

2. 生理功效与性质的关系

真菌多糖的溶解度、分子量、黏度、旋光度等性质均会影响其生理功能。

（1）溶解度与功效的关系　真菌多糖溶于水是其发挥生物学活性的首要条件。如从茯苓提取的多糖组分中，不溶于水的组分不具有生物学活性，水溶性组分则具有突出的抗肿瘤活性。引入支链或对支链进行适当修饰，均可提高多糖溶解度，从而增强其活性。

（2）分子量与功效的关系　研究结果表明，真菌多糖的抗肿瘤活性与其分子量大小有关，当其分子质量大于 16kDa（1Da＝1u，质量单位）时才有抗肿瘤活性。如分子质量为 16kDa 的虫草多糖有促进小鼠巨噬细胞吞噬作用的活性，而分子质量为 12kDa 的虫草多糖就失去了此活性。大分子多糖免疫活性较强，但水溶性较差，分子质量介于 10~50kDa 的高分子组分真菌多糖属于大分子多糖，呈现较强的免疫活性。高分子量的 β-(1,4)-D-葡聚糖具有独特的分子结构，其高度有序结构（三股螺旋）对于免疫调节活性至关重要，只有分子质量大于 90kDa 的分子才能形成三股螺旋，三股螺旋结构靠 β-葡萄糖苷键的分支来稳定。Janusz 等发现多糖分子大小与其免疫活性之间存在明显的对应关系。分子量越大其结构功能单位越多，抗癌活性越强。

（3）黏度与功效的关系　真菌多糖的黏度主要是由于多糖分子间的氢键相互作用而产生的。它是临床上药效发挥的关键控制因素之一，如果黏度过高，则不利于多糖的扩散与吸收。通过引入支链破坏氢键和对主链进行降解的方法可降低多糖黏度，提高其活性。

3. 几种主要的真菌多糖

（1）香菇多糖　香菇为侧耳科担子菌，是我国最常见的食用菌之一。这种香菇多糖的主链是由 β-(1,3)-糖苷键连接的葡聚糖，主链上约有 23% 的葡萄糖残基通过 C6 分支点连有侧链。临床上已应用香菇多糖治疗慢性病毒性肝炎和作为原发性肝癌等恶性肿瘤的辅助治疗药物，可以缓解症状，提高患者低下的免疫功能，以及纠正微量元素的代谢失调等。香菇多糖作为活性因子可提高人体免疫力，预防多种疾病（包括肿瘤等），其作为保健食品基料是很有前途的。

（2）银耳多糖 从银耳（俗称白木耳）子实体中得到的银耳多糖是一种酸性杂多糖，其主链结构是由 α-(1,3)-糖苷键连接的甘露聚糖，支链由葡萄糖醛酸和木糖组成。这类多糖有明显的增强免疫功能、抗放射、升高白细胞、降血脂、降血糖、抗氧化、抗肝炎、抗炎和红细胞凝集、抗溃疡等活性。

（3）金针菇多糖 金针菇属于伞菌目口蘑科金钱菌属。对水溶性金针菇多糖进行分级和提纯，得到四种纯组分，分别命名为 EA3、EA5、EA6、EA7。其中 EA3 含有 92.5％葡萄糖，以及由 β-(1,3)-糖苷键连接的葡聚糖，其化学结构与香菇多糖相似。EA5、EA6、EA7 三种组分是由葡萄糖、半乳糖、甘露糖、阿拉伯糖和木糖［物质的量之比分别为 18.8：13.3：5.6：3：1（EA5）；7.9：18.7：9.7：4.4：1（EA6）；5.6：2.5：3.9：0.7：1（EA7）］所组成。

（4）虫草多糖 冬虫夏草是虫草菌与蝙蝠蛾幼虫在特殊生态条件下形成的虫草菌联合体，是我国名贵的中药材。虫草多糖主要是由甘露糖、半乳糖、葡萄糖等聚合而成的高度分支的杂多糖。冬虫夏草品种不同，其多糖的结构也不同。如从天然冬虫夏草中分离而得的虫草多糖 CS-1 和 CT-4N，前者由物质的量之比为 1：1 的甘露糖和半乳糖组成；而对于 CT-4N，则二者的物质的量之比为 3：5，并含有少量蛋白质。在我国保健品生产行业中已经形成了以虫草为基料的系列保健食品，如虫草酒、虫草精等已显示出对人体多方面的生理功能，展示了它的应用前景。

（5）灵芝多糖 灵芝是一种寄生于阔叶树根部的多孔菌科真菌，已知有 120 种，其中最主要的有灵芝和紫芝。自然界生长的灵芝由白色菌丝体（未成熟时）和红褐色子实体（成熟后）组成。灵芝多糖有三大类，分别是以葡萄糖为主的中性杂多糖（亦称灵芝多糖 A，包括葡聚糖、甘露葡聚糖、半乳葡聚糖等）和肽多糖（亦称灵芝多糖 B，包括葡聚糖肽、甘露葡聚糖肽、鼠李半乳聚糖肽等）以及灵芝胞外多糖（亦称灵芝多糖 C，包括半乳糖、葡萄糖、木糖、阿拉伯糖等组成的多糖和葡聚糖）。灵芝多糖的分子质量为 6000～50000Da，而以 10^4～10^6Da 者的生理活性最强。

（6）黑木耳多糖 从黑木耳子实体中分离出一种酸性杂多糖和两种 β-葡聚糖。对酸性杂多糖的生物活性未见报道。两种 β-葡聚糖中，一种是低分支的 β-葡聚糖，由 β-(1,3)-糖苷键连接的葡聚糖作为主链，平均每 3 个葡萄糖残基通过 C6 分支点连接有一个葡萄糖残基作为侧链。这种多糖对小鼠肉瘤 S-180 有很强的抑制活性。另一种具有 β-(1,3)-葡聚糖主链和 C6 位单个糖基，但因有高度分支的侧链，基本上没有抑制肿瘤活性。

（7）茯苓多糖 茯苓多糖是茯苓菌核的基本组成，易溶于稀碱而不溶于水，确认其主链为一种线性的 β-(1,3)-糖苷键连接的葡聚糖，支链由 9～10 个葡萄糖残基通过 β-(1,4)-糖苷键连接。基本上没有抗癌作用，这可能是由于其含有较长的 β-(1,6)-糖苷键支链的原因。经过处理得到的不含 β-(1,4)-糖苷键的新多糖，命名为茯苓异多糖，溶于水，有很强的抗肿瘤活性。

二、植物活性多糖

近几十年来，人们发现从植物中提取的多糖具有非常重要与特殊的生理活性。这些多糖参与了生命科学中细胞的各种活动，具有多种多样的生物学功能，如参与生物体的免疫调节功能，以及降血糖、降血脂、抗炎、抗疲劳、抗氧化等，人们已成功地从近百种植物中提取出了多糖并广泛地用于医药及保健食品的研究和开发中。

1. 植物多糖的生理功能

（1）免疫调节、抗肿瘤功能　大量的药理和临床研究表明，植物多糖是免疫调节剂，它具有抑制肿瘤生长、激活免疫细胞、改善机体免疫的作用。

（2）降血糖功能　近几年对植物多糖降血糖的功能有很多的研究。研究发现大部分植物活性多糖能不同程度地提高动物对高糖的耐受力，且与胰岛素有很好的协同作用，对正常动物血糖的影响不明显。具有这类降血糖功能的植物活性多糖有白参多糖、黄芪多糖、百合多糖、枸杞多糖等。

（3）抗氧化、抗疲劳功能　丙二醛（MDA）是反映机体脂质过氧化损伤的重要指标，其具有很强的生物毒性，极易与磷脂蛋白发生反应而改变细胞膜的通透性，从而造成组织细胞的氧化损伤。一些植物活性多糖具有清除自由基的作用，从而阻断脂质过氧化反应，使MDA生成减少，同时它们也可以提高机体的抗氧化酶活性，抑制自由基引发的脂质过氧化损伤。具有这类降血糖功能的植物活性多糖有枸杞多糖、黄芪多糖、云芝多糖、银杏叶多糖、人参多糖等。

（4）清除自由基、抗衰老功能　自由基被认为是人体衰老和某些慢性病发生的诱因之一。当人体内的自由基产生过多或清除过慢时，就会攻击各种细胞、器官并使之受到损伤，从而加速机体的衰老过程并诱发各种疾病。在众多自由基中，羟基自由基是最活泼的，其反应速度快，是对机体危害最大的自由基。具有清除自由基、抗衰老功能的植物活性多糖有人参多糖、黄芪多糖、枸杞多糖、莲子多糖等。莲子多糖提取液具有较好的清除羟基自由基（·OH）的功效，最高清除率可达29.1%。

（5）降血脂功能　植物活性多糖能明显降低高脂血症患者血清胆固醇、甘油三酯含量，同时能升高高脂血症患者高密度脂蛋白与低密度脂蛋白比值。具有这类降血脂功能的植物活性多糖有海藻多糖、银耳多糖、枸杞多糖等。

（6）其他功能　有的植物活性多糖具有抗病毒及诱生干扰素保护肝脏的作用，如黄芪多糖，海藻及海带多糖具有对有毒重金属（如Pb、Sn、Cd等）的阻吸功能和抗辐射功能；另外许多植物多糖具有促进核酸和蛋白质生物合成的作用，如灵芝多糖、黄芪多糖等。

植物来源的多糖类化合物由于它们的独特功能和很低的毒性，随着植物多糖研究的不断深入，其在临床应用和保健食品开发上将有很广阔的前景。

2. 几种主要的植物多糖

（1）茶多糖　茶叶中尤其是粗老茶中含有较高的能降低血糖的茶多糖。我国近年来研究发现，茶多糖是由糖类、蛋白质、果胶和灰分等物质组成，其中糖类约占1/3，果胶及蛋白质约占1/3，水分、灰分及其他约占1/3。其多糖部分由阿拉伯糖、木糖、岩藻糖、葡萄糖和半乳糖等五种糖基组成。茶多糖热稳定性差，在高温或过酸或偏碱条件下，均会使多糖部分水解。

茶多糖具有明显的降血糖、增强免疫、促进单核巨噬细胞系统吞噬、增强机体自我保护及抗辐射等诸多作用。

（2）枸杞多糖　枸杞多糖是枸杞的主要活性成分之一，其具有多方面的药理作用及生理功能。从宁夏枸杞中分离出的枸杞多糖LBP-1，为白色纤维状疏松固体，溶解性很好，极易溶于水，能溶于酒精，不溶于丙酮、氯仿等有机溶剂。LBP-1中性糖由半乳糖、葡萄糖、鼠李糖、阿拉伯糖、甘露糖及木糖组成。

枸杞多糖LBP具有一定的抗衰老、抗辐射作用，以及能激活T细胞和M细胞、调节机体免疫、抑制小鼠 S-180 肿瘤、促进生长发育等多种功能。实际上枸杞作为有疗效的保健食品基料早已为人们所接受，枸杞多糖的分离提取及产品开发日益受到重视。

（3）魔芋葡甘露聚糖　魔芋葡甘露聚糖是从魔芋块茎中分离提取出的一种复合多糖，其外观为白色丝状物，无特殊味道，几乎不为人体所消化吸收。它由甘露糖-甘露糖-葡萄糖长链组成，甘露糖与葡萄糖含量之比约为 2∶1，相对分子质量约 200 万以上，以 β-(1,4)-糖苷键连接，C3 处有分支结构。

魔芋葡甘露聚糖是具有重要生物活性的多糖，广泛应用于食品、轻工、医药、化工等领域。在营养保健上其是一种理想的膳食纤维，具有减肥、健美、降血压、降低胆固醇、预防糖尿病及防癌等功能。

（4）银杏叶多糖　J. Kraus（1989）等从银杏叶中分离出一种水溶性多糖，具有对机体增强免疫功能的生物活性。用有机溶剂处理过的银杏叶中分离出的多糖混合物，经纯化分离得 1 个中性多糖（GF1）、2 个酸性多糖（GF2、GF3）。GF1 相对分子质量为 23000，呈中性支链阿拉伯糖聚糖结构，主链由 1,5-糖苷链连接阿拉伯糖残基组成，平均每 12 个阿拉伯糖分子中有 3 个经过 C2 或 C3 的侧链结构。

GF2a 是从 GF2 中分离出的一种酸性多糖，其相对分子质量为 57000，由 25％鼠李糖、28％甘露糖、10％葡萄糖、22％葡萄糖醛酸、6％半乳糖醛酸和微量阿拉伯糖组成。GF3 相对分子质量为 40000，由 15％鼠李糖、18％阿拉伯糖、16％半乳糖、30％半乳糖醛酸和 15％葡萄糖醛酸组成。

（5）波叶大黄多糖　我国学者首次从波叶大黄中得到波叶大黄多糖（RHP），经分离、纯化得到波叶大黄多糖精品 RHP-A 和 RHP-B。RHP-A 和 RHP-B 均含 l-岩藻糖、l-阿拉伯糖、d-木糖、d-甘露糖、d-半乳糖和 d-葡萄糖，但其相应的比例不同。

波叶大黄多糖是一类酸性杂多糖，具有促进机体免疫功能、防治心血管疾病、抗肿瘤、抗衰老以及细胞保护作用。

第三节　功能性单糖

自然界的单糖种类很多，如葡萄糖、果糖、木糖、甘露糖、半乳糖等。根据偏振光通过糖溶液时的旋转方向，可分为"左旋糖"和"右旋糖"，缩写分别为"L-"、"D-"型。

通常接触的单糖几乎都是 D-糖，其中属于功能食品基料的仅 D-果糖一种。L-单糖在自然界很少存在，只能人工合成。因为 L-糖不参与人体代谢，没有能量，因此 L-单糖也可以认为是功能性单糖。

一、果糖

1. 果糖的物理化学性质

果糖是人类最早认识的自然界中最甜的一种糖，其在蜂蜜中的含量最为丰富。1792 年，德国科学家在分离结晶葡萄糖时，发现并分离出一种会阻碍葡萄糖结晶的糖物质。1843 年，有人对这种糖物质作了系统的研究，发现这种物质在水果中的含量比较丰富，因此将其称为"水果糖"，后定名为"果糖"。

果糖是己酮糖，其分子式为 $C_6H_{12}O_6$，相对分子质量 180，相对密度 1.60，熔点 103～105℃。水溶液中果糖主要以吡喃结构存在，有 α 和 β 异构体。纯净的果糖呈无色针状或三棱形结晶，故称结晶果糖；能使偏振光面左旋，在水溶液中有变旋光现象；吸湿性强，吸湿后呈黏稠状。结晶果糖在 pH3.3 时最稳定，其对热稳定性较蔗糖和葡萄糖低；具有还原性，能与可溶性氨基化合物发生美拉德反应而褐变；与葡萄糖一样可被酵母发酵利用，故可用于焙烤食品中。果糖不是口腔微生物的合适底物，不易造成龋齿。果糖的净能量值为 15.5 kJ/g，等甜度下的能量值较蔗糖和葡萄糖低，加上它优越的代谢特性，故是一种重要的低能量功能性甜味剂。

2. 果糖的甜味特性

甜味剂的甜味评价是让受专门训练的人通过感觉器官的感觉评价而确定的，通常用蔗糖作为对比参照甜味剂。认为果糖相对甜度大约是蔗糖的 1.2～1.8 倍左右。果糖的甜度与其水溶液的变旋作用有关，最甜的异构体是 β-D-吡喃果糖，溶液温度、pH 值和浓度是影响果糖水溶液甜度大小的重要因素，温度升高：酸度增大会使这种异构体减少。而且其中的温度对果糖水溶液的变旋作用有明显影响。因此，使用果糖制得的蛋糕冷却后所感到的甜度要比刚出炉时的高。

3. 果糖的生理功能

① 甜度大，等甜度下能量低，可在低能量食品中应用。

② 代谢途径与胰岛素无关，可供糖尿病人食用。

③ 不易被口腔微生物利用，对牙齿的不利影响比蔗糖小，不易造成龋齿。

二、L-单糖

1. L-单糖的物化特性和甜味特性

对某一特定的 L-糖和 D-糖，它们的差别仅是由于它们的镜影关系引起的。其理化性质如沸点、熔点、可溶性、黏度、质构、吸湿性、密度、颜色和外观都一样，而且它们的甜味特性也相似。因此，可望用 L-糖代替 D-糖制出相同食品，同时又降低了产品的能量。通过风味评定证实了 L-糖及其异构体 D-糖的口感在实验允许误差范围内是一样的。与其他低能量甜味剂相比，L-糖在某些重要方面有其优越性。L-糖和 D-糖在水中的稳定性是一样的。就现在所能得到的低能量甜味剂而言，除 D-果糖之外，没有一种能在焙烤中发生褐变反应，而 L-糖则可以。L-糖可望在食品的外观、加工配方、加工工艺和产品贮藏等方面与"正常"糖一样。

2. L-单糖的生理功能

对于某一特定的 D-糖和 L-糖，两者之间的化学组成与化学性质几乎相同，但在生化特性方面却截然不同。人体内的酶系统只对 D-糖发生作用而对 L-糖无效，这是因为酶要发生催化作用，则要求底物分子在形状上能与酶分子相匹配，L-糖并不是催化糖代谢酶所要求的那种构型，不会被消化吸收，因此也就没有能量供给。L-单糖适合于糖尿病人或其他糖代谢紊乱病人食用，它不能用作细菌培养基的碳源，不能被口腔微生物发酵，因此也不会引起牙齿龋变。

第四节 功能性低聚糖

低聚糖亦称寡糖，是由 2～10 个单糖通过糖苷键连接形成的直链或支链低度聚合糖，可分为功能性低聚糖和普通低聚糖两类。

蔗糖、麦芽糖、乳糖、海藻糖和麦芽三糖等属于普通低聚糖，可被机体消化吸收，不是肠道有益菌双歧杆菌的增殖因子。功能性低聚糖包括水苏糖、棉子糖、帕拉金糖、乳酮糖、低聚果糖、低聚木糖、低聚半乳糖、低聚乳果糖、低聚异麦芽糖、低聚帕拉金糖和低聚龙胆糖等，人体胃肠道内没有水解这些低聚糖的酶系统，故它们不被消化吸收而直接进入大肠内为双歧杆菌所利用，是肠道有益菌的增殖因子。除了低聚龙胆糖具苦味外，其他功能性低聚糖均带有不同程度的甜味。

一、功能性低聚糖的主要生理功能

1. 热量低、难消化

功能性低聚糖很难或几乎不被人体消化吸收，因此，它所提供的能量值很低或根本不能提供。由于它具有一定的甜度，添加到食品中能最大限度地满足那些喜爱甜食又担心发胖者的要求。还可在适合于糖尿病人、肥胖病人和低血糖病人的低能量食品中发挥作用。

2. 活化肠道内的双歧杆菌并促其生长繁殖

双歧杆菌是人体肠道内的有益菌，其菌数随着年龄的增大而逐渐减少。因此，肠道内双歧杆菌数的多少成了衡量人体健康与否的指标之一。有目的地增加肠道内有益菌的数量十分必要。特别是治疗各种疾病需用大量广谱和强力的抗生素，使人体肠道内正常的菌群平衡受到不同程度的破坏时，通过摄入功能性低聚糖来促使肠道内双歧杆菌等有益菌的自然增殖是有效的办法。

3. 不引起牙齿龋变，有利于保持口腔卫生

龋齿是口腔微生物特别是突变链球菌侵蚀而引起的，低聚糖不是引起龋齿的口腔微生物合适的底物和环境，因此不会引起牙齿龋变。

4. 有水溶性膳食纤维的作用

功能性低聚糖不被人体消化吸收，属于水溶性膳食纤维，具有膳食纤维的部分生理功能，如降低血清胆固醇和预防结肠癌等。但与一般膳食纤维相比，其又具有以下优点：甜味圆润柔和，有较好的组织结构和口感特性；易溶于水，使用方便，且不影响食品原有的性质；在推荐范围内使用不会引起腹泻；整肠作用显著；日常需求小。

二、几种主要的功能性低聚糖

1. 低聚果糖

低聚果糖是指在蔗糖分子的果糖残基上结合 $1\sim3$ 个果糖的寡糖，存在于水果、蔬菜中，如牛蒡（3.6%）、洋葱（2.8%）、大蒜（1.0%）、黑麦（0.7%）和香蕉（0.3%）等中。

（1）低聚果糖的性质和结构　天然的低聚果糖甜度约为蔗糖的 $35\%\sim60\%$。它们保持了蔗糖良好的甜味特性，在黏度、保湿性、热稳定性等食品应用特性方面都接近于蔗糖，只是在 pH3$\sim$4 的酸性条件下加热易分解。

天然的和微生物酶法得到的低聚果糖几乎都是直链状，是蔗糖分子与 $1\sim3$ 个果糖分子以 β-1,2-糖苷键结合成的蔗果三糖、蔗果四糖和蔗果五糖，属于果糖和葡萄糖构成的直链杂合低聚糖。

（2）低聚果糖的生理功能

① 高效的双歧杆菌增殖因子。据报道，成人每天摄入低聚果糖 $5\sim8g$，两周后粪便中的双歧杆菌数可增加 $10\sim100$ 倍。中国卫生部食品卫生监督检验所对低聚果糖进行了国内首次人体试食实验，实验表明正常人群服用后，可促进肠道菌群中双歧杆菌等有益菌的显著增加（达 12 倍以上），而产气膜梭菌等有害菌群数量显著减少至原数量的 1/30。

② 防肥胖。具有水溶性膳食纤维的基本特性。摄入后不被人体消化系统的消化酶所水解，热能值较低且易溶于水，摄入后不易致肥胖。

③ 降血脂。可吸收甘油三酯，结合胆固醇，减少肠壁对胆固醇的吸收，降低血液和肝脏中的胆固醇和甘油三酯，促使血脂正常化。

④ 提高免疫力。具有明显提高抗体形成细胞数及 NK 细胞活性，以及增强免疫功能的作用。

⑤ 抗龋齿，促进营养。食用低聚果糖不会提高血糖值，而且还具有抗龋齿和促进吸收矿物质的功能。

2. 帕拉金糖

1957 年德国的 Weidenhagen 和 Horenz 在甜菜制备过程中发现了一种非蔗糖双糖化合物，根据工厂所在地帕拉金，他们将其命名为帕拉金糖（palatinose，异麦芽酮糖）。从化学结构上看，该双糖即异麦芽酮糖。Weidenhagen 还发现精朊杆菌能将蔗糖转化成帕拉金糖，继而他又在蜂蜜和甘蔗汁中发现了帕拉金糖的存在。虽然发现这种功能性低聚糖的历史较短，但由于它具有某些特殊的生物特性及很低的致龋齿特性，人们对这种天然存在的功能性低聚糖给予了很大的关注。在日本，1987 年，该糖的总产量达 3000t，已广泛应用于糖果、咖啡、口香糖、巧克力、果酱、黄油、蛋糕和软饮料等食品中。现在，德国不仅生产帕拉金糖，而且可以生产能量更低的帕拉金糖醇。

帕拉金糖是一种结晶状的还原性双糖，其结晶体含一分子水，失水后不呈结晶状。与蔗糖比较，其具有以下特点。

① 熔点在 122~123℃，比蔗糖（182℃）要低得多。

② 具有与蔗糖类似的甜味特性，甜度是蔗糖的 42%。

③ 室温下，溶解度只有蔗糖的 50%。

④ 与颗粒蔗糖不同，异麦芽酮糖没有吸湿性。

⑤ 在酸性条件下比蔗糖稳定，不易生成转化糖，其抗酸水解能力比蔗糖大。

⑥ 热稳定性比蔗糖略差。

⑦ 大多数的细菌和酵母菌不能发酵利用异麦芽酮糖，故应用在食品中其甜味易于保持。

⑧ 由于它不被口腔细菌（包括致龋齿属细菌）发酵利用，所以它的致龋齿性很低。

3. 大豆低聚糖

大豆低聚糖广泛存在于豆科作物种子中，典型的大豆低聚糖是从大豆种子中提取的可溶性寡糖的总称。一般从生产浓缩蛋白或分离蛋白废水中提取大豆低聚糖。

（1）大豆低聚糖的结构与特性　大豆低聚糖主要成分为水苏糖、棉子糖和蔗糖。水苏糖和棉子糖都是由半乳糖、葡萄糖和果糖组成的支链杂低聚糖，是在蔗糖的葡萄糖基一侧以 α-1,6-糖苷键连接 1 个或 2 个半乳糖。

大豆低聚糖的甜度为蔗糖的 70%，能量值仅为蔗糖的一半，约 8.36kJ/g。大豆低聚糖具有良好的热稳定性，即使在 140℃的高温下也不会分解，对酸的稳定性也略优于蔗糖。

（2）大豆低聚糖的生理功能　大豆低聚糖对双歧杆菌增殖的作用因子是水苏糖和棉子糖。成年人每天摄取 10g 大豆低聚糖（含 70%水苏糖和 20%棉子糖），一周后每克粪便中的双歧杆菌数由原来的 10^8 个增至 $10^{9.6}$ 个，而肠内腐败细菌数有所减少。

大豆低聚糖是一种安全无毒的天然产品，作为一种功能性食品基料，可部分替代蔗糖应用于清凉饮料、酸奶、乳酸菌饮料、冰淇淋、面包、糕点、糖果和巧克力等食品中。在面包中使用大豆低聚糖，还可起延缓淀粉老化、延长产品货架寿命的作用。

4. 其他功能性低聚糖

（1）低聚半乳糖　低聚半乳糖是由 β-半乳糖苷酶作用于乳糖而制得的 β-低聚半乳糖。即在乳糖分子的半乳糖一侧连接 1~4 个半乳糖，属于葡萄糖和半乳糖组成的杂低聚糖。低聚半乳糖对热、酸均有较好的稳定性。主要用作肠道双歧杆菌及有益菌的增殖。成人每天摄取 8～10g，一周后其粪便中双歧杆菌数大大增加。

（2）低聚乳果糖　低聚乳果糖是在乳糖分子的葡萄糖基端以 α-(1,2)-键结合一个果糖分子，因此又称半乳糖基蔗糖。低聚乳果糖几乎不被人体消化吸收，其甜味接近蔗糖，摄入后不会引起人体血糖水平和血液胰岛素水平的波动，可供糖尿病人作甜味剂用。低聚乳果糖也是双歧杆菌增殖因子，与同是双歧杆菌增殖因子的低聚半乳糖、低聚异麦芽糖等相比，低聚乳果糖的双歧杆菌增殖活性更高。

（3）低聚异麦芽糖　低聚异麦芽糖是由葡萄糖以 α-(1,6)-糖苷键结合而成的单糖数在 2～5 不等的"分支低聚糖"。自然界中的低聚异麦芽糖很少以游离状态存在，而是作为支链淀粉、右旋糖和多糖等的组成部分。随聚合度的增加，其甜度降低甚至消失。低聚异麦芽糖具有良好的保湿性，能抑制食品中的淀粉回生、老化以及结晶糖的析出。

低聚异麦芽糖的生理功能如下所述。

① 低热值、人体难消化、起水溶性膳食纤维作用，预防龋齿，促进双歧杆菌显著增殖。

② 抑制肠内有害菌及病原菌的繁殖，减少肠内毒素和致癌物质，预防各种慢性病和癌症。

③ 促进钙、铁等矿物质的消化吸收，有利于青少年发育和预防中老年骨质疏松症。

④ 降低血脂和胆固醇，保护肝功能。

⑤ 增进人体免疫机能，提高对疾病的抵抗力。

第五节　多元糖醇

多元糖醇是由相应的糖经镍催化加氢制得的，是国际上公认的食糖替代品，常用的有木糖醇、山梨糖醇、麦芽糖醇、甘露醇、乳糖醇等，它们的共同特点是糖尿病病人食用后降低血糖值，食用其也不会产生龋齿，具有一定的热量和甜度，所以常被称为营养性甜味剂或功能性糖醇。

一、多元糖醇的生理功能

① 在人体中的代谢途径与胰岛素无关，摄入后不会引起血液葡萄糖与胰岛素水平大幅度波动，可用在糖尿病人专用食品生产中。

② 不是口腔微生物的适宜作用底物（特别是突变链球菌），有些糖醇如木糖醇甚至可抑制突变链球菌的生长繁殖，长期摄入糖醇不会引起牙齿龋变。

③ 部分多元糖醇（如乳糖醇）的代谢特性类似膳食纤维，具备膳食纤维的部分生理功能，诸如预防便秘、改善肠内菌群体系以及预防结肠癌的发生等。

部分糖醇存在于植物中，如山梨醇存在于蔷薇科植物如苹果、桃、杏及山梨果实中；甘露醇大量存在于洋葱、胡萝卜、菠萝、海藻及一些树木中；赤藓糖醇存在于藻类、地衣、霉菌和多种草类中。在国际上，糖醇类消费量最大的是山梨醇，其次是麦芽糖醇。

二、多元糖醇的共同特点

相比于对应的糖类甜味剂，多元糖醇的共同特点介绍如下。

1. 甜度较低

所有糖醇均有一定甜度，但比其原来的糖，甜度有明显变化，例如山梨醇的甜度低于葡萄糖，木糖醇的甜度高于木糖。总的来说，除了木糖醇其甜度和蔗糖相近外，其他糖醇的甜度均比蔗糖低。

2. 溶解度好

糖醇在水中有较好的溶解性。按 20℃ 100g 水中能溶解的质量（g）计，蔗糖为 195g，糖醇则因品种不同而有很大差别。溶解度大于蔗糖的为山梨醇 220g；溶解度低于蔗糖的有甘露醇 17g、赤藓糖醇 50g、异麦芽酮糖醇 25g；与蔗糖相近的有麦芽糖醇 150g、乳糖醇 170g 和木糖醇 170g。一般来说，在工业生产中溶解度大的糖醇难结晶，溶解度小的容易结晶。

3. 溶解热高

糖醇在水中溶解，和蔗糖一样要吸收热量，此即叫溶解热，糖醇的溶解热高于蔗糖，因而糖醇入口吸热，有清凉感。糖醇特别是木糖醇很适于制取清凉感的薄荷糖等食品。

4. 黏度较低

纯的糖醇类比蔗糖相对黏度要低，高黏度和难结晶的糖醇，适于各种软性食品加工，如软糖、糕点、冰淇淋等。

5. 吸湿性较大

糖醇除了甘露醇、乳糖醇和异麦芽酮糖醇，其他均具有一定的吸湿性，特别是在相对湿度较高的情况下。此外糖醇的吸湿性与其自身的纯度有关，一般纯度低其吸湿性高，鉴于糖醇的吸湿性，其适于制取软式糕点和膏体的保湿剂。要注意在干燥条件下保存糖醇，以防止吸湿结块。

6. 热稳定性好

糖醇不含有醛基，无还原作用，不能像葡萄糖一样可作还原剂使用；比蔗糖有较好的耐热性，在焙烤食品中替代蔗糖时，不产生美拉德反应（褐变反应），因而适合制造色泽鲜艳的食品，而作面包甜味料时，则不会产生令人好感的色彩和香味，需配合其他甜味剂才能应用在焙烤食品上。

7. 能量值较低

由于糖醇能被人体小肠吸收而进入血液代谢，有一些糖醇进入大肠，被肠内有益细菌利用，所以可供给一定的热量，但和其他合成甜味剂不同的是糖醇是一种营养性甜味剂，其热值均比葡萄糖 [19.99kJ/g（4.06kcal/g）] 要低些。

多元糖醇的不利因素表现在过量摄取会引起肠胃不适或腹泻，但各种不同产品的致腹泻特性不同，麦芽糖醇类二糖醇的致腹泻阈值要比木糖醇和山梨醇类单糖醇的大。因此，在应用时应注意各个糖醇的最大添加量，不可超量使用。

三、常见的多元糖醇

1. 木糖醇

木糖醇是天然存在于多种水果以及蔬菜中的五碳糖醇，工业上利用木屑等经水解制成木糖后氢化获得，其甜度与蔗糖相当。

木糖醇为白色结晶状粉末，极易溶于水，溶于乙醇和甲醇，热稳定性好。木糖醇溶于水吸收的热量是所有糖醇中最大的，食用时有清凉、爽口的口感特性。其代谢不受胰岛素调节，因而可被糖尿病人接受。它不会被口腔细菌发酵，对牙齿完全无害，不仅无促龋作用，还可通过阻止新龋形成和原有龋齿的继续发展而改善口腔卫生。

木糖醇作为一种功能性甜味剂，主要用在防龋齿性糖果（口香糖、糖果、巧克力和软糖等）和糖尿病人专用食品中，也用在医药品和洁齿品上。木糖醇可用在许多医药品上作赋形剂或甜味剂使用。

2. 山梨醇和甘露醇

山梨醇和甘露醇互为同分异构体，广泛存在于植物界。山梨醇存在于许多植物的果实中，甘露醇在海藻、蘑菇中含量丰富。

山梨醇为无色针状晶体，其甜度是蔗糖的60%。易溶于水，微溶于甲醇、乙醇和乙酸等。具有极大的吸湿性。在水溶液中不易结晶析出，能螯合各种离子，化学性质稳定，不与酸碱起作用，热稳定性较好。甘露醇是一种白色结晶体，甜度是蔗糖的50%左右，吸湿性低，吸湿后也不会结块。

山梨醇在人体内大多被吸收利用，甘露醇只有一部分被利用。这两种糖醇食用后在体内代谢不受胰岛素控制，不会引起血糖水平波动，也不会引起牙齿龋变。在美国，山梨醇和甘露醇作为允许使用的甜味剂，可以添加在硬糖、咳嗽糖浆、口香糖、软糖、果酱、果冻及其他食品中。美国食品医药法还规定必须在食品标签上注明每天摄入量，山梨醇不得超过50g、甘露醇不得超过20g，并在食品标签上注明"过量摄取可能会引起腹泻"以示警告。

3. 麦芽糖醇

麦芽糖醇是由麦芽糖氢化制得，化学名为4-O-α-D-葡萄糖基-D-葡糖醇，在工业上麦芽糖醇是一种以玉米淀粉为原料，由淀粉酶分解出含多种组合的"葡萄糖浆"后再氢化制成的多元糖醇。

纯净的麦芽糖醇呈无色透明晶体，对热和酸都很稳定，易溶于水。麦芽糖醇摄入后在小肠内的分解量是同等麦芽糖的1/10，在人体内很难被消化，具有低热量（热量是等量蔗糖的5%）的特性，为非能源物质，属功能性甜味剂。亦不能被口腔中的微生物利用，有抑制口腔细菌生长的作用，具有较好的防龋作用，并具有促进钙吸收和通便的作用，适用于喜爱吃甜食的中老年人及儿童。它已广泛应用于无糖馅料、无糖糕点、无糖饮料、无糖八宝粥以及糖果等食品中。

4. 乳糖醇

乳糖醇的化学名称为4-O-β-D-吡喃半乳糖基-D-葡糖醇。乳糖醇呈白色结晶粉末状，对热反应和贮存时的稳定性都很好，易溶于水，其化学活性比乳糖稳定得多。

乳糖醇在肠道内几乎不被吸收，能量值极低，且有清爽明快的甜味，甜度是蔗糖的30%～40%。作为一种功能性甜味剂，可代替蔗糖应用在很多保健食品上，诸如糖尿病食品、防龋齿食品和减肥低能量食品等。

5. 异麦芽糖醇

异麦芽糖醇是异麦芽酮糖的氢化产物，其为α-D-吡喃葡萄糖基-1,6-D-山梨醇（GPS）和α-D-葡萄糖基-1,6-D-甘露醇（GPM）两种异构体的混合物，由于具有甜味纯正、低吸湿性、高稳定性、低能量、非致龋性、糖尿病人可以食用等优点，是一种有发展前景的功能性甜味剂。

第六节　强力甜味剂

强力甜味剂的甜度很高，通常均为蔗糖的50倍以上，有的高达2000～2500倍，包括化学合成产品、半合成产品以及天然提取物。化学合成产品主要有糖精、阿斯巴甜、甜蜜素和安赛蜜等，半合成产品有三氯蔗糖和二氢查耳酮的部分衍生产品，天然提取物包括二氢查耳酮、甜菊苷以及甘草甜素等。

一、糖精

糖精（saccharin）是最古老的甜味剂，已有近百年的应用历史，其甜度是蔗糖的 $200\sim700$ 倍。糖精，学名为邻磺苯甲酰甲胺，分子式为 $C_7H_5NO_3S$，相对分子质量为 183.18。为无色或白色结晶或粉末，其钠盐为水溶性。市售糖精实际是糖精钠。

二、甜蜜素

20 世纪 $50\sim60$ 年代，甜蜜素得到迅速发展并成为应用广泛的食品甜味剂。其甜度是蔗糖的 $30\sim80$ 倍。

甜蜜素（sodium cyclamate）是环己烷氨基磺酸的钠盐或钙盐，它们均为白色结晶或结晶粉末，无嗅，溶解于水。甜蜜素具有对热稳定、不易受微生物感染、没有吸湿性、水溶性好、甜度大、无不良后味等优越性质，还具有掩盖苦味的能力。

甜蜜素常与糖精钠混合使用，最常用的配比是 10 份甜蜜素加 1 份糖精，这样两者的甜味相等，能够互相掩盖双方不良风味，从而改良混合物味觉特性。

三、阿斯巴甜

阿斯巴甜于 1965 年被发现，其拥有与糖相似的味道，约比蔗糖甜 200 倍。1981 年经美国 FDA 批准用于干撒食品，1983 年允许配制软饮料后在全球 100 余个国家和地区被批准使用。阿斯巴甜化学名称为天冬酰苯丙氨酸甲酯，是一种低热量甜味剂，又称甜味素、蛋白糖、天冬甜母、天冬甜精、天苯糖等。

四、纽甜

纽甜（neotame）的化学名称为 N-(N-3,3-二甲基丁基)-L-α-天冬氨酰-L-苯丙氨酸-1-甲酯。其甜度是蔗糖的 $7000\sim13000$ 倍，是目前最甜的甜味剂。

早在 1998 年 12 月美国已提出将纽甜作为食品甜味剂，并于 2002 年 7 月 9 日通过美国 FDA 食品添加物审核允许应用在所有食品及饮料中。中华人民共和国卫生部 2003 年第 4 号公告也正式批准纽甜为新的食品添加剂品种，适用各类食品生产。

五、三氯蔗糖

三氯蔗糖的化学名为 $4,1',6'$-三氯-$4,1',6'$-三脱氧半乳型蔗糖，是一种白色粉末状产品，极易溶于水、乙醇和甲醇。其甜度为蔗糖的 600 倍。1991 年加拿大首先批准用于食品。

六、二氢查耳酮

1963 年在研究橘类的黄烷酮糖苷中发现 2 种二氢查耳酮，均有很强的甜味。其中新橙皮二氢查耳酮分子式为 $C_{28}H_{36}O_{15}$，相对分子质量 612.6，性能稳定，无吸湿性，溶于稀碱，水溶性差。据报道其甜度比蔗糖甜 2000 倍。其虽具有甜度大、口感凉爽等优点，但由于甜味慢，后味长，有似甘草微苦味，在酸性条件下不稳定，使应用受到了限制。抽苦二氢查耳酮为白色针状结晶性粉末，分子式为 $C_{27}H_{34}O_{14}$，相对分子质量 583.6，熔点 $166\sim168\text{℃}$，甜度为糖精的 $3\sim5$ 倍。对以上 2 种二氢查耳酮所做的毒理实验证明其是安全的，专家预测如果将其作为高甜味剂也会有一定的市场。

七、甜叶菊苷

甜叶菊是一种多年生菊科草本植物，也称甜菊。由日本的住田哲 1969 年在巴西发现。原产于南美洲巴拉圭东部、巴西和阿根廷等地。20 世纪 70 年代初，首先在日本人工引种成功，以后逐渐推广，目前我国许多地区均有种植。甜叶菊的提取物是一种甜味物质，有天然糖精的称呼。这种由甜叶菊的茎、叶提取出来的甜味物质的主要成分为甜叶菊苷，也称甜菊糖苷，其纯品为白色粉末状结晶，甜度为蔗糖的 300 倍。甜叶菊苷的甜味可口，后味长，并有一种轻快感。可以单独使用，也可以与蔗糖混合使用，有时也作为甜味改良剂和增强剂。

甜叶菊苷不能被人体吸收，不产生热能，因此，可以很好地作为糖尿病、肥胖病患者的天然甜味剂。到目前为止，试验和实际使用均未发现甜叶菊苷的毒性反应，因此，在可允许的范围内使用，是值得信赖的。

八、甘草苷

甘草一般是指一种多年生豆科植物甘草的根。这种植物主要生长在欧、亚各地。民间常有因其味甜而嚼根的习惯。存在于甘草中的甜味成分是甘草苷，其甜度为蔗糖的 $100 \sim 500$ 倍，具有甜味缓慢、存留时间长的特点。一般作为甜味改良剂或增强剂使用，很少单独使用。较好的配比是 $3 \sim 4$ 份甘草苷加 1 份糖精，然后再加蔗糖和柠檬酸钠，最终可以形成很好的甜味。甘草苷也可以作为增香剂使用，具有很好的增香效果。目前，甘草苷在国内外的使用很广泛。

九、罗汉果甜味剂

葫芦科植物罗汉果是我国广西特产的一种干制水果，传统上作为民间药物应用，性味甘凉，有清凉祛暑、润肺止咳之功效。其甜味物质可用水或者 50% 乙醇提取，再进一步纯化制得。罗汉果甜味剂为白色粉末，甜度约为蔗糖的 300 倍，熔点 $197 \sim 210℃$。其水解时放出 5 分子葡萄糖，为一带有 5 个葡萄糖单位的三萜糖苷。

【本章小结】

本章主要介绍了各类功能性碳水化合物的种类、生理功能以及代表品种。功能性碳水化合物主要是指一些对人体有重要生理功能的特殊种类的碳水化合物，主要分成 6 大类：①膳食纤维；②活性多糖；③功能性单糖；④功能性低聚糖；⑤多元糖醇；⑥强力甜味剂。膳食纤维是不被人体固有消化酶消化吸收，但能被大肠内的某些微生物部分酵解和利用的一类非淀粉多糖类物质及木质素，具有预防肠道疾病、降血脂、预防心血管病、防治糖尿病以及预防肥胖症等多项保健功能。根据生物来源不同，活性多糖可分为植物多糖、动物多糖、微生物多糖。活性多糖具有免疫调节、抗肿瘤、抗突变、降血压、降血脂、降血糖等多项保健功能。活性多糖的功效发挥受到多糖的分子量、溶解度以及黏度等因素的影响。功能性低聚糖包括水苏糖、棉子糖、帕拉金糖等，人体胃肠道内缺乏水解这些低聚糖的酶系，故它们不被消化吸收而直接进入大肠内为双歧杆菌所利用，是肠道有益菌的增殖因子。多元糖醇是由相应的糖经镍催化加氢制得的，常用的有木糖醇、山梨糖醇等，它们的共同特点是糖尿病病人食用后降低血糖值；不会产生龋齿，有一定的热量和甜度。

【复习思考题】

1. 简述膳食纤维生理功能，列举出几种典型的膳食纤维。
2. 什么是活性多糖？主要有哪些？简述真菌活性多糖的生理功能。
3. 什么是功能性单糖？试述其生理功能。
4. 强力甜味剂主要有哪些品种？强力甜味剂的优缺点分别有哪些？理想中的强力甜味剂必须具备哪些条件？

第三章　活性肽、活性蛋白质和功能性油脂

学习目标

1. 掌握重要的生物活性肽以及重要的蛋白类生物活性物质的特性。
2. 掌握油脂中几种功效成分的保健功能。

第一节　活性肽和活性蛋白质

一、活性肽

生物活性肽（简称活性肽）指的是一类分子质量小于 6000Da，具有多种生物学功能的多肽。这些活性肽具有多种人体代谢和生理调节功能，食用安全性极高。目前对肽类物质的应用主要包括三方面：一是功能食品。具有一定功能的肽类食品，是目前国际上研究的热点，日本、美国、欧洲已推出具有各种各样功能的食品和食品添加剂，形成了一个具有极大商业前景的产业。二是肽类试剂。纯度非常高，主要应用在科学试验和生化检测上，价格十分昂贵。三是肽类药物。生物活性肽分子结构复杂程度不一，可从简单的二肽到环形大分子多肽，而且这些多肽可通过磷酸化、糖基化或酰基化而被修饰。重要的多肽物质有如下几种。

1. 谷胱甘肽

谷胱甘肽（glutathione，γ-GSH）在小肠内可以被完全吸收，它能维持红细胞膜的完整性，对于需要巯基的酶有保护和恢复活性的功能，它是多种酶的辅酶或辅基，可以参与氨基酸的吸收及转运，参与高铁血红蛋白的还原作用及促进铁的吸收。

谷胱甘肽是由谷氨酸、半胱氨酸和甘氨酸通过肽键缩合而成的三肽化合物，广泛存在于动物肝脏、血液、酵母和小麦胚芽中，各种蔬菜等植物组织中也有少量分布。谷胱甘肽具有独特的生理功能，被称为长寿因子和抗衰老因子。日本在 20 世纪 50 年代开始研制并将其应用于食品，现已在食品加工领域得到广泛应用。我国对谷胱甘肽的研究还处于起步阶段。谷胱甘肽的生产方法主要有溶剂萃取法、化学合成法、微生物发酵法和酶合成法 4 种，其中利用微生物细胞或酶生物合成谷胱甘肽极具发展潜力，目前主要以酵母发酵法生产谷胱甘肽。谷胱甘肽在生物体内有如下重要作用。

① 作为解毒剂，可用于丙烯腈、氟化物、CO、重金属以及有机溶剂的解毒。

② 作为自由基清除剂，可保护细胞膜，使之免遭氧化性破坏，防止红细胞溶血及促进高铁血红蛋白还原。

③ 对白细胞减少症起到保护作用。

④ 能够纠正乙酰胆碱、胆碱酯酶的不平衡，起到抗过敏作用。

⑤ 对缺氧血症、恶心以及肝脏疾病所引起的不适具有缓解作用。

⑥ 可防止皮肤老化及色素沉着，减少黑色素的形成，改善皮肤抗氧化能力并使皮肤产生光泽。

2. 抗菌肽

抗菌肽通常与抗生素肽和抗病毒肽联系在一起，包括环形肽、糖肽和脂肽，如短杆菌肽、杆菌肽、多黏菌素、乳酸杀菌素、枯草菌素和乳酸链球菌肽等。抗菌肽热稳定性较好，具有很强的抑菌效果。

除微生物、动植物可产生内源性抗菌肽外，食物蛋白经酶解也可得到有效的抗菌肽，如从乳铁蛋白中获得的抗菌肽。乳铁蛋白是一种结合铁的糖蛋白，作为一种原型蛋白，它参与了宿主抗细菌感染的活动。研究人员利用胃蛋白酶分裂乳铁蛋白，提纯出了三种抗菌肽，它们可作用于大肠杆菌，均呈阳离子形式。这些生物活性肽接触病原菌后 30min 见效，是抗生素良好的替代品。

3. 神经活性肽

多种食物蛋白经过酶解后，会产生神经活性肽，如来源于小麦谷蛋白的类鸦片活性肽，它是体外胃蛋白酶及嗜热菌蛋白酶的酶解产物。

神经活性肽包括类鸦片活性肽、内啡肽、脑啡肽及其他调控肽。其具有重要的作用，能调节人体情绪、呼吸、脉搏、体温等，与普通镇痛剂不同的是，它无任何副作用。

4. 酪蛋白磷酸肽

酪蛋白磷酸肽（促进钙吸收剂，简称 CPP）是应用生物技术从牛奶蛋白中分离的天然生理活性肽，含有 $25\sim37$ 个氨基酸残基，在 pH7～8 的条件下能有效地与钙形成可溶性络合物。它是目前研究最多的矿物元素结合肽，能与多种矿物元素结合形成可溶性的有机磷酸盐，充当许多矿物元素如 Fe^{2+}、Mn^{2+}、Cu^{2+}、Se^{2+}，特别是 Ca^{2+} 在体内运输的载体，能够促进小肠对 Ca^{2+} 和其他矿物元素的吸收。酪蛋白磷酸肽的分子内具有丝氨酸磷酸化结构，对钙的吸收作用显著。

酪蛋白磷酸肽的生理功能主要有以下几方面：①促进成长期儿童骨骼和牙齿的发育。②预防和改善骨质疏松症。③促进骨折患者的康复。④预防和改善缺铁性贫血。⑤抗龋齿。

日本、德国等将酪蛋白磷酸肽应用于功能食品中，如日本添加酪蛋白磷酸肽的补钙、补铁功能食品，包括液体饮料、强化乳制品、饼干、糕点、糖果等。酪蛋白磷酸肽作为第一种用于食品中的矿物元素结合肽，日益受到人们的重视。

二、活性蛋白质

蛋白质存在于所有的生物细胞中，是构成生物体最基本的结构物质和功能物质。蛋白质是生命活动的物质基础，它参与了几乎所有的生命活动过程。蛋白质可有多种分类方法。

（1）按组成分 可分为单纯蛋白质（血清清蛋白）和结合蛋白质（核蛋白、糖蛋白、脂蛋白、磷蛋白、金属蛋白、色蛋白）等。

（2）按溶解度分 可分为清蛋白、球蛋白、谷蛋白、醇溶谷蛋白、硬蛋白、组蛋白、精蛋白等。

（3）按分子形状分 可分为纤维状蛋白质（分子构象呈纤维形，长短轴之比大于 10，多为结构蛋白，难溶于水）和球状蛋白质（近似球形或椭圆形，多数可溶于水或盐溶液）等。

（4）按功能分 可分为活性蛋白（在生命活动中一切有活性的蛋白质，如酶、抗体、激素、收缩蛋白、运输蛋白等）和非活性蛋白（起到生物保护或支持作用的蛋白质，如角蛋白、丝蛋白、清蛋白、酪蛋白、麦醇溶蛋白等）等。

1. 血红蛋白

血红蛋白（Hb）是人和其他脊椎动物红细胞的成分。Hb 能与氧迅速结合成氧合血红蛋白（HbO_2），也能迅速分离。其结合与分离取决于血液中氧分压的高低，当血液流经肺部时，氧分压增高，使得大部分 Hb 与 O_2 结合成 HbO_2，血液颜色鲜红，为动脉血；血液流经组织时，氧分压下降，一部分 HbO_2 解离，释放出 O_2，供组织利用，血液变为颜色暗红的静脉血。

血红蛋白（Hb）由四个亚基（珠蛋白和血红素）组成。成人红细胞中主要为 HbA1（$\alpha2\beta2$），其中 α 链 141 个氨基酸，β 链 146 个氨基酸，各带有一个血红素与 O_2 结合，所以一分子 Hb 能与 4 分子 O_2 结合。不同发育阶段 α 链相同，β 链不同，胎儿期为 $\alpha\gamma$，胚胎期为 $\alpha\epsilon$。

血红蛋白的主要生理功能是在体内输送氧气，能把氧输送到体内各组织，组织再利用氧来氧化糖、脂肪等能源物质，释放能量供运动需要。氧运输多，运动时供氧就多，所以血红蛋白的数量和运动能力相关。

2. 纤维状蛋白质

纤维状蛋白质都是由几条肽链绞合而成的，难溶于水，如胶原蛋白、毛发中的角蛋白、弹性蛋白等。主要功能是提供坚实的支架，连接各细胞、组织和器官。

（1）胶原蛋白 各种组织中胶原蛋白及弹性蛋白含量（占蛋白质总量百分比）不同。胶原蛋白中 Gly 占 1/3，脯氨酸和羟脯氨酸占 1/5 以上，Tyr 含量少，Trp、Cys 缺乏，为营养不完全氨基酸。胶原蛋白微温酸溶液超速离心后可得 3 个组分 α、β 和 γ。α 组分是胶原蛋白分子中多肽链的基本单位，2 个 α 组分交联成二聚体即为 β 组分，三聚体为 γ 组分，α 组分又有数种 α 链，其氨基酸组成不同，但肽链长度近于相同，如 α_1、α_2 等。

3 条 α 链绞合一起即形成原胶原，3 条 α 链可以相同，也可以不同。不同种类的胶原由于其 α 链的氨基酸组成及含糖量不同而性能不同。电镜下可见原胶原有规律地排列成原纤维。如 I 型原胶原由三条长肽链相互盘绕成右手螺旋，每条长肽链本身为左手螺旋，其稳定性与其一级结构密切相关。原胶原的 α 链一级结构中 96％属（Gly-X-Y）n。其中，X 常为 Pro，Y 常为 Hyp，在三链超螺旋中，Gly 残基在超螺旋内侧，Gly 侧链为 H，故三链排列紧密。

胶原蛋白合成后还受到一系列修饰。如脯氨酸及赖氨酸羟化为羟脯氨酸和羟赖氨酸，羟化反应以维生素 C 为辅因子；赖氨酸残基的 ϵ-氨基在赖氨酰氧化酶的催化下，可氧化成醛基，此醛基可与邻近的赖氨酸氨基或羟赖氨酸的羟基缩合，形成共价键稳定原纤维的结构。因为羟化酶需要维生素 C，故维生素 C 缺乏时此类稳定结构的共价键不能形成，以致发生牙龈出血，创伤不易愈合等病变。

胶原蛋白的功能有：作为细胞与细胞间的连接剂，让细胞能固定在身体组织上，提供皮肤保护与支持的功能，提供保护内脏的功能，强固毛发，帮助伤口愈合与组织复原，修复皮肤疤痕，保持真皮层内的水分，供应表皮层及表皮附属器官的营养等。

（2）弹性蛋白 弹性蛋白主要分布在富有弹性的组织，如肺、大动脉等。初合成时为水溶性单体称为原弹性蛋白。原弹性蛋白从细胞分泌出来后，Lys 的 ϵ-NH_2 受赖氨酰氧化酶催化而氧化脱氨生成醛基。3 个 Lys 衍生的醛基与 1 个 Lys 的 ϵ-NH_2 缩合形成十字架样的特殊交联，使弹性蛋白卷曲而具有弹性，交联后极稳定，极难溶解。

弹性蛋白可使人的皮肤光滑而富含弹性。弹性蛋白是构成细胞外基质气血屏障的主要成分，它若被分解，上皮或内皮细胞之间的紧密连接即被破坏，使血管通透性增加。弹性蛋白纤维具有高度的伸缩性能和极高的强度，它与胶原蛋白构成椎间盘的主要支架结构，共同维持和承受相应的应力，对椎间盘缓冲震荡系统的构成发挥着重要作用。

（3）角蛋白　毛发、指甲、羽毛为角蛋白。哺乳动物角蛋白为 α-角蛋白，鸟类及爬行类为 β-角蛋白。α-角蛋白富含半胱氨酸，并与邻近的多肽链交联，形成二硫键，因此 α-角蛋白很难溶解，也经受得起一定的拉力。毛料衣服易被蛀掉是由于一类蛾的幼虫消化液中有大量巯基化合物，使二硫键还原成巯基，肽链之间的聚合被解除，肽链被消化。蚕丝蛋白是 β-折叠富含 Gly、Ala、Ser，牢固但不能拉伸。

角蛋白具有很强的抗牵张性能，在动物体内起保护作用。

3. 球状蛋白质

肌红蛋白（Mb）存在于肌肉中，心肌含量特别丰富，相对分子质量为 16700，是由 153 个氨基酸残基及一个血红素组成的小分子球状蛋白质。

血红素是血红蛋白及细胞色素等的辅基，具有重要的生理功能。血红素是含铁的卟啉化合物，卟啉由四个吡咯环组成，铁原子位于卟啉环的中央，Fe^{2+} 有 6 个配位键，其中 4 个和吡咯环的 N 配位结合，1 个与 Mb 93 位（F8）His 结合，氧与 Fe^{2+} 形成第 6 个配位键，接近 64 位（E7）His。

在 20 世纪 50 年代，John Kendrew 用 X 射线衍射对抹香鲸肌红蛋白的三级结构研究获得成功，这是第一个获得完整构象的蛋白质。它有 8 段 α-螺旋结构 A、B、C、D、E、F、G、H。整条肽链折叠成紧密球状分子，疏水侧链大都在分子内部，极性带电荷的则在分子表面，因此水溶性好。

4. 免疫球蛋白

免疫球蛋白（immunoglobulin，Ig）是重要的蛋白类生物活性物质，是一类具有抗体活性，能与相应抗原发生特异性结合的球蛋白。免疫球蛋白不仅存在于血液中，还存在于体液、黏膜分泌液以及 B 淋巴细胞膜中。它是构成体液免疫作用的主要物质，与补体结合后可杀死细菌和病毒，因此，可增强机体的防御能力。

目前，食物来源的免疫球蛋白主要来自乳、蛋等畜产品。特别是近年来人们对牛初乳和蛋黄来源的免疫球蛋白研究开发得较多。在牛初乳和常乳中，Ig 总含量分别为 50mg/mL 和 0.6mg/mL，其中约 80%～86% 为 IgG。人乳免疫球蛋白主要以 IgA 为主，含量为 4.1～4.75μg/g。从鸡蛋黄中提取的免疫球蛋白为 IgY，是鸡血清 IgG 在孵卵过程中转移至鸡蛋黄中形成的，其生理活性与鸡血清 IgG 极为相似，相对分子质量 164000。其活性易受到温度、pH 的影响。

免疫球蛋白过去也称为 γ-球蛋白。应指出，抗体都是免疫球蛋白，而免疫球蛋白并不一定都是抗体。如骨髓瘤患者血清中浓度异常增高的骨髓瘤蛋白，虽在化学结构上与抗体相似，但无抗体活性，没有真正的免疫功能，因此不能称为抗体。可见，免疫球蛋白是化学结构上的概念，而抗体则是生物学功能上的概念。

5. 乳铁蛋白

乳铁蛋白的研究受到广泛重视。乳铁蛋白具有结合并转运铁的能力，到达人体肠道的特殊接受细胞中后再释放出铁，这样即能增强铁的吸收利用率，降低有效铁的使用量，减少铁的负面影响。

乳铁蛋白与铁的结合，避免了人体内 OH· 等有害物质的生成。超氧离子 O_2^-· 与抗坏血酸盐或 H_2O_2 反应能产生高反应活性的 OH·，这种 OH· 被认为是一种对人体有害的物质，O_2^-· 和 H_2O_2 的反应称之为 Haber-Weiss 反应，它是在过渡元素（如 Fe）的催化下进行反应。该反应的产物 OH· 能杀死几乎所有的微生物，并诱导脂氧化。

乳铁蛋白还有以下多种生物活性：刺激肠道中铁的吸收；抑菌作用，抗病毒效应；调节吞噬细胞功能；调节发炎反应，抑制感染部位炎症；抑制由于 Fe^{2+} 引起的脂氧化，Fe^{2+} 或 Fe^{3+} 的生物还原剂（如抗坏血酸盐）是脂氧化的诱导剂。

第二节　功能性油脂

油脂中的功能性成分主要为磷脂、功能性脂肪酸、植物甾醇、二十八烷醇、角鲨烯等。它们分别来源于水生动物油脂、植物油脂、微生物油脂等功能性油脂中。

一、多不饱和脂肪酸

在多不饱和脂肪酸的分子中，ω-3 系列和 ω-6 系列多不饱和脂肪酸的生理功效最受关注。若距羧基最远的双键是在倒数第 3 个碳原子上，则称为 ω-3 系列多不饱和脂肪酸。若距羧基最远的双键出现在倒数第 6 个碳原子上，则称为 ω-6 系列多不饱和脂肪酸。

其中属于 ω-3 系列多不饱和脂肪酸的代表物有：9,12,15-十八碳三烯酸（α-亚麻酸）、5,8,11,14,17-二十碳五烯酸（EPA）、4,7,10,13,16,19-二十二碳六烯酸（DHA）。α-亚麻酸存在于许多植物油中，动物贮存性脂肪中的亚麻酸含量很少，但马脂中的含量却高达15%，海洋动物脂肪中可能含有少量的亚麻酸。陆地植物油中几乎不含 EPA 和 DHA，在一般的陆地动、植物油中也测量不出来。在一些高等动物的某些器官与组织中含有较多的DHA。另外，海藻类及海水鱼中，都含有较高量的 EPA 和 DHA。

属于 ω-6 系列多不饱和脂肪酸的代表物有：9,12-十八碳二烯酸（亚油酸）、6,9,12-十八碳三烯酸（γ-亚麻酸）、5,8,11,14-二十碳四烯酸（花生四烯酸）。亚油酸在红花油、大豆油、菜籽油、花生油、芝麻油、米糠油等食用油脂中含量十分丰富，富含 γ-亚麻酸的资源并不多，只在一些野生植物中发现含有较为丰富的 γ-亚麻酸，另外一些藻类和霉菌也能富集高含量的 γ-亚麻酸，γ-亚麻酸在母乳中的含量也较多。花生四烯酸为亚油酸的一种代谢产物，广泛分布于动物的中性脂肪中，其商品资源通常来自于动物肝脏，但含量较低。

1. ω-3 多不饱和脂肪酸的生理功效

（1）α-亚麻酸的生理功能　α-亚麻酸是人体必不可少的一种必需脂肪酸，在防治心血管疾病、延缓衰老、增强机体免疫力和抗肿瘤等方面都具有明显效果。同时它还是 ω-3 系列多不饱和脂肪酸的母体，在体内可代谢生成 EPA 和 DHA。α-亚麻酸对增强视力有良好的作用，长期缺乏 α-亚麻酸会影响视力，还会对注意力和认知过程产生不良影响。

（2）EPA 和 DHA 的生理功能

① 降血脂、防止动脉粥样硬化。EPA 能降低血清胆固醇，抑制血液中的中性脂肪上升，调节血脂，改变脂蛋白中脂肪酸的组成。EPA 和 DHA 对于降低血液黏度，增加血液流动性，软化血管，以及防止心血管疾病发生具有显著作用。

② 抗凝血、预防心脑血管疾病。EPA 能抑制血小板凝集，减少血栓素形成，从而可预防心肌梗死、脑梗死的发生。DHA 可降低血液中血小板的黏附性，延长凝血时间，从而预防血栓的形成和心肌梗死、脑梗死的发生。

③ 抗炎、预防哮喘作用。EPA 具有抗炎作用，用 EPA 防治某些炎性疾病如类风湿性关节炎、哮喘等可以得到良好效果。

④ 健脑作用。DHA 是人脑的主要组成成分之一，占人脑脂质的 10% 左右，在与学习记忆有关的海马中约占 25%。DHA 能促进婴幼儿脑组织发育，增强学习记忆功能，预防老年人脑组织萎缩和老化。

⑤ 保护视力。在人体各组织细胞中，DHA 含量最高的是眼睛的视网膜细胞。DHA 在体内参与视神经代谢，能保护视网膜，提高视网膜对光的敏感度，改善视力。DHA 还能使视网膜与大脑保持良好的联系，防止视力减退。

⑥ 抑制促癌物质前列腺素的形成，因而能防癌（特别是乳腺癌和直肠癌）。

⑦ 降低血糖、抗糖尿病。

⑧ 抗过敏。

2. ω-6 多不饱和脂肪酸的生理功效

ω-6 多不饱和脂肪酸对于维持机体的正常生长、发育及妊娠具有重要作用，特别是皮肤和肾的完整性及分娩，均依赖于 ω-6 系列多不饱和脂肪酸。

（1）亚油酸的生理功能　亚油酸和 γ-亚麻酸属于必需脂肪酸，其生理功效包括参与磷脂合成并以磷脂形式作为线粒体和细胞膜的重要成分，促进胆固醇和类脂质的代谢，合成某些生理调节物质，有利于动物精子的形成。

同时亚油酸有助于降低血清胆固醇和抑制动脉血栓的形成，因此在预防动脉粥样硬化和心肌梗死等心血管疾病方面有良好作用。但有实验发现，当亚油酸超过膳食总能量的 4%～5% 时，多余的脂肪将增加癌症的发生概率，而且富含亚油酸的高脂膳食诱发乳腺癌的概率比富含饱和、单不饱和或 ω-3 多不饱和脂肪酸的概率大得多。究其原因，被认为与亚油酸诱导产生的循环雌激素水平的增加有关。

（2）γ-亚麻酸的生理功能　γ-亚麻酸的降血脂功效十分显著，并可防止血栓的形成，从而起到防治心血管疾病的作用；可刺激棕色脂肪组织，促进其中线粒体活性而释放体内过多热量，起到防治肥胖症的作用；有利于减轻机体细胞膜脂质过氧化损害；保护胃黏膜，防止溃疡的发生。

二、磷脂

磷脂（phospholipid）是含有磷酸根的类脂化合物，普遍存在于动、植物细胞的原生质和生物膜中，对生物膜的生物活性和机体的正常代谢有重要的调节功能。

磷脂为含磷的单脂衍生物，按其分子结构组成可分为甘油醇磷脂和神经氨基醇磷脂两大类。

磷脂的生理功能包括以下几方面。

1. 维持细胞膜结构和功能的完整性

细胞内生物膜主要由类脂和蛋白质组成，由磷脂排列的双分子层构成生物膜的基质。生物膜具有极其重要的生理功效，能起保护层作用，是细胞表面的屏障，也是细胞内外环境进行物质交换的通道。许多酶系统与生物膜相结合，一系列生物化学反应在膜上进行。当膜的完整性受到破坏时，细胞将出现功能上的紊乱。

2. 促进神经传导，改善大脑功能

磷脂的代谢与脑的机能状态有关，大脑中的约 200 亿个神经细胞之间依靠乙酰胆碱来传递信息，乙酰胆碱是由胆碱和乙酰辅酶 A（活化了的乙酸）反应生成的。食物中的磷脂被机体消化吸收后释放出胆碱，随血液循环系统送至大脑，与乙酰铺酶 A 结合生成乙酰胆碱。当大脑中乙酰胆碱含量增加时，大脑神经细胞之间的信息传递速度加快，记忆力功能得以增强，大脑的活力也明显提高。

补充磷脂能使儿童注意力集中，促进脑和神经系统的发育，使神经元突触活动迅速而发达，改善学习和认知能力。对于老年人，磷脂能延缓脑细胞萎缩和脑力衰退，推迟老年性思维迟钝、记忆下降、动作迟缓及老年性痴呆症的发生。

3. 保护肝脏

卵磷脂是合成脂蛋白所必需的物质，肝脏内的脂肪能以脂蛋白的形式转运到肝外，被其他组织利用或贮存。所以，适量补充磷脂可以减少脂肪肝的发生，而且能够促进肝细胞再生，是防治肝硬化、恢复肝功能的重要功效成分。

4. 降低血清胆固醇、预防心血管疾病

磷脂具有良好的乳化特性，能阻止胆固醇在血管内壁沉积，并清除部分沉积物，同时改善脂肪的吸收和利用。因此，它具有预防心血管疾病的作用。

因磷脂的乳化性，可降低血液黏度，促进血液循环，改善血液供氧循环，延长红细胞生存时间并增强造血功能。补充磷脂后，血色素含量增加，贫血症状有所消失。

5. 延缓衰老

增加磷脂的摄入量，特别是像大豆磷脂这类富含不饱和脂肪酸的磷脂，能调整人体细胞中磷脂和胆固醇的比例，增加磷脂中脂肪酸的不饱和度，有效改善生物膜的功能，提高人体的代谢能力和机体组织的再生能力，从根本上延缓人体的衰老。

三、脂肪替代物

油脂替代品是目前正在积极研究的一种重要的功能性食品基料，包括油脂替代品和油脂模拟品两类。

油脂替代品是以脂肪酸为基础成分的酯化产品，其酯键能抵抗脂肪酶的催化水解，因此能量较低或完全没有。这些真正的油脂替代品是一类崭新的化学合成产品，它们最大的优点在于具备类似油脂的物理特性。油脂模拟品是以碳水化合物或蛋白质为基础成分的产品，它们是以水状液体系来模拟被替代油脂的油状液体系。

1. 以脂肪酸酯为基础的油脂替代品

用脂肪酸酯替代食品配料中的油脂以达到减少食品能量的关键在于降低这些替代品的消化吸收率。设计脂肪酸酯替代品的一种策略是使该产品不被脂肪酶所作用，例如将传统甘三酯中的甘油部分换成多元醇物质（如蔗糖），这样产生的大分子聚酯其立体空间结构不利于脂肪酶的接近。将三甘酯原来所含的脂肪酸换成其他合适的酸，这样生成的新化合物也会阻碍消化酶的作用。用一种多元酸或乙醚键代替甘油醇的框架结构，这样生成的改性甘油酯也不是脂肪酯的合适底物。这些产物均具有类似于油脂的口感特性，但仅含有油脂的部分能量或完全没有能量。

2. 以碳水化合物为基础的油脂模拟品

油脂在食品中，特别是在焙烤食品中的一个重要作用就是能与其他食品成分发生相互作用。碳水化合物型代脂品本身不能模拟出油脂与淀粉或面筋的相互作用情况，但在有脂肪酸型乳化剂协助下其相互间的作用得以加强，这样制得的产品更具有油脂的口感。

3. 以蛋白质为基础的油脂模拟品

生产蛋白质型油脂模拟品的关键之处在于要求能得到无色、清淡的产品，因为蛋白质易结合的一些小分子会被释放到食品体系中，这就导致了异味的出现。

4. 油脂替代品在功能食品中的应用

应用油脂替代品既可解决低能量食品的困难，又有利于降低油脂的总摄入量。

油脂替代品与一般的食品添加剂不同，它们约替代了食品总能量的30%以上，因此安全毒理问题就显得非常重要。按照常规的程序，FDA检查一种新化合物需给动物喂养相当于常规摄入量100倍以上的剂量，显然动物饲料包含如此高的脂肪含量是无法调配的。一种可能解决的途径是用合成油脂替代品进行人体试验，目前只能使用已被批准作为GRAS物质的油脂替代品生产低能量食品。

【本章小结】

　　生物活性肽是具有多种生物学功能的多肽，这些活性肽具有多种人体代谢和生理调节功能，食用安全性极高。免疫球蛋白作为重要的蛋白类生物活性物质，有着比较广泛的研究背景和应用潜力，乳铁蛋白作为具有抑菌的蛋白也得到广泛关注。油脂中的功能活性成分主要有多不饱和脂肪酸、磷脂等，它们对现代社会的文明病如高血压、心脏病、癌症、糖尿病等有积极的防治作用。

【复习思考题】

　　1. 举例说明重要的活性肽的生理功能。

　　2. 常见的生物活性蛋白质有哪些？请举例说明其生理功能。

　　3. 油脂中几种主要的功能活性成分是什么？说明它们的生理功能。

第四章　维生素和矿物元素

学习目标

　　1. 理解维生素和矿物元素的概念及其生理意义。

　　2. 理解掌握各种水溶性维生素和脂溶性维生素的生理功能，主要食物来源及其缺乏症。

　　3. 理解掌握各种常量元素钙、磷、钠、钾、镁、氯、硫等的生理功能，主要食物来源及其缺乏症。

　　4. 了解人体必需的 8 种微量元素碘、锌、硒、铜、钼、铬、钴和铁等的生理功能，主要食物来源及其缺乏症。

　　5. 掌握食品在贮藏和加工过程中对维生素的影响以及矿物元素在食品加工、贮藏过程中的变化及营养强化。

　　食品中维生素和矿物元素的含量是评价食品营养价值的重要指标之一。人类在长期进化过程中，不断地发展和完善对营养的需要，在摄取的食物中，不但需要蛋白质、糖类和脂肪，而且需要维生素和矿物元素。如果维生素和矿物元素供应不足，就会出现营养缺乏的症状甚至某些疾病，但摄入量过多也会产生中毒。所以维生素和矿物元素是功能食品中重要的功效成分。

第一节　维　生　素

一、概述

　　维生素是维持人体正常生命活动不可缺少且需要量又很少的一类小分子有机化合物。它们不能在体内合成，或者说合成的量难以满足机体的需要，所以必须由食物供给。维生素既不是机体的组成成分，也不能提供热量，然而在调节物质代谢、促进生长发育和维持机体生理功能等方面却发挥着重要作用。它们主要以辅酶的形式参与细胞的物质代谢和能量代谢过程，缺乏时会引起机体代谢紊乱，导致特定的缺乏症或综合征。

　　维生素除具有重要的生理作用外，有些还可作为自由基清除剂、风味物质的前体、还原剂以及参与褐变反应，从而影响食品的某些属性。

　　根据维生素在脂类溶剂或水中的溶解性特征将其分为两大类，即水溶性维生素和脂溶性维生素。前者包括 B 族维生素和维生素 C，后者包括维生素 A、维生素 D、维生素 E、维生素 K。

二、水溶性维生素

1. 维生素 C

　　维生素 C 又名抗坏血酸，其水溶液有较强的酸性。它主要存在于新鲜水果及蔬菜中。水果中以猕猴桃和鲜枣含量最多，在柠檬、橘子和橙子中含量也非常丰富；蔬菜以辣椒中的含量最丰富，在番茄、甘蓝、萝卜、青菜中含量也十分丰富；人体不能合成维生素 C，植物中含有的抗坏血酸氧化酶能将维生素 C 氧化为无活性的二酮古洛糖酸，所以贮存时间长的水果、蔬菜中的维生素 C 含量会大量减少。干种子中虽然不含有维生素 C，但一发芽便可合成，所以豆芽等是维生素 C 的重要来源。

维生素 C 在机体中可辅助抑制肿瘤；具有抗氧化作用，减少自由基对身体的损害；增强机体对外界环境的抗应激能力和免疫力；保护牙齿、骨骼，增加血管壁弹性；防治坏血病和预防中风发作。

2. 维生素 B_1

维生素 B_1 又称抗脚气病维生素、抗神经炎维生素，因分子中含有硫和氨基，故又称为硫胺素。

含维生素 B_1 丰富的食物有粮谷、豆类、酵母、干果、硬果、动物内脏、蛋类、瘦猪肉、乳类、蔬菜、水果等；在谷类食物中，全粒谷物含硫胺素较丰富，杂粮的硫胺素也较多，可作为供给维生素 B_1 的主要来源，但一定要注意加工烹调方法，否则损失太多，同样引起缺乏病。谷类在除去麸皮与糖的过程中，维生素 B_1 损失很多。维生素 B_1 在体内的辅酶形式为硫胺素焦磷酸（TPP），催化 α-酮酸脱羧。其营养、生理功能是参与糖的代谢，促进能量代谢；维持神经与消化系统的正常功能；促进生长发育。维生素 B_1 长期摄入不足而引起的营养不良性疾病（如脚气病），多发生于以精白米为主食的地区，主要病变为多发性周围神经炎、浮肿以及心肌变性等。

3. 维生素 B_2

维生素 B_2 又名核黄素，因其溶液呈黄色而得名。自然状态下常常是磷酸化的，核黄素的生物活性形式是黄素单核苷酸（FMN）和黄素腺嘌呤二核苷酸（FAD），二者是细胞色素还原酶、黄素蛋白等的组成部分，在机体代谢中起辅酶作用。FMN 及 FAD 是体内氧化还原酶的辅基，如琥珀酸脱氢酶、黄嘌呤氧化酶及 NADH 脱氢酶等，主要起氢传递体的作用，在葡萄糖、脂肪酸、氨基酸和嘌呤的氧化中起重要作用。两种活性形式之间可通过食品中或胃肠道内的磷酸酶催化而相互转变。

维生素 B_2 在自然界中分布于动植物及微生物体内。含维生素 B_2 最丰富的是酵母；动物内脏中也比较丰富，尤其是肝、肾和心脏，其次是乳类、蛋黄、鳝鱼、蟹等中；植物性食物中以干豆类、花生和绿叶蔬菜中含量较多。

植物能合成维生素 B_2，动物一般不能合成，必须由食物供给，但在哺乳动物肠道中的微生物可以合成并为动物吸收，其量甚微，不能满足需要。核黄素有利尿消肿、防治肿瘤、降低心脑血管病的功效。维生素 B_2 对维持哺乳动物正常生殖功能也具有重要作用。我国人均每日摄入核黄素不足，尤其是儿童、青少年、孕妇等。因此，在日常的膳食中，要注意多吃一些核黄素含量较高的食物，如奶类及其制品、动物肝肾、蛋黄、鳝鱼、胡萝卜、香菇、紫菜、芹菜、橘子、柑等。

4. 维生素 B_3

维生素 B_3（泛酸）是辅酶 A 的主要组成成分，辅酶 A 的功能在于合成胆固醇，缺乏泛酸容易引起胆固醇含量不足，因而引起肾上腺机能不足和损伤；维生素 B_3 与糖、脂类及蛋白质代谢都有密切关系；维生素 B_3 的存在对于人体利用维生素 B_1、维生素 B_2 都有协调作用。

泛酸在自然界广泛存在，在肉、肝脏、肾脏、水果、蔬菜、牛奶、鸡蛋、酵母、全麦和核果中含量丰富，动物性食品中的泛酸大多呈结合态。因泛酸存在广泛，人体肠道细菌也能

合成维生素 B_3，所以尚未发现人的典型缺乏症。泛酸轻度缺乏可致疲乏、食欲差、消化不良、易感染等症状，重度缺乏则引起肌肉协调性差、肌肉痉挛、胃肠痉挛、脚部灼痛感等。

5. 维生素 B_5

维生素 B_5 又称为烟酸或维生素 PP（即预防癞皮病因子）。烟酸的衍生物是烟酰胺。

烟酸缺乏时主要表现为癞皮病，有三个方面的体征，即皮炎（Dermatitis）、腹泻（Diarrhea）和痴呆（Dementia），称之为"三 D 症状"，可作为糙皮病的确诊依据。玉米中所含的烟酸多数为结合型，约占烟酸总量的 $64\%\sim73\%$，结合型烟酸非常稳定，酸性情况下加热 30min 也不释放出游离型烟酸，故结合型烟酸一般情况下不能被人体所利用。另外，玉米蛋白质中又缺乏能转化成烟酸的色氨酸，再加上无其他富含烟酸的食物来源，故长期单一食用玉米时，则可能出现烟酸缺乏，进而导致发生癞皮病。一般情况下，烟酸不会引起中毒，但大剂量的烟酸对人体有一定的伤害，如可引起糖尿病、肝损害以及消化性溃疡，也发现有血管扩张、皮肤红肿、发痒、血糖升高以及血酶升高等症状出现。

在人体内色氨酸能转变为烟酸，烟酸又可转变为烟酰胺，因此富含色氨酸的食物也富含烟酸。富含烟酸的食物有动物肝脏与肾脏、瘦肉、白色的家禽肉、全麦制品、啤酒酵母、麦芽、鱼、卵、花生、无花果、瓜子、紫菜等。牛乳的烟酸含量不多，但含色氨酸多。

6. 维生素 B_6

维生素 B_6 包括三种形式，即吡哆醇、吡哆醛和吡哆胺。吡哆醛及吡哆胺磷酸化后变成辅酶磷酸吡哆醛及磷酸吡哆胺，它们是体内的活性形式，是多种氨基酸的辅酶，参与多种代谢。

如上所述，维生素 B_6 是机体中很多重要酶系统的辅酶，是人体色氨酸、脂肪和糖代谢的必需物质，其生理作用表现为：在蛋白质代谢中参与氨基酸代谢，维生素 B_6 在把食物中的蛋白质转化为人体蛋白质的过程中起重要作用，参与氨基酸的脱羧基作用，也参与某些氨基酸（如色氨酸、含硫氨基酸）的合成，故维生素 B_6 也称氨基酸代谢维生素；参与脂肪代谢，降低血中胆固醇的含量，可以预防肾结石；维生素 B_6 还可降低心脏发病率。此外，维生素 B_6 涉及原血红素的合成，故缺乏维生素 B_6 时，亦会造成人体或动物的贫血。维生素 B_6 一般无毒，但孕妇过量服用，可致胎儿畸形。

维生素 B_6 存在于各种动植物食品中，在肉、奶、蛋黄以及鱼中含量居多；含量较多的食物为干酵母、米糠、全麦、菠菜及豆类等，并且人体肠道细菌能合成一部分供人体需要，故人体一般不会缺乏。谷类食物中的维生素 B_6 几乎多为吡哆醇，人和动物中的维生素 B_6 多为吡哆胺。

7. 维生素 B_7

维生素 B_7（生物素）的基本结构是脲和带有戊酸侧链噻吩组成的五元并环（包括含硫的噻吩环、尿素和戊酸三部分），有八种异构体，天然存在的为具有活性的 D-生物素。

自然界中的生物素存在两种形式，即 α-生物素和 β-生物素，两者具有同样的生理功能，广泛分布于动植物中。生物素在各种食物中分布广泛，并且人体肠道细菌也能合成供人体需要，因此人体极少缺乏。生鸡蛋中因为含有抗生物素蛋白因子，故常吃生鸡蛋会导致生物素缺乏。磺胺药物和广谱抗生素用量多时，也可能会造成生物素缺乏。

生物素广泛存在于动植物食品中，以肉、肝、肾、牛奶、蛋黄、酵母、糙米、水果、蔬菜和蘑菇中含量丰富。生物素在牛奶、水果和蔬菜中呈游离态，而在动物内脏和酵母等中与蛋白质结合。

8. 维生素 B_{11}

维生素 B_{11}（叶酸）因在植物绿叶中含量丰富而得名。天然存在的叶酸很少，大多以叶酸盐的形式存在。

叶酸是蛋白质和核酸合成的必需因子，在细胞分裂和繁殖中起重要作用；血红蛋白的结构物卟啉基的形成、红细胞和白细胞的快速增生都需要叶酸参与；使甘氨酸和丝氨酸相互转化；使苯丙氨酸形成酪氨酸，组氨酸形成谷氨酸，半胱氨酸形成蛋氨酸；参与大脑中长链脂肪酸如 DHA 的代谢，以及肌酸和肾上腺素的合成；使酒精中乙醇胺合成为胆碱。如果孕妇每天摄取 $400\mu g$ 叶酸，便会降低新生儿脊椎异常的先天性障碍（脊椎裂等）的发病率；叶酸可防止脑发育变异；目前已确认每天摄取 $400\mu g$ 叶酸能够抑制动脉硬化。因为它能减少导致动脉硬化恶化的血液中的不良成分"高半胱氨酸"，对于胆固醇较高或血糖值不稳定的"亚生活习惯病"来说，叶酸是最合适的维生素。另外，叶酸也有望具有预防大肠癌及阿尔茨海默病（俗称老年性痴呆病）的效果；叶酸还可降低胃癌发生的危险。

人类自己不能合成或很少合成叶酸，必须依靠食物中的叶酸加以消化而吸收。叶酸类的许多种化合物广泛分布于多种生物中。许多种植物的绿叶均能合成叶酸。各种绿叶蔬菜如菠菜、青菜、花椰菜、莴苣等均含有丰富的叶酸，动物食物如肝、肾等也含有一定的叶酸。蔬菜中的叶酸呈结合型，而肝中的叶酸呈游离态。许多种细菌包括肠道细菌能合成叶酸。酵母也含有丰富的叶酸。

9. 维生素 B_{12}

维生素 B_{12} 又称钴胺素，是唯一含金属元素的维生素，也是维生素中结构最复杂的种类之一，由几种密切相关的具有相似活性的化合物组成，这些化合物都含有钴。

维生素 B_{12} 主要生理功能有：促进红细胞的发育和成熟，使机体造血机能处于正常状态，预防恶性贫血；促进碳水化合物、脂肪和蛋白质代谢；具有活化氨基酸的作用和促进核酸的生物合成，可促进蛋白质的合成，对婴幼儿的生长发育有重要作用。增加维生素 B_{12} 的摄入有利于避免常见的早发性痴呆。

维生素 B_{12} 主要来源于动物食品如动物内脏、肉类、贝壳类及蛋类、发酵食品、牛奶及奶制品等中，植物性食品中基本不含维生素 B_{12}。人体肠道中的微生物也可合成一部分供人体利用。食用正常膳食者，很难发生缺乏症，但偶见于有严重吸收障碍疾患的病人及长期素食者。

三、脂溶性维生素

1. 维生素 A

维生素 A 有视黄醇（维生素 A_1）和脱氢视黄醇（维生素 A_2）两种存在形式。维生素 A_1 存在于哺乳动物及咸水鱼的肝脏中；维生素 A_2 存在于淡水鱼的肝脏中。维生素 A_2 的活性只有维生素 A_1 的 1/2。平常所讲的维生素 A 常指维生素 A_1。

维生素 A 对人体有非常重要的生理作用：①构成视网膜的感光物质，即视色素。机体如果长期缺乏维生素 A，可引起夜盲、干眼病及角膜软化症，表现为在较暗光线下视物不清、眼睛干涩、易疲劳等。②维持上皮组织细胞的正常功能。维生素 A 是维持一切上皮组织健全所必需的物质，缺乏时上皮干燥、增生及角化，所以维生素 A 又称为抗干眼病维生素。维生素 A 有利于长期保持表皮结构、调节皮肤的厚度和弹性。它还参与水合作用，改善干燥皮肤的状况。③促进人体的生长、发育。维生素 A 与人的生长密切相关，是人体生长的要素之一。它对人体细胞的增殖和生长具有重要作用，特别是儿童生长和胎儿的正常发育都不可缺少。一旦发生缺乏，就可能出现生长停滞。维生素 A 对身高的影响还在于它是骨骼发育的重要成分。如果维生素 A 摄入不足，骨骼就可能停止发育。④维生素 A 是重要的自由基清除剂，还可提高机体免疫力。但若过量摄入维生素 A 会出现恶心、头痛、皮疹等中毒症状。

天然维生素 A 只存在于动物体内。动物的肝脏、鱼肝油、奶类、蛋类及鱼卵是维生素 A 的最好来源。β-胡萝卜素在动物体内可转变为维生素 A，广泛分布于植物性食品中，红色、橙色、深绿色植物性食物中含有丰富的 β-胡萝卜素，如胡萝卜、红心甜薯、菠菜、苋菜、杏、芒果等。β-胡萝卜素是我国人民膳食中维生素 A 的主要来源。据有关部门介绍，中国人均维生素 A 的摄入量平均只达到中国营养学会推荐供给量的一半。

2. 维生素 D

维生素 D 有很多种，如维生素 D_2（麦角钙化醇）、维生素 D_3（胆钙化醇）、维生素 D_4（双氢麦角钙化醇）、维生素 D_5（谷钙化醇）、维生素 D_6（豆钙化醇）、维生素 D_7（菜籽钙化醇）等。其中以维生素 D_2、维生素 D_3 最为重要。维生素 D_1 并不存在。

维生素 D 主要与钙、磷代谢有关，维生素 D 能促进钙、磷吸收，维持正常的血钙水平和磷酸盐水平；促进骨骼和牙齿的生长发育；维持血液中正常的氨基酸浓度，调节柠檬酸代谢。植物中含有的固醇经紫外线照射后，就转变成维生素 D，这种固醇称为维生素 D 原。自然界中存在的维生素 D 原有 10 多种，植物中的麦角固醇、人体和动物体内的 7-脱氢胆固醇都是维生素 D 原的典型。7-脱氢胆固醇经紫外线照射后可转化为维生素 D_3，所以人体所需的维生素 D 大部分均可由阳光照射而得到满足，只有少量是从食物中摄取。维生素 D_3 广泛存在于动物性食品中，以鱼肝油中含量最高，尤其是海产鱼肝油中含量特别丰富。鸡蛋、牛乳、黄油、干酪中含量较少。

3. 维生素 E

维生素 E 又称生育酚，有七种同系物，其中 α-生育酚、β-生育酚、γ-生育酚和 δ-生育酚四种有生物活性。自然界中以 α-生育酚分布最广，生物效价最高。维生素 E 对氧敏感，易被氧化，故在体内可保护其他可被氧化的物质（如不饱和脂肪酸、维生素 A 等），是一种天然有效的抗氧化剂。

维生素 E 对人体有非常重要的生理功效，如下所述。

① 具抗衰老作用。维生素 E 极易受分子氧和自由基氧化，因此可以充当抗氧化剂和自由基清除剂，可增强细胞的抗氧化作用，在体内能阻止多价不饱和脂肪酸的过氧化反应，抑制过氧化脂质的生成，能避免脂质过氧化物的产生，保护生物膜的结构与功能。减少对机体的损害，有一定的抗衰老作用。

② 参与多种酶活性，维持和促进生殖机能。维生素 E 俗称生育酚，动物缺乏维生素 E 时其生殖器官发育受损甚至不育，但人类尚未发现因维生素 E 缺乏所致的不育症。临床上常用维生素 E 来治疗先兆流产及习惯性流产等。

③ 提高机体免疫功能。

④ 防止动脉粥样硬化，保持血红细胞完整性，调节体内化合物的合成。

因为很多食物中含有维生素 E，故几乎没有发现维生素 E 缺乏引起的疾病。维生素 E 广泛分布于植物种子、种子油、谷物、水果、蔬菜和动物产品中。其在植物油和谷物胚芽油中含量高。动物性食物中维生素 E 含量较丰富的是蛋和肝。

4. 维生素 K

维生素 K 具有凝血能力，又称为凝血维生素，包括维生素 K_1、维生素 K_2、维生素 K_3 和维生素 K_4。维生素 K 广泛存在于自然界。维生素 K_1 主要存在于植物中，维生素 K_2 由小肠合成，维生素 K_3 由人工合成。维生素 K_3 的活性比维生素 K_1 和维生素 K_2 高。

维生素 K 具有还原性，可清除自由基，保护食品中其他成分（如脂类）不被氧化，并减少肉品腌制中亚硝胺的生成；可促进肝脏合成凝血酶原，维持体内凝血因子的正常水平，促进血液凝固；可以增强肠道的蠕动和分泌功能；增强体内甲状腺内分泌活性。

在深绿色蔬菜中含有丰富的维生素 K，如紫苜蓿、菠菜、卷心菜等，动物的肉、蛋、奶中也富含维生素 K。

四、维生素在食品加工、贮藏过程中的变化

1. 食品原料中维生素的内在变化

对水果蔬菜而言，食品中的维生素含量变化是随成熟度、生长地、气候、品种的变化而变化的。如番茄在成熟之前维生素 C 的含量一般最高。果蔬原料收获后，由于受到酶的作用而使得维生素损失，如维生素 C 氧化酶的作用导致维生素 C 含量减少；动物在屠宰后，一些水解酶的活动导致维生素的存在形式发生变化，如从辅酶状态变成游离状态等。

2. 贮藏过程中维生素的变化

贮藏环境、温度、时间等因素都会影响食品中维生素的变化。食品暴露在空气中，一些对光敏感的维生素就很容易遭到破坏；酶的作用也是贮藏过程中维生素损失的主要原因；贮藏温度对维生素的变化有显著影响。一般情况下，食品冷藏可降低维生素的损失。此外，在低水分食品中，维生素的稳定性也受到水分活度的影响，较低的水分活度下，食品中的维生素降解速度缓慢。

3. 食品加工前处理对维生素的影响

食品加工前处理对维生素的损失有显著影响。在食品加工中，往往要进行去皮、修整、清洗等工序，造成维生素不可避免的损失，如水果加工中加碱去皮，使得维生素 C、叶酸、硫胺素等碱性条件下不稳定的维生素遭到破坏。清洗工序加重了水溶性维生素的损失。谷类原料在磨粉时，造成 B 族维生素的大量损失。

4. 热烫和热加工

为了灭酶、减少微生物污染，热烫是果蔬加工中不可缺少的工艺，但同时造成了不耐高温的维生素的损失。在现代食品加工中，采用高温瞬时杀菌的方法可以减少维生素的损失。

5. 后续加工对维生素的影响

在常压下加热时间过长，对水溶性维生素的破坏程度较大。制作糕点时，需要加入一些碱性膨松剂，对维生素 B_1 和维生素 B_2 的破坏较为严重，因此在加工这类产品时，要注意碱性膨松剂的用量。脱水加工对维生素的损失影响非常明显，如蔬菜经热空气干燥，维生素 C 可损失 $10\% \sim 15\%$。

此外，由于食品是个多组分的复杂体系，在加工贮藏中，食品中的其他成分也会对维生素的变化产生一定的影响。

第二节　矿物元素

一、概述

食物或机体灰分中的一些为人体生理功能所必需的无机元素称为矿物元素，也称无机盐，一般指除碳、氢、氧、氮以外，构成生物体的其余元素。食品中矿物元素含量的变化主要取决于环境因素。植物可以从土壤中获得矿物元素并贮存于根、茎和叶中；人和动物通过摄食食物或饲料及饮水而获得。矿物元素在食品中的含量较少，但具有重要的营养生理功能，而且有些对人体具有一定的毒性。因此，研究食品中的矿物元素目的在于提供建立合理膳食结构的依据，保证适量有益矿物元素，减少有毒矿物元素，维持生命体系处于最佳平衡

状态。食品中的矿物元素按其在体内含量的多少可分为常量元素和微量元素两类。

二、常量元素

常量元素是指其在人体内含量在 0.01％ 以上的元素，如钙、磷、钠、钾、镁、氯、硫等。

1. 钙和磷

钙和磷是硬组织骨和牙的重要矿物成分。骨的钙、磷比几乎是恒定的，二者之一在体内的含量显著变动时，另一个也随之改变，因此钙和磷常一起考虑。

钙和磷是人体必需的营养素之一。体内 99％ 的钙和 80％ 的磷以磷酸盐的形式存在于骨骼和牙齿中，骨组织贮藏的钙占体钙的 99％ 以上，因此骨被誉为钙库。骨钙和血液循环不断地进行着缓慢的交换，每天可达 250～1000mg。成人每天约有 700mg 的钙出入于骨组织。

钙对血液凝固、神经肌肉的兴奋性、细胞的黏着、神经冲动的传递、细胞膜功能的维持、酶反应的激活以及激素的分泌都起着决定性作用。磷作为核酸、磷脂、辅酶的组成部分，参与碳水化合物和脂肪的吸收与代谢。

钙的主要来源有乳及其制品、绿色蔬菜、豆腐、鱼和骨等。乳及乳制品含钙丰富，吸收率高。水产品中小虾米皮含钙特多，其次是海带。大豆和豆制品及绿叶蔬菜含钙也较多；磷主要来源于动物性食品。植物性食品中也含有大量的磷，但大多数以植酸磷的形式存在，难以被人体消化与吸收，可通过发酵或浸泡的方式将其水解，释放出游离的磷酸盐，从而提高磷的生物利用率。

2. 钠和钾

钠和钾的作用与功能关系密切，二者均是人体的必需营养素。钠是食盐的成分，氯化钠是人体最基本的电解质。钠对肾脏功能也有影响，缺乏或过多均会引起多种疾病。钠作为血浆和其他细胞外液的主要阳离子，在保持体液的酸碱平衡、渗透压和水的平衡方面起着重要作用；并和细胞内的主要阳离子钾共同维持着细胞内外的渗透平衡，参与细胞的生物电活动，在机体内循环稳定的控制机制中起重要作用；在肾小管中参与氢离子交换和再吸收；参与细胞的新陈代谢。

在体内起多方面作用的钠-钾-ATP 酶，驱动钠钾离子主动运转，维持 Na^+、K^+ 浓差梯度，称为钠泵，其活动依赖钠钾离子。钠离子从细胞内主动排出，有利于维持细胞内外液的渗透压平衡。钠钾浓差梯度的维持与神经冲动的传导、细胞的电生理、膜的通透性和电位差、肾小管重吸收、肠吸收营养素以及其他功能有关。因此，钠对 ATP 的生成和利用，对肌肉运动、心血管功能及能量代谢都有影响。钠不足时 ATP 的生成和利用减少，能量的生成和利用较差，神经肌肉传导迟钝。临床表现为无力、神志模糊甚至昏迷，出现心血管功能受抑制等症状。糖的代谢和氧的利用必须有钠参加。

钠的主要来源是食盐和味精，钾的主要食物来源是水果、蔬菜和肉类。人们一般很少出现钠、钾缺乏症，但当钠摄入过多时会造成高血压。

钾占人体无机盐的 5％，是人体必需的营养素。体内钾含量（mmol/kg 体重）：儿童平均为 4.0，成年男子为 45～55，妇女为 32。随着年龄的增加，K 和 K/Na 比值都有所下降。钾漏到细胞外可能是细胞老化的一个因素。

人体的钾主要来自食物。摄入的钾大部分由小肠迅速吸收。在正常情况下，摄入量的 85％ 经肾排出，10％ 左右从粪便排出，其余少量由汗液排出。

钾是生长必需元素，是细胞内的主要阳离子，可维持细胞内液的渗透压。它和细胞外钠合作，激活钠-钾-ATP 酶，产生能量，维持细胞内外钾钠离子的浓度梯度，发生膜电位，使膜具有电信号传导能力。膜去极化可激活肌肉纤维收缩并引起突触释放神经递质。钾维持神经肌肉的应激性和正常功能。钾营养肌肉组织，尤其是心肌。钾参与细胞的新陈代谢和酶促反应，它可使体内保持适当的碱性，有助于皮肤的健康，维持酸碱平衡。钾可对水和体液平衡起调节作用。钾还能对抗食盐引起的高血压。

3. 镁

镁虽然是常量元素中在体内总含量较少的一种，但具有非常重要的生理功能。镁是人体细胞内的主要阳离子之一，浓集于线粒体中，仅次于钾和磷。在细胞外液，镁仅次于钠和钙而居于第三位。镁和钙、钾、钠一起与相应的阴离子协同，维持体内的酸碱平衡和神经肌肉的应激性。细胞内大多数镁集中在线粒体中作为辅基参与体内的各种磷酸化反应；通过对核糖体的聚合作用，参与蛋白质的合成；镁参与 DNA 的合成与分解，维持核酸结构的稳定。镁是肌细胞膜上钠-钾-ATP 酶必需的辅助因子，Mg^{2+} 与磷酸盐结合后可激活心肌中的腺苷酸环化酶，在心肌细胞线粒体内，刺激氧化磷酸化。它能促进肌原纤维水解 ATP，使肌凝蛋白胶体超沉淀和凝固，又参与肌浆网对钙的释放和结合，从而影响心肌的收缩过程；镁对胃肠道也有良好的作用，当硫酸镁溶液经十二指肠时，可使奥狄括约肌松弛，短期增加胆汁流出，促进胆囊排空，具有利胆作用。碱性镁盐可中和胃酸。镁离子在肠腔中吸收缓慢，促进水分滞留，引起导泻作用。低浓度镁可减少肠壁张力和蠕动，有解痉作用，并能对抗毒扁豆碱的作用。

食物中镁一般较充裕，且肾脏有良好的保镁功能，所以，因食入不足而缺镁者较罕见。镁缺乏多数是因疾病引起镁代谢紊乱所致，但最近发现克山病患者有低镁血症，所以镁缺乏可能是克山病病因之一。

4. 氯

氯是人体及动物必需的一种元素，在自然界中氯以氯化物的形式存在，主要形式是食盐。成人体内氯的含量平均为 33mmol/kg 体重，总量约有 82～100g，主要以氯离子形式与钠或钾离子相结合。

氯离子是细胞外最多的阴离子，能调节细胞外液的容量，维持渗透压并可维持体液的酸碱平衡。此外，氯还参与胃液中胃酸（HCl）的形成、稳定神经细胞中的膜电位、刺激肝功能、促使肝中的废物排出、帮助激素分布、保持关节和肌腱健康等。

正常膳食中的氯来自食盐。当大量出汗丢失氯化钠、腹泻呕吐从胃肠道丢失氯、慢性肾病或急性肾功能衰竭等肾功能异常及使用利尿剂等，使氯从尿液中丢失，都能引起氯缺乏和血浆钠氯比例改变，引起低氯血症；而当血浆氯浓度超过 110mmol/L 时称为高氯血症。

5. 硫

硫对机体的生命活动起着非常重要的作用，在体内主要是作为合成含硫氨基酸如胱氨酸、半胱氨酸和甲硫氨酸的原料。硫分布广，富含含硫氨基酸的动植物食品是硫的主要膳食来源。

三、微量元素

一般把含量占人体体重 0.01% 以下的元素称微量元素。微量元素与人的生长、发育、营养、健康、疾病、衰老等生理过程关系密切，是重要的营养素。微量元素按其生物学作用分为三类：①人体必需微量元素，共 8 种，包括碘、锌、硒、铜、钼、铬、钴和铁；②人体可能必需的元素，共 5 种，包括锰、硅、硼、钒和镍；③具有潜在的毒性，但在低剂量时，可能具有人体必需功能的微量元素，包括氟、铅、镉、汞、砷、铝和锡 7 种。以下仅介绍人体必需的 8 种微量元素。

1. 铁

铁是人体必需的微量元素，也是体内含量最多的微量元素。人体内含铁量随体重、血红蛋白浓度、性别而异。成年男子每公斤体重平均约含 50mg，成年女子则为 35mg。大约 55％的铁存在于血液中，10％存在于各种脏器及骨髓中。机体的铁均与蛋白质结合。

铁的生理功能包括在机体内参与氧的运输、交换和组织呼吸；参与能量代谢，促进肝脏等组织细胞的生长发育。机体内的铁都以结合态存在，没有游离的铁离子存在。铁是血红素的组成成分之一；铁参与血红蛋白和肌红蛋白的构成；参与细胞色素氧化酶、过氧化物酶的合成；维持其他酶类如乙酰辅酶 A、黄嘌呤氧化酶等的活性以保持体内三羧酸循环顺利进行。铁还影响体内蛋白质的合成，进而提高机体的免疫力。在人的生长期，除维持铁的正常代谢外，还要满足身体的增长和循环中血红蛋白量的增加所需的铁，因此，此时铁的需要量较高。每日膳食中铁的供应量为：初生 1～12 个月婴儿 10mg，1 岁以上不足 10 岁的儿童为 10mg，10 岁以上不足 13 岁的儿童为 12mg，13 岁以上至不足 18 岁的少年男子为 15mg，少年女子为 18mg，18～40 岁成年男子为 12mg，成年女子为 18mg，孕妇和乳母为 20mg。

食物中的肝、肾、蛋、大豆、芝麻、绿色蔬菜等是铁的良好来源。动物性食品如肝脏、肌肉、蛋黄中富含铁，植物性食品如豆类、菠菜、芹菜、小油菜、苋菜等中含铁量稍高，其中黄豆中的铁不仅含量较高且吸收率也较高，是铁的良好来源。其他含铁较低，且大多数与植酸结合难以被吸收与利用。动物性食品如肝脏、瘦猪肉、牛羊肉不仅含铁丰富而且吸收率很高，但鸡蛋和牛乳的铁吸收率低。食物中有些成分，如维生素 C、胱氨酸、半胱氨酸、赖氨酸、组氨酸、葡萄糖、果糖、柠檬酸、琥珀酸、脂肪酸、肌苷、山梨酸等能与铁螯合成小分子可溶性单体，阻止铁的沉淀，因而有利于铁的吸收。其中维生素 C 除了能与铁螯合以促进铁的吸收外，作为还原性物质，它可在肠道内将 Fe^{3+} 还原为 Fe^{2+} 从而促进铁的吸收。维生素 C 应与含铁的膳食同时摄入，才能促进膳食中铁的吸收。

铁缺乏常见于婴幼儿、青春期女子、孕妇及乳母。缺铁时血液中血红细胞数量及血红蛋白含量减少，导致缺铁性贫血。其主要症状是皮肤黏膜苍白、头晕、对寒冷过敏、体质虚弱、记忆力减弱、体力下降等。缺铁性贫血仅仅是缺铁对身体的影响之一。缺铁还可对人体的其他系统产生影响，如神经系统缺铁，可能影响神经传导而使儿童出现智力降低和行为障碍。肌肉缺铁，可使肌肉代谢特别是 α-甘油磷酸脱氢酶活力异常，从而使肌肉活动能力降低。对于铁缺乏的预防可采取下述措施：①改进膳食组成，增加含铁丰富及其吸收率较高的食品，如肉类和大豆类食品；②增加膳食中的维生素 C，并使与含铁食物同时摄入，以提高膳食中铁的吸收与利用；③合理地有计划地发展铁强化食品，尤其是婴儿食品，如铁强化的乳粉和代乳糕等，使用铁质烹调用具对膳食起着一定程度强化铁的作用。

2. 锌

锌在生命活动过程中起着转换物质和交换能量的"生命齿轮"作用。它是构成多种蛋白质所必需的，是许多酶的组成成分，参与组织呼吸和蛋白质、脂肪、糖、核酸等的代谢。

成人体内含锌约 2～3g。毛发、眼睛、皮肤、骨骼等组织中浓度最高，眼球的视觉部位含锌量高达 4％，头发含锌量约为 125～250μg/g，其量可反映人体锌的营养状况。锌主要在小肠内吸收，先与来自胰脏的一种小分子量的能与锌结合的配体结合，进入小肠黏膜后再与血浆中的白蛋白或运铁蛋白结合。

锌是人体中 200 多种酶的组成部分，在组织呼吸以及蛋白质、脂肪、糖和核酸等的代谢中有重要作用。锌主要通过体内某些酶类直接发挥作用来调节生命活动，例如 Cu/Zn 超氧化物歧化酶、RNA 聚合酶等；锌是调节基因表达即调节 DNA 复制、转译和转录的 DNA 聚合酶的必需组成部分，作为负责调节基因表达的反式作用因子的刺激物，参与 DNA、RNA 和蛋白质的代谢。锌对于蛋白质和核酸的合成以及细胞的生长、分裂和分化的各个过程都是必需的。因此，锌对于正处于生长发育旺盛期的婴儿、儿童和青少年，对于组织创伤的患者，是更加重要的营养素；锌通过参与构成一种含锌蛋白——唾液蛋白对味觉及食欲起促进作用。锌具有提高机体免疫力的功能，与人的视力及暗适应能力关系密切。以下将详述其缺乏症状。

锌的来源广泛，普遍存在于各种食物，只要不偏食，人体一般不会缺锌。但动植物食物之间，锌的含量和吸收利用率有很大差别。动物性食物含锌丰富且吸收率高，牛肉、羊肉、猪肉、鱼类及海产品是锌的可靠来源，豆类、小麦也含少量的锌。

缺锌动物的突出症状是生长发育、蛋白质合成、DNA 和 RNA 代谢等发生障碍。在人体，儿童发生慢性锌缺乏病时，主要表现为生长停滞，缺锌儿童的生长发育受到严重影响而出现缺锌性侏儒症。不论成人或儿童缺锌都能使创伤的组织愈合困难。青少年除生长停滞外，还会使人的性成熟推迟、性器官发育不全、第二性征发育不全等。如果锌缺乏症发生于孕妇，可以不同程度地影响胎儿的生长发育，以致引起胎儿的种种畸形。不论儿童或成人缺锌，均可引起味觉减退及食欲不振，出现异食癖，如食土癖等。机体缺锌可削弱免疫机制，降低抵抗力，使机体易受细菌感染。严重缺锌时，即使肝脏中有一定量维生素 A 贮备，也可出现暗适应能力降低。

3. 硒

硒是人体必需的微量元素之一，是一种比较稀有的准金属元素，在地壳中的含量少于 $1\mu g/g$。长期以来，人们一直认为它是有毒物质，直到 1957 年研究发现硒是机体重要的必需微量元素。1957 年证实为动物所必需，1958 年弄清了许多国家的羊、猪、牛、马等所流行的白肌病都是由缺硒引起。但首次证实硒为人体所必需，则是我国克山病防治工作者的贡献。克山病与硒的营养关系的研究，为硒的生理功能提供了科学证据。之后由于硒谷胱甘肽过氧化物酶的发现，揭开了硒在生命科学中所起到的重要作用，以后的众多研究，进一步揭示了它的许多重要生物功能，硒成了生命科学中最重要的必需元素。

硒广泛分布于除脂肪以外的所有组织中，人体血硒浓度不一，它受不同地区的土壤、水和食物中硒含量的影响。硒主要通过胃肠道进入人体，并且被吸收。主要在小肠吸收，人体对食物中硒的吸收率约为 $60\% \sim 80\%$。硒在机体内的组织分布随硒的摄取量不同而不同，肾、肝、胰腺、垂体和毛发浓度高，肌肉、骨骼、血液中浓度低。被吸收的外源性硒主要通过与蛋白质结合，进入人体后通过肾脏随尿液排出体外，也有少量通过粪便和汗排出。

硒参与谷胱甘肽过氧化物酶（GSH-Px）的合成，发挥抗氧化作用，保护细胞膜结构的完整性和正常功能的发挥。部分非酶硒化物也具有清除自由基和抑制生物膜质过氧化的作用。硒对于人的生长也有促进作用；硒有利于维持心血管系统正常的结构与功能，预防动脉硬化与冠心病的出现，维持机体正常的血压水平，对高血压有调节作用，能降低心血管病的发病率。硒不仅对于保护心血管而且对于保护心肌的健康有重要作用；硒的抗衰老作用起因于它对自由基的清除作用，清除自由基和抵抗过氧化作用带来的对机体的破坏；硒和金属有很强的亲和力，是一种天然的对抗重金属的解毒剂，在生物体内与金属相结合，形成金属-硒-蛋白质复合物而使金属得到解毒和排泄，它对汞、甲基汞、镉、铅等都有解毒作用；硒抗肿瘤作用是现阶段的研究热点。

食物中硒含量受产地土壤中硒含量的影响而有很大的地区差异，动物性食物如肝、肾、海产品及肉类和整粒的谷类都是硒的良好来源。

4. 铬

三价的铬（Cr）是人体必需的微量元素，六价铬有毒性。自 1957 年首次提出并证实啤酒酵母中含有葡萄糖耐量因子（GTF）的假设，并于 1959 年进一步证实了 GTF 中具有重要生物活性的结构部分是 Cr^{3+} 后，铬的生物学功能引起了人们的广泛关注。现已证明，铬是人和动物必需的微量元素，在体内具有重要的生理功能。

人体的含铬量甚微，仅为 6mg 或更低，其中骨、皮肤、脂肪、肾上腺、大脑和肌肉中含量较高。人体组织的铬含量随着年龄的增长而降低。无机铬的吸收率很低，铬与有机物生成的"自然复合物"中的铬较易被吸收，复合物在人体内即被称为葡萄糖耐量因子。

铬通过协同和增强胰岛素的作用而影响糖类、脂类、蛋白质及核酸的代谢。糖代谢中铬作为一个辅助因子对启动胰岛素有作用。铬作用于细胞上的胰岛素敏感部位，增加细胞表面胰岛素受体的数量或激活胰岛素与膜受体之间二硫键的活性，加强胰岛素与其受体位点的结合，刺激外周组织对葡萄糖的利用，提高葡萄糖的利用率和降低血糖，维持体内血糖的正常水平。铬可增强脂蛋白脂酶和卵磷脂胆固醇酰基转移酶的活性，促进高密度脂蛋白（HDL）的生成，还可降低甘油三酯和胆固醇的水平。铬可促进氨基酸进入细胞，影响核蛋白和核酸的合成，保护 RNA 免受热变性，维持核酸结构的完整性。在 DNA 和 RNA 的结合部位发现有大量的铬，揭示铬在核酸的代谢或结构中发挥作用。Cr^{3+} 在葡萄糖磷酸变位酶中起着关键性的作用，Cr^{3+} 催化核苷三磷酸分子脱去焦磷酸，并且通过 DNA-DNA 交联而促进 DNA 的聚合。

铬的最丰富来源是啤酒酵母及其制品、动物肝脏、整粒的谷类、豆类、肉和乳制品、胡萝卜、红辣椒等。

5. 碘

正常成人体内碘含量约为 25～50mg，大部分集中于甲状腺中。成人每日需要量为 0.15mg。碘主要由食物中摄取，碘的吸收较快且完全，吸收率可高达 100%。吸收入血液的碘与蛋白质结合而被运输，主要浓集于甲状腺从而被利用。

碘主要参与合成甲状腺素，甲状腺素在调节代谢及生长发育中均有重要作用。它活化体内的酶，调节机体的能量代谢，促进生长发育，参与 RNA 的诱导作用及蛋白质的合成。成人缺碘可引起甲状腺肿大，称甲状腺肿；胎儿及新生儿缺碘则可引起呆小症、智力迟钝、体力不佳等严重发育不良症。

海带及各类海产品是碘的丰富来源。乳及乳制品中含碘量在 200～400μg/kg，植物中含碘量较低。

6. 铜

人体中的铜大多数以结合状态存在，如血浆中大约有 90% 的铜以铜蓝蛋白的形式存在。体内铜除参与构成铜蓝蛋白外，还参与体内 30 多种酶的构成，如细胞色素 C 氧化酶、酪氨酸酶、赖氨酸氧化酶、单胺氧化酶、超氧化物歧化酶等对人体的新陈代谢起着重要的调节作用。铜通过影响铁的吸收、释放、运送和利用来参与造血过程，能加速血红蛋白及卟啉的合成，促使幼稚红细胞成熟并释放。其对结缔组织的形成和功能具有重要作用；与毛发的生长和色素的沉着有关；促进体内释放许多激素如促甲状腺激素、促黄体激素、促肾上腺皮质激素和垂体释放生长激素等；影响肾上腺皮质类固醇和儿茶酚胺的合成，并与机体的免疫有关。因此，铜的缺乏会导致结缔组织中胶原交联障碍，以及贫血、白细胞减少、动脉壁弹性减弱及神经系统症状等。据报道，冠心病与缺铜有关。

铜在人体内不易保留，需经常摄入和补充。绿色蔬菜、鱼类和动物肝脏中含铜丰富，茶叶中含有微量铜。牛奶、肉、面包中含量较低。

7. 钼

1953 年因发现黄嘌呤氧化酶是含钼的金属酶而首次确定了钼是一种必需的微量元素。

钼在体内作为黄嘌呤氧化酶、醛氧化酶和亚硫酸氧化酶的组成成分。其中黄嘌呤氧化酶、醛氧化酶参与细胞内电子传递，加速细胞色素 C 的还原作用；黄嘌呤氧化酶在核酸代谢中具有关键作用，主要催化体内的嘌呤化合物的氧化代谢，催化肝内的铁蛋白释放铁，加速铁进入血浆的过程，使 Fe^{2+} 很快氧化成 Fe^{3+}，并迅速与 β_1-球蛋白结合形成运铁蛋白而运送至肝脏、骨髓以及其他细胞利用；钼也是能量交换过程所必需的，微量钼是眼色素的构成成分；钼还具有一定的防龋齿作用。一般谷物种子、豆类、乳及其制品、动物肝脏、肾脏富含钼，在豆荚、卷心菜、大白菜中含钼也较多。

8. 钴

钴（Co）是早期发现的人和动物体内必需的微量元素之一。1879 年发现钴对机体造血有利，1933 年发现了缺钴动物可产生严重贫血，1935 年钴被正式认定为是人和动物营养中必需的微量元素。

钴是维生素 B_{12} 分子的一个必要组分，维生素 B_{12} 是形成红细胞所必需的成分，钴通过维生素 B_{12} 参与体内甲基的转移和糖代谢；钴可增强机体的造血功能；钴能抑制细胞内许多重要的呼吸酶的活性，引起细胞缺氧，从而使促红细胞生成素的合成量增加，产生代偿性造血机能亢进。钴还可以提高锌的生物利用率。

食物中钴的含量变化较大。动物性食品如肝、肉类、鱼类等含量较高，豆类中含量稍高，玉米和其他谷物中含量很低。

四、矿物元素在食品加工、贮藏过程中的变化

食品中矿物元素在很大程度上受遗传因素和环境因素的影响。有些植物具有富集特定元素的能力；植物生长的环境如水、土壤、肥料、农药等也会影响食品中的矿物元素。动物种类不同，其矿物元素组成亦有差异。例如，牛肉中铁含量比鸡肉高。同一品种不同部位矿物元素含量也不同，如动物肝脏比其他器官和组织更易沉积矿物元素。

食品中矿物元素的损失与维生素不同。在食品加工过程中不会因光、热、氧等因素分解，而是通过物理作用除去或形成另外一种不易被人体吸收和利用的形式。

1. 预处理

食品加工最初的整理和清洗会直接带来矿物元素的大量损失，如水果的去皮、蔬菜的去叶等。

2. 精制

精制是造成谷物中矿物元素损失的主要因素，因为谷物中的矿物元素主要分布在糊粉层和胚组织中，碾磨时使矿物元素含量减少。碾磨越精，损失越大。需要指出的是由于某些谷物如小麦外层所含的抗营养因子在一定程度上妨碍矿物元素在体内的吸收，因此，需要适当进行加工，以提高矿物元素的生物可利用性。

3. 烹调过程中食物间的搭配

溶水流失是矿物元素在加工过程中的主要损失途径。食品在烫漂或蒸煮等烹调过程中，遇水引起矿物元素的流失，其损失多少与矿物元素的溶解度有关。烹调方式不同，对于同一种矿物元素的损失影响也不同。烹调中食物间的搭配对矿物元素也有一定的影响。若搭配不当会降低矿物元素的生物可利用性。例如，含钙丰富的食物与含草酸盐较高的食物共同煮制，就会形成螯合物，大大降低钙在人体中的利用率。

4. 加工设备和包装材料

食品加工中的设备、用水和包装都会影响食品中的矿物元素。例如，牛乳中镍含量很低，但经过不锈钢设备处理后镍的含量明显上升；罐头食品中的酸与金属器壁反应，产生氢

气和金属盐，则食品中的铁离子和锡离子浓度明显上升，但这类反应严重时会产生"胀罐"和出现硫化黑斑。

5. 食品加工中矿物元素的营养强化

人们由于饮食习惯和居住环境等不同，往往会出现各种矿物元素的摄入不足，导致各种不足症和缺乏症。例如，缺硒地区人们易患克山病和大骨节病。因此，有针对性地进行矿物元素的强化对提高食品的营养价值和保护人体的健康具有十分重要的作用。通过强化，可补充食品在加工与贮藏中矿物元素的损失；满足不同人群生理和职业的要求；方便摄食以及预防和减少矿物元素缺乏症。

【本章小结】

食品中维生素和矿物元素的含量是评价食品营养价值的重要指标之一。如果维生素和矿物元素供应不足，就会出现营养缺乏的症状甚至某些疾病，但摄入量过多也会产生中毒。

维生素是维持人体正常生命活动不可缺少而需要量又很少的一类小分子有机化合物。它们不能在体内合成，或者说合成的量难以满足机体的需要，必须由食物供给。维生素既不是机体的组成成分，也不能提供热量，然而在调节物质代谢、促进生长发育和维持机体生理功能等方面却发挥着重要作用。它们主要以辅酶形式参与细胞的物质代谢和能量代谢过程，缺乏时会引起机体代谢紊乱，导致特定的缺乏症或综合征。维生素除具有重要的生理作用外，有些还可作为自由基清除剂、风味物质的前体、还原剂以及参与褐变反应，从而影响食品的某些属性。根据维生素在脂类溶剂或水中溶解性特征将其分为两大类：水溶性维生素和脂溶性维生素。前者包括 B 族维生素和维生素 C，后者包括维生素 A、维生素 D、维生素 E、维生素 K。食品在贮藏和加工过程中对维生素的影响主要包括：①食品原料中维生素的内在变化；②贮藏过程中维生素的变化；③食品加工前处理对维生素的影响；④热烫和热加工对维生素的影响；⑤后续加工对维生素的影响。此外，由于食品是个多组分的复杂体系，在加工贮藏中，食品中的其他成分也会对维生素的变化产生一定的影响。

食物或机体灰分中一些为人体生理功能所必需的无机元素称为矿物元素，也称无机盐，一般指除碳、氢、氧、氮以外，构成生物体的其余元素。矿物元素在食品中的含量较少，具有重要的营养生理功能，有些对人体具有一定的毒性。因此，研究食品中的矿物元素目的在于提供建立合理膳食结构的依据，保证适量有益矿物元素，减少有毒矿物元素，维持生命体系处于最佳平衡状态。食品中的矿物元素按在体内含量的多少可分为常量元素和微量元素两类。常量元素是指其在人体内含量在 0.01% 以上的元素，如钙、磷、钠、钾、镁、氯、硫等。一般把含量占人体体重 0.01% 以下的元素称微量元素。微量元素与人的生长、发育、营养、健康、疾病、衰老等生理过程关系密切，是重要的营养素。微量元素按其生物学作用分为三类：①人体必需微量元素，包括碘、锌、硒、铜、钼、铬、钴和铁共 8 种；②人体可能必需的元素，包括锰、硅、硼、钒和镍共 5 种；③具有潜在的毒性，但在低剂量时，可能具有人体必需功能的微量元素，包括氟、铅、镉、汞、砷、铝和锡 7 种。食品中的矿物元素在很大程度上受遗传因素和环境因素的影响。有些植物具有富集特定元素的能力；植物生长的环境中，如水、土壤、肥料、农药等因素也会影响食品中的矿物元素。动物种类不同，其矿物元素组成亦有差异。同一品种不同部位矿物元素含量也不同。食品中矿物元素的损失与维生素不同，在食品加工过程中不会因光、热、氧等因素分解，而是通过物理作用除去或形成另外一种不易被人体吸收和利用的形式。食品的预处理、精制、烹调过程中食物间的搭配等均是矿物元素在食品加工、贮藏过程中变化的因素；有针对性地进行矿物元素的强化对提高食品的营养价值和保护人体的健康具有十分重要的作用。通过强化，可补充食品在加工与贮藏中矿物元素的损失；满足不同人群生理和职业的要求；方便摄食以及预防和减少矿物元素缺乏症。

【复习思考题】

1. 维生素是如何分类的？简述维生素 A、维生素 B₁、维生素 C、维生素 D、维生素 E 的生理功能。

2. 在食品加工和贮藏中维生素损失的原因有哪些？应采取哪些措施减少或避免食品加工和贮藏中维生素的损失？

3. 什么叫矿物质和微量元素？

4. 什么是常量元素？它在体内有哪些主要的生理功能？

5. 简述铁、钙、磷、镁、钾和氯的生理功能。

6. 简述锌、硒、铬的生理功能。

7. 简述微量元素的分类及生理功能。

8. 试分析矿物元素在食品加工、贮藏过程中的变化以及进行矿物元素强化的意义。

第五章　其他功效成分

第一节　自由基清除剂

　　英国人 Harman 于 1956 年提出了自由基学说。该学说认为，自由基攻击生命大分子造成组织细胞损伤，是引起机体衰老的根本原因，也是诱发肿瘤等恶性疾病的重要起因。

　　自由基是人体生命活动中各种生化反应的中间代谢产物，具有高度的化学活性，是机体有效的防御系统，若不能维持一定水平则会影响机体的生命活动。但自由基产生过多而不能及时地清除，它就会攻击机体内的生命大分子物质及各种细胞器，造成机体在分子水平、细胞水平及组织器官水平的各种损伤，加速机体的衰老进程并诱发各种疾病。

　　近年来，国内外对自由基及自由基清除剂的研究十分活跃，自由基清除剂作为功能性食品的重要原料成分之一，通过功能性食品来调节人体内自由基的平衡，愈来愈受到人们的广泛重视。

一、自由基的概念及其对人体的影响

　　自由基又叫游离基，它是由单质或化合物均裂而产生的带有未成对电子的原子或基团。由于自由基中含有未成对电子，具有配对的倾向，因此大多数自由基都很活泼，具有高度的化学活性。自由基的配对反应过程又会形成新的自由基。

　　自由基是否有益于人体健康是一个十分复杂的问题。自由基是人体正常的代谢产物，正常情况下人体内的自由基处于不断产生与清除的动态平衡中。一方面自由基是机体有效的防御系统：增强白细胞的吞噬功能，提高杀菌效果；杀伤外来微生物和肿瘤细胞；参与肝脏的解毒作用；参与血管壁松弛而降低血压；促进前列腺素的合成；参与脂肪氧化酶的生成；参与胶原蛋白的合成；参加凝血酶原的合成；体内物质和能量的转化都必须有自由基的参与等；因此可以说没有自由基就没有生命。但另一方面，自由基需要维持在一个适当的水平，自由基产生过多或清除过慢，它通过攻击生命大分子物质及各种细胞，会造成机体在分子水平、细胞水平及组织器官水平的各种损伤，加速机体的衰老进程并诱发各种疾病。

　　人体内的自由基分为氧自由基和非氧自由基。氧自由基占主导地位，大约占自由基总量的 95%。氧自由基包括超氧阴离子（$O_2^- \cdot$）、过氧化氢分子（H_2O_2）、羟自由基（$OH \cdot$）、氢过氧基（$HO_2^- \cdot$）、烷过氧基（$ROO \cdot$）、烷氧基（$RO \cdot$）、氮氧自由基（$NO \cdot$）、氢过

氧化物（ROOH）和单线态氧（$^1O_2$）等，它们又统称为活性氧（reactive oxygen species，ROS），都是人体内最为重要的自由基。非氧自由基主要有氢自由基（H·）和有机自由基（R·）等。

人体细胞在正常代谢过程中，或者是受到外界条件的刺激（如高压氧、高能辐射、抗癌剂、抗菌剂、杀虫剂、麻醉剂等药物，以及香烟烟雾和光化学空气污染物等作用）时，都会刺激机体产生活性氧自由基。人体内的酶催化反应是活性氧自由基产生的重要途径。人体细胞内的黄嘌呤氧化酶、过氧化物酶和 NADPH 氧化酶等在进行酶促催化反应时，会诱导产生大量的自由基中间产物。除酶促反应外，生物体内的非酶氧化还原反应，如核黄素、氢醌、亚铁血红素和铁硫蛋白等单电子氧化反应也会产生自由基。外界环境如电离辐射和光分解等也能刺激机体产生自由基反应，如分子中的共价键均裂后即形成自由基。

二、自由基清除剂的种类和作用机理

自由基清除剂是指能清除自由基或能阻断自由基参与的氧化反应的物质。自由基清除剂种类繁多，可分为酶类清除剂和非酶类清除剂两大类。酶类清除剂一般为抗氧化酶，主要有超氧化物歧化酶（SOD）、过氧化氢酶（CAT）、谷胱甘肽过氧化物酶（GPX）等几种。非酶类自由基清除剂一般包括黄酮类、多糖类、维生素 C、维生素 E、β-胡萝卜素和还原型谷胱甘肽（GSH）等活性肽类。

自由基清除剂对维持机体正常生命活动、保持健康起着重要作用。但是，随着年龄的增长，机体内产生自由基清除剂的能力逐渐下降，从而减弱了对自由基损害的防御能力，使机体组织器官容易受损，加速了机体的衰老，引发一系列的疾病。为了防止此类现象的发生，可以人为地由膳食补充自由基清除剂，从而达到防御疾病、延缓衰老的目的。

自由基清除剂发挥作用必须满足三个条件：第一，自由基清除剂要有一定的浓度；第二，因为自由基活泼性极强，一旦产生马上就会与附近的生命大分子起作用，所以自由基清除剂必须在自由基附近，并且能以极快的速度先与自由基结合，否则就起不到应有的效果；第三，在大多数情况下，清除剂与自由基反应后会变成新的自由基，这个新的自由基的毒性应小于原来自由基的毒性才有防御作用。

1. 主要酶类自由基清除剂（抗氧化酶）

生物体中的自由基主要有超氧阴离子自由基和其质子化产物氢过氧自由基、过氧化氢、羟自由基。为了防止和抵御活性氧对机体的伤害，机体可以通过细胞色素酶的催化作用，使氧接受四个电子和氢离子直接还原为水，或者通过超氧化物歧化酶（SOD）催化超氧阴离子与氢过氧基歧化为 O_2 与 H_2O_2，过氧化物酶催化生成 H_2O_2 与 O_2，能清除这些活性氧的酶统称为抗氧化酶。

（1）超氧化物歧化酶　超氧化物歧化酶（superoxide dismutase，SOD）是目前研究最深入、应用最广泛的一种酶类自由基清除剂。

① 种类、结构及分布。1968 年，美国人 McCord 在 Fridovich 指导下，从牛红细胞中提取 Cu·Zn 的酶蛋白质，并发现它能催化 O_2^-·歧化，所以把这种酶蛋白命名为超氧化物歧化酶，英文简称为 SOD。此后关于 SOD 的性质、结构、分离纯化及开发应用研究日益深入，同时也促进了自由基学说的发展。

SOD 存在于几乎所有靠氧呼吸的生物体内，包括细菌、真菌、高等植物、高等动物和人体中。SOD 是一类含金属的酶，按其所含金属辅基的不同可分为含铜锌 SOD（Cu·Zn-SOD）、含锰 SOD（Mn-SOD）和含铁 SOD（Fe-SOD）3 种。

含铜锌金属辅基的 Cu·Zn-SOD 是最为常见的一种酶，含 Cu 和 Zn，称 Cu·Zn-SOD，呈绿色，主要存在于真核细胞质和高等植物的叶绿体基质及线粒体内膜间隙中，如动物的血液、肝脏以及植物的叶、果实等中均含有 Cu·Zn-SOD，光合细菌、酵母也含有 Cu·Zn-SOD，其是目前应用最广泛的一类酶。该酶由两条肽链组成，每条肽链含有铜、锌原子各一个，活性中心的核心是铜。

第二类含 Mn，称 Mn-SOD 型，呈紫色，Mn-SOD 主要存在于原核细胞和真核细胞的线粒体中，在植物的叶绿体基质、类囊体内也会存在，在人体肝脏中含量较高。此酶的纯品呈粉红色，由两条或四条肽链组成。

第三类含 Fe，称 Fe-SOD 型，呈黄褐色，主要存在于原核细胞及少数高等植物中，在高等植物中一般仅存在于叶绿体而不存在于线粒体中，一些真核藻类甚至高等植物如银杏、柠檬、番茄等组织内也有存在。此酶也由两条肽链组成，一般每个二聚体含有一个铁原子。

② 理化及生物学特性。SOD 属酸性蛋白酶，对 pH、热和蛋白酶水解等反应比一般酶稳定。又由于 SOD 属于金属酶，其性质不仅取决于蛋白质，还取决于结合到活性部位的金属离子。三类 SOD 的活性中心都含有金属离子。如采用物理或化学方法除去金属离子，则酶活性丧失；如重新加上金属离子，则酶活性又恢复。

SOD 是生物体内防御氧化损伤的一种十分重要的金属酶，对氧自由基有强烈的清除作用，特别是对于超氧阴离子（O_2^-·），SOD 可将其催化歧化而生成 H_2O_2 和 O_2，故 SOD 又称为清除超氧阴离子自由基的特异酶。

③ SOD 的生理功能及应用。SOD 作为功能性食品基料的生理功能主要有以下几方面。

a. 清除体内产生的过量的超氧阴离子自由基，保护 DNA、蛋白质和细胞膜免遭 O_2^-·的破坏作用，减轻或延缓甚至治愈某些疾病，延缓因自由基损害生命大分子而引起的衰老现象，如延缓皮肤衰老和老年斑的形成等。

b. 增强人体自身的免疫力，提高人体对由于自由基受损而引发的一系列疾病的抵抗力，如对炎症、肺气肿、白内障、自身免疫性疾病、肿瘤等疾病的抵抗力，治疗由于免疫功能下降而引发的疾病。同时，提高人体对自由基外界诱发因子损害的抵抗力，如烟雾、辐射、有毒化学药品和有毒医药等的损害，增强机体对外界环境的适应力。

c. 清除放疗化疗所诱发的大量自由基，从而减少放射对人体其他正常组织的损伤，减轻癌症等肿瘤患者放化疗时的痛苦及副作用。

d. 消除疲劳，增强对剧烈运动的适应力。在军事、体育和救灾等超负荷大运动量过程中，机体中部分组织细胞（特别是肌肉部位）会出现暂时性缺血及重灌流现象，引起缺血后重灌流损伤，加上大量乳酸的作用，导致肌肉的疲劳与损伤。这时，给肌肉注射 SOD 可有效地解除疲劳与损伤。若在运动前给予 SOD，则可保护肌肉，避免出现疲劳和损伤。

因此，具有清除自由基功能的 SOD 成为医学、食品和生命科学等领域研究的热点。

④ SOD 的制备。SOD 广泛存在于动植物和微生物体内。目前我国主要是从动物血液中提取，受到血源和得率的限制，影响了 SOD 的生产成本和推广应用。超氧化物歧化酶的制备工艺是依据酶蛋白质的性质而设计的，其方法也是常用的蛋白质分离方法，如加热变性法、等电点沉淀法、盐析法、有机溶剂沉淀法、超滤法、色谱分离法等，或者是几种方法结合使用。

制备超氧化物歧化酶的原料很多，主要有以下几类：动物类包括牛血、猪血、马血、兔血、蛋黄、鸭血、猪肝、牛乳等；植物包括刺梨、大蒜、小白菜、饭豆等；微生物包括酵母菌等。

⑤ 超氧化物歧化酶在功能食品中的应用。目前，SOD 作为药物在临床上被广泛应用，且经过多年的研究证明了经口摄入 SOD 是有效的，这一论断为 SOD 应用于功能性食品的开发提供了理论依据。SOD 在食品方面的应用极为广泛，可作为功能性食品的功能因子，有良好的抗衰老、抗炎、抗辐射、抗疲劳等保健强身效果。欧、美、日等发达国家和地区 SOD 保健食品已被消费者广泛接受，可将 SOD 作为食品添加剂应用到口香糖和饮料中。在我国也开发出了多种强化 SOD 的食品，如 SOD 雪糕、SOD 豆奶、SOD 啤酒、SOD 果汁饮料、SOD 酸奶和 SOD 口服液等，还可用富含 SOD 的原料加工制成功能性食品，如大蒜饮料、刺梨 SOD 汁等。随着 SOD 资源的开发和制备技术的改良，SOD 作为一种抗衰老、抗肿瘤、增强免疫的功能性因子，在食品工业中拥有着广泛的应用前景。

a. 在饮料中的应用。SOD 对人体发挥作用，每人每天至少摄入量为 1000U。SOD 在饮料中的添加量一般为 5U/mL。生产应在较低温度下进行，应控制饮料酸度，pH 最低为 4，采用超高温瞬时杀菌，杀菌后的料液快速降温至 20℃后，进行无菌分装。产品常温下放置半年后，剩余 SOD 酶活力在 50％以上。

b. 在牛乳中的应用。牛乳的 SOD 含量为 3.2U/mL，人乳 SOD 含量为 7.1U/mL。因此，在牛乳中添加 SOD，使牛乳中 SOD 与人乳中的含量相接近具有重要意义。牛乳是一种近乎中性的食品，可直接添加 SOD，但是添加 SOD 的脂质体或修饰产品，更易保证其活性稳定；Cu·Zn-SOD 能抵抗 63℃的巴氏消毒，80℃巴氏消毒时 SOD 活性降低一半；在酸牛乳制品中，若 SOD 在发酵后添加，对保存其活性有利，保藏时乳酸菌在低温下仍不断产酸，造成 pH 下降对保存 SOD 不利，但 4～6℃冷藏 20d 后，SOD 剩余酶活力仍在 70％以上。因此，以牛乳为载体生产富含 SOD 的乳制品是可行的。

（2）过氧化氢酶 过氧化氢酶（catalase，CAT）是另一种酶类清除剂，又称为触酶，是以铁卟啉为辅基的结合酶。它可促使 H_2O_2 分解为分子氧和水，清除体内的过氧化氢，从而使细胞免于遭受 H_2O_2 的毒害，是生物防御体系的关键酶之一。CAT 作用于过氧化氢的机理实质上是 H_2O_2 的歧化，必须有两个 H_2O_2 先后与 CAT 相遇且碰撞在活性中心上，才能发生反应。H_2O_2 浓度越高，分解速度越快。

几乎所有的生物机体内都存在过氧化氢酶。其普遍存在于能呼吸的生物体内，主要存在于植物的叶绿体、线粒体、内质网以及动物的肝和红细胞中，其酶促活性为机体提供了抗氧化防御机理。

CAT 是血红素酶，不同的来源有不同的结构。在不同的组织中其活性水平高低不同。过氧化氢在肝脏中的分解速度比在脑或心脏等器官中快，就是因为肝中的 CAT 含量高。

自 1937 年首次推出作为细胞内结晶化酶之一的牛肝过氧化氢酶之后，已利用不同方法（选择性沉淀法和色谱分析法）从牛、马及人的红细胞、肝和肾等中提纯过氧化氢酶。

（3）谷胱甘肽过氧化物酶 谷胱甘肽过氧化物酶（GPX）是在哺乳动物体内发现的第一个含硒酶，它于 1957 年被 Mills 首先发现，但直到 1973 年才由 Flohe 和 Rotruck 两个研究小组确立了 GPX 与硒之间的联系。

硒是谷胱甘肽过氧化物酶（Se-GPX）的活性成分，是 GPX 催化反应的必要组分，它以硒代半胱氨酸（Sec）的形式发挥作用，摄入硒不足时使 Se-GPX 酶活力下降。Se-GPX 存在于胞浆和线粒体基质中，它以谷胱甘肽（GSH）为还原剂分解体内的氢过氧化物，能使有毒的过氧化物还原成无毒的羟基化合物，并使过氧化氢分解成醇和水，因而可防止细胞膜和其他生物组织免受过氧化损伤。它同体内的超氧化物歧化酶（SOD）和过氧化氢酶（CAT）

一起构成了抗氧化防御体系，因而在机体抗氧化中发挥着重要作用。

机体在正常条件下，大部分活性氧被机体防御系统所清除，但当机体产生某些病变时，超量的活性氧就会对细胞膜产生破坏。机体消除活性氧 $O_2^- \cdot$ 的第一道防线是超氧化物歧化酶（SOD），它将 $O_2^- \cdot$ 转化为过氧化氢和水，第二道防线是过氧化氢酶（CAT）和 GPX。CAT 可清除 H_2O_2，而 GPX 分布在细胞的胞液和线粒体中，可消除 H_2O_2 和氢过氧化物。因此，GPX、SOD 和 CAT 协同作用，共同消除机体内活性氧，减轻和阻止脂质过氧化作用。

GPX 广泛存在于哺乳动物的组织中，不同种类的 GPX 其分子量和比活性也有所不同。谷胱甘肽是此酶的特异性专一底物，而氢过氧化物则是非专一性底物。

2. 主要非酶类自由基清除剂（抗氧化剂）

为抵御自由基、活性氧的侵袭，机体除依靠抗氧化酶免疫系统以外，还靠日常饮食摄取的有清除自由基或具有抗氧化功能的营养成分发挥作用，以维持体内自由基平衡，阻止和清除氧化应激的发生。通常，把食品和药物中的抗氧化成分称之为抗氧化剂，以清除自由基机制实现抗氧化作用的，称为自由基清除剂。抗氧化剂的作用机理一是降低活泼自由基中间体的浓度，从而降低自由基链反应传播阶段的速率，二是抑制自由基引发剂的产生，从而达到清除自由基的作用。

（1）黄酮类化合物　黄酮类化合物，又称生物类黄酮，是优良的活性氧清除剂和脂质抗氧化剂，它是广泛存在于自然界的一大类化合物，多具有艳丽的色泽，是许多中草药中主要活性成分之一，具有多种生理活性，已成为国内外天然药物和功能食品开发研究的热点。从结构上泛指两个苯环通过中央三碳链相互联结而成的一系列 C_6-C_3-C_6 化合物，主要是指以 2-苯基色原酮为母核的一类化合物，现在则是泛指两个苯环（A-环与 B-环）通过中央三碳链相互联结而成的一系列化合物，在植物界广泛分布。结构中 C3 位易羟基化形成黄酮醇类，其是具有酚羟基的一类还原性化合物。

在复杂反应体系中，由于其自身被氧化而具有清除自由基和抗氧化作用。其作用机理是与 $O_2^- \cdot$ 反应阻止自由基的引发，与金属离子螯合阻止 $\cdot OH$ 的生成，与脂质过氧化基 $ROO \cdot$ 反应阻断脂质过氧化。

黄酮及其某些衍生物具有广泛的药理学特性，包括抗炎、抗诱变、抗肿瘤形成与生长等活性。黄酮在生物体外和体内都具有较强的抗氧化性，具有许多药理作用，对人的毒副作用很小，是理想的自由基清除剂。目前已发现有 4000 多种黄酮类化合物，可分为如下几类：黄酮、儿茶素、花色素、黄烷酮、黄酮醇和异黄酮等。

以黄酮类化合物为主要成分的银杏叶提取物（EGB）已被广泛应用于医药和功能性食品行业。研究表明：EGB 在治疗心血管疾病、调节血脂水平、治疗脑供血不足和早期神经退行性病变等方面有良好的疗效。另外，很多天然药物或食物中的某些功效成分同样对氧自由基具有清除作用，如丹参中的丹参酮，黄芩中的黄芩苷，五味子中的五味子素，黄芪中的黄芪总黄酮、总皂苷、黄芪多糖，灵芝、云芝、香菇、平菇等菇类的多糖，甘草中的甘草酸，竹叶（紫竹、高节竹、金毛竹、花哺鸡竹、红哺鸡竹、斑竹等）中的黄酮类组分，麦麸中的膳食纤维等。而另外一些天然食物如坚果、葡萄的皮和籽、薯类、蜂胶等，虽然未能确定其起作用的功效成分，但仍可通过试验揭示其对氧自由基有明显的清除作用。

（2）茶多酚

① 概述。茶多酚是茶叶中酚类及其衍生物的总称（又称茶鞣质、茶单宁），在茶鲜叶中含量一般为干物质的 10%～20%。茶多酚主要由儿茶素类、黄酮及黄酮醇、花青素和酚酸

及缩酚酸组成。茶多酚的主体成分是儿茶素类化合物，占茶多酚总量的 70% 左右。儿茶素类即黄烷醇类，其黄烷 C3 位上具有非酚性羟基，可称黄烷-3-醇类化合物，最初从幼嫩茶叶中提出。茶多酚可广泛地消除体内自由基，增强机体免疫力；当儿茶素被氧化成醌型结构时，它就提供了 H^+，使那些氧还原电位值比儿茶素高的已氧化的物质还原，从而起到抗氧化作用，儿茶素所具有的羟基越多，其抗氧能力越大。

② 茶多酚的生理作用。a. 茶多酚具有抗衰老作用。实验表明，茶多酚能提高 GSH-Px 和 SOD 的活性，减低细胞的脂质过氧化物（LPO），延缓心肌脂褐素（LF）的形成，从而起到抗衰老作用。b. 茶多酚具有抗辐射作用。实验表明，照射前后饲喂茶多酚的实验动物中 GSH-Px 和 SOD 的活性增大，说明茶多酚对辐射损伤的保护途径之一是通过 GSH-Px 和 SOD 发生作用的。c. 茶多酚具有抗癌作用。茶多酚能抑制致癌基因和人体 DNA 的共价结合，可抑制 NADPH-细胞色素 C 还原酶活性，通过和细胞色素 P450 活化系统作用使亲电子代谢物含量减少，使与富含电子基团的大分子（蛋白质、核酸等）起共价结合反应的代谢物减少，从而降低了诱变和致癌活性，茶多酚的抑制作用与含儿茶素的量尤其是酯型儿茶素的量有密切关系。d. 茶多酚具有消炎、抑菌及抗病毒作用。现已发现，L-表没食子儿茶素和 L-表没食子儿茶素没食子酸酯具有抑制伤寒、副伤寒、霍乱和痢疾的作用，只要浓度达到 $5 \sim 10 mg/mL$，这种儿茶素就有抑菌作用。e. 茶多酚具有维持正常血管的功能。茶多酚能保持人体微血管的正常坚韧性和通透性，对于微血管脆弱的糖尿病患者，可以恢复其正常机能，有利于糖尿病的治疗。f. 茶多酚具有防龋齿作用。茶多酚具有杀死龋齿细菌、抑制葡聚糖聚合酶活性的作用，使葡萄糖不能在牙表面聚合，从而使得病原菌无法在牙表面着床，龋齿形成便中断。

③ 茶多酚在功能食品中的应用。茶多酚在功能食品中的应用主要是以茶叶及其提取物的形式添加到食品中。茶多酚具有抗疲劳、抗辐射、抗衰老等功能特性，茶叶具有独特的色、香、味、形，能使食品增香、调味、着色，因此茶多酚以茶叶的形式在食品中的应用十分广泛。

a. 在饮料中的应用。茶多酚在饮料中的应用种类繁多，主要产品有茶叶软饮料、发酵酒饮料等。茶叶软饮料是一种以茶叶为主要原料、不含酒精的饮料，茶叶经沸水萃取后，可不加调料，直接过滤杀菌后制成罐装茶水，或分别加入香精、CO_2、中草药等制成多味饮料、碳酸饮料、保健型饮料等。

茶叶发酵酒类包括以茶叶为主料酿制或配制的饮用酒，例如仿照传统香槟酒的风味和特点，添加其他辅料，用人工方法充入 CO_2 的方式配制成的茶叶汽酒；模拟果酒营养、风味，添加食用酒精、蔗糖、有机酸等配制而成的配制型茶酒，以及以茶叶为主料，人工添加酵母、蔗糖或蜂蜜，让其在一定条件下发酵，最后调配而成的茶叶发酵酒等。茶饮料中茶多酚的添加量可在 $250 mg/mL$ 以上。

b. 在小吃食品中的应用。茶多酚可用于加工冷冻制品。用茶汁代替水分（含量 $62.5\% \sim 64.5\%$），添加乳与乳制品、糖、蛋制品、稳定剂等原料混合配制，经杀菌、均质、凝冻等工艺加工而成雪糕、冰淇淋等食品。茶叶在冷冻食品中作为主要成分，可以改进冷冻制品口感、增加其特有风味，又能预防疾病，发挥茶多酚的药理效能，添加量视其茶类及口感而定。

茶多酚在糖果中的应用也比较广泛，可添加到硬糖、奶糖、水晶糖、口香糖等多种糖果中。制作时将茶叶磨成粉末状，增加与水的接触面积，用水进行热浸提后在真空条件下低温浓缩，在糖体的制作过程中，将一定浓度的茶汁缓慢加入，茶汁便充填于糖体的网络结构中，这样既保证了原有糖体的风格，又使清香的茶味蕴涵其中，还具有一定的保健作用。

c. 在糕点食品中的应用。茶多酚在糕点中可用于面包、饼干、桃酥、云片等多种食品。茶多酚的添加既可以茶汁的形式添加，也可粉碎成茶末添加，添加量大约为每 100g 食品中茶多酚的加入量为 150～200mg。

d. 在茶膳中的应用。药膳在我国医药史上占有非常重要的位置，因茶多酚独特的生理功能以及其在临床医学上的重要作用，以茶当菜在我国已有 3000 多年的历史。蜚声中外的有龙井虾仁、毛峰熏鸭、绿雪鳊鱼、鸡丝碧螺春等，既色泽鲜艳、茶香爽口，又可增加营养、预防疾病，深受海内外人士的欢迎。

日本目前流行将各种茶叶的茶末混入食品中，制成茶叶桂圆、茶叶汤面、茶叶馒头、茶叶紫菜盖浇饭等，此外，还有茶末海鲜汤、茶末烤马铃薯、茶末豆腐、茶末肉制品等，创造出全新的营养食谱。

（3）儿茶素、原花青素及异黄酮类

① 儿茶素。儿茶素是从茶叶中提取出来的多酚类化合物——茶多酚（tea polyphenol，TP）的主体成分，约占茶多酚总量的 60%～80%、茶干重的 12%～24%。儿茶素作为茶多酚中含量最高、药理作用最明显的组分，已引起广泛重视。大量体外实验及动物实验证实，儿茶素具有抗氧化、抗肿瘤、抗动脉粥样硬化、防辐射、防龋护齿、抗溃疡、抗过敏及抑菌抗病毒等作用，是一种优良的天然抗氧自由基清除剂。大量的研究表明：儿茶素氧化聚合物是一种有效的自由基清除剂和抗氧化剂，具有抗癌、抗突变、抑菌、抗病毒、改善和治疗心脑血管疾病、治疗糖尿病等多种生理功能。其在食品、医药保健等领域的作用越来越突出。作为儿茶素氧化聚合物的茶色素治疗冠心病的作用机制在于提高 SOD 活力和降低 MDA 含量，削弱脂质过氧化作用，增加供氧和供血能力。茶色素对高血压的预防和缓解作用也是通过提高 SOD 活力、增强机体的抗氧化能力实现的。

② 原花青素。原花青素是一种多酚类化合物，这种化合物在酸性介质中加热均产生花青素，故将这类物质命名为原花青素。原花青素是由不同数量的儿茶素或表儿茶素缩合而成，分二聚体、三聚体直至十聚体。二至四聚体为低聚体，五聚体以上为高聚体，其中二聚体分布最广。原花青素是一种天然有效的自由基清除剂，主要存在于葡萄、苹果、可可豆、山楂、花生、银杏、花旗松、罗汉柏、白杨树、刺葵、番荔枝、野草莓、高粱等植物中。此外，葡萄汁、红葡萄酒、苹果汁、巧克力和啤酒中也含有原花青素。原花青素多为水或乙醇提取物，少数经离子交换纯化，用冷冻或喷雾干燥成淡棕色粉末，味涩，略有芳香。分离后的原花青素二聚体、三聚体可以清除各种氧自由基，从而具有抗氧化、降血压、抗癌等多种药理活性，能增强免疫、抗疲劳、延缓衰老等功效。

③ 异黄酮类。异黄酮类作为一种有效的抗氧化剂在国内外已有很多报道。大量实验研究结果表明：异黄酮是一种有效的抗氧化剂和自由基清除剂。

（4）维生素类 维生素不仅是人类维持生命和健康所必需的重要营养素，还是重要的自由基清除剂。对氧自由基具有清除作用的维生素主要有维生素 E、维生素 C 及维生素 A 的前体 β-胡萝卜素。

① 维生素 E。维生素 E 又称为生育酚，是强有效的自由基清除剂。它经过一个自由基的中间体氧化生成生育醌，从而将 ROO· 转化为化学性质不活泼的 ROOH，中断了脂类过氧化的连锁反应，有效地抑制了脂类的过氧化作用。维生素 E 可清除自由基，防止油脂氧化和阻断亚硝胺的生成，故在提高免疫能力、预防癌症等方面有重要作用，同时在预防和治疗缺血再灌注损伤等疾病方面有一定功效。

② 维生素 C。维生素 C 又称为抗坏血酸，在自然界中存在还原型抗坏血酸和氧化型脱氢抗坏血酸两种形式。抗坏血酸通过逐级供给电子而转变成半脱氢抗坏血酸和脱氢抗坏血酸，在转化过程中达到清除 O_2^-·、·OH、ROO· 等自由基的作用。维生素 C 具有强抗氧活性，能增强免疫功能、阻断亚硝胺生成、增强肝脏中细胞色素酶体系的解毒功能。人体血液中的维生素 C 含量水平与肺炎、心肌梗死等疾病密切相关。

③ β-胡萝卜素。β-胡萝卜素广泛存在于水果和蔬菜中，经机体代谢可转化为维生素 A。β-胡萝卜素具有较强的抗氧化作用，能通过提供电子，抑制活性氧的生成，从而达到防止自由基产生的目的。许多实验表明：β-胡萝卜素能增强人体的免疫功能，防止吞噬细胞发生自动氧化，增强巨噬细胞、细胞毒性 T 细胞、天然杀伤细胞对肿瘤细胞的杀灭能力。在多种食品中，β-胡萝卜素与不饱和脂肪酸的稳定性密切相关。

老年人摄入维生素 C 以及维生素 E 可以增进多项免疫功能，维生素 C、维生素 E 联合物还可清除血液中的自由基等有害物质和循环应激激素。除此之外，维生素 C、维生素 E 以及 β-胡萝卜素等抗氧化维生素可以延缓老龄化进程，可以预防和治疗许多老年疾病，如动脉粥样硬化、高血压、心脏病和脑卒中等，这些疾病都与低密度脂蛋白胆固醇的氧化有关。

维生素 C 还能有效保护维生素 E 和 β-胡萝卜素不被过早消耗。每天摄入 500mg 维生素 C 可以帮助高血压患者降低血压。摄入维生素 E 不但可增强老年人的记忆力、预防老年痴呆症及治疗受自由基所累的迟缓型运动障碍，还可预防前列腺癌的发病、抑制消化道肿瘤（尤其是肠癌），并降低其死亡率。短期、大剂量地肠内补充维生素 E 还可调整单核细胞、巨噬细胞对内毒素的反应，维生素 E 对于败血症、缺血再灌注损伤也均能起到保护性的治疗作用。

（5）微量元素　除了上述的各种酶及维生素类、黄酮类等化合物，许多微量元素也能起到清除自由基的作用。

① 硒。硒是一种非常重要的微量元素，是硒谷胱甘肽过氧化物酶的活性成分，摄入硒不足时使 Se-GPX 酶活力下降，在体内处于低硒水平时，Se-GPX 活力与硒的摄入量呈正相关，但到一定水平时，酶活力不再随硒水平上升而上升。对糖尿病试验动物补充硒和维生素 E，其 GPX 和超氧化物歧化酶（SOD）活性均有不同程度增加，而脂质过氧化产物丙二醛含量随之下降，可能是因为抗氧化酶蛋白与葡萄糖的糖化反应受到硒和维生素 E 的抑制而使抗氧化酶活性得到保护。另外，高糖环境中增加的糖基化蛋白会自动氧化产生大量自由基，从而引起一系列连锁氧化过程，硒和维生素 E 的抗氧化性可阻断这一过程中的某些环节。

② 锌。锌在清除自由基的过程中也起到很重要的作用。锌能减少铁离子进入细胞并抵制其在羟自由基引发的链式反应中的催化作用，锌也能终止自由基引起的脂质过氧化链式反应。锌可与铁竞争从而抑制脂质过氧化的多个环节，它们通过竞争与膜表面结合的位点，可使铁复合物产生减少，通过 Hater-Weiss 反应产生的·OH 减少，造成脂类转变为活性氧的链式反应被抑制。锌还有稳定细胞膜的作用，由于锌与红细胞膜结合，抑制了膜脂质过氧化过程中所产生的自由基，从而降低了自由基对膜的损伤。锌作为超氧化物歧化酶的辅酶，催化超氧离子发生歧化反应。锌可以诱导体内硫蛋白的产生从而抵制自由基的损害，锌与抗氧化剂螯合，其抗氧化作用增强。

③ 铜。Cu·Zn-SOD 的活性中心是铜，铜蓝蛋白中含有血清铜的大部分，是细胞外液重要的抗氧化剂。铜蓝蛋白的抗氧化作用主要是防止过渡金属 Fe^{2+} 和 Cu^{2+} 催化 H_2O_2 形

成·OH。铜蓝蛋白具有铁氧化酶的活力，能将 Fe^{2+} 氧化成 Fe^{3+}，防止 Fenton 反应的发生。

④ 铁。铁是过氧化氢酶（CAT）的活性中心，体内 2/3 的铁存在于血红蛋白中，血红素缺乏，CAT 活性下降。但活性铁是脂质过氧化的催化剂，脂质过氧化启动反应所产生的脂烷基与氧反应，产生脂烷过氧基。这些自由基再度作用于脂质，使反应以链式不断进行，脂质过氧基的性质非常活跃，从而造成细胞成分的损害。

⑤ 锰。锰是体内多种酶的组成成分，与酶的活性有关。锰与铜同样是超氧化物歧化酶（SOD）的重要组成成分，在清除超氧化物、增强机体免疫功能方面产生影响。Mn-SOD 是体内自由基清除剂。对人类来说，胚胎和新生儿体内的 Mn-SOD 含量高于成年人，随着机体衰老，其含量逐渐下降。老年色素斑中脂褐素在细胞内的形成和聚集与 Mn-SOD 有关。因此，锰的抗衰老作用主要与体内 Mn-SOD 有关。

三、富含自由基清除剂的食品

随着人们对自由基理论的了解，越来越多的人开始关注能够清除自由基的功能食品。食品专家们也对此进行了积极的研究和探索。目前，对此类食品的研究大致有两个方向。一是从天然动植物中提取有效成分，添加于各种饮料或固态食品中作为功能性食品的功能因子。目前已有添加 SOD 的蛋黄酱、牛奶、可溶性咖啡、啤酒、白酒、果汁饮料、矿泉水、奶糖、酸牛乳、冷饮类等类型的功能性食品面市。二是利用微生物发酵或细胞培养，得到自由基清除剂含量丰富的产品。

在许多天然动植物中含有抗自由基的活性成分。如姜含挥发油和姜辣素，其成分有姜酚、姜酮和姜烯酚。绿茶的主要成分茶多酚，银杏、竹叶的有效成分黄酮和酚类，各种果品蔬菜中的维生素，还有一些中药如白首乌、五味子、葛根、小叶女贞、柴胡、车前子等也含有多种活性成分。另外，党参、灵芝等真菌中的多糖也是有效的活性成分。在动物的肝脏等器官，以及血液中也可提取有关的活性成分。

利用微生物发酵或细胞培养生产功能因子，也是目前研究的热点。如在固体培养基上人工培育冬虫夏草，由预处理的大豆经少孢根霉短期固态发酵生成丹贝异黄酮，用大蒜细胞培养或深红酵母生产 SOD。这些方法不受气候、季节的限制，可实现工业化的连续生产。

21 世纪，有利于确保人类健康的功能食品将是食品行业发展的重点。关于自由基清除剂的深入研究，对预防和治疗人类的许多疾病，以及对各类保健食品生产方面均具有指导意义。随着研究的深入，将有更多更有效的自由基清除剂被开发和利用，这必将会进一步推动功能食品行业向前发展，为保障人类的健康作出更大贡献。

第二节　益　生　菌

一、概述

早在 2000 多年前，人类就已经开始利用有益于人体健康的乳酸菌制作发酵食品。但在相当长的一段时期内，人们利用乳酸菌仅仅是因为它可以改善食物的风味，而对发酵食品的制作加工，却只依靠感官和经验。直到 1857 年，巴斯德在研究乳酸发酵过程中发现了乳酸菌。1878 年，利斯特（J. Lister）从酸败的牛乳中也分离到了乳酸菌，同年汉森（Hansen）完成了啤酒酵母的纯培养。数年之后，H. tissier（1899）和 E. Moro（1900）又分别发现了从肠道而来的双歧杆菌及嗜酸乳杆菌。20 世纪初，从事人类寿命研究的梅契尼柯夫教授发现，"长寿国"的人所经常饮用的酸乳酪中，含有很多细菌。研究之后发现，体内只要摄取了某种特定的细菌，既可抑制肠内有害菌的增殖，防止毒素产生，又能减缓衰老、延年益寿，这就是后来的"乳酸菌疗法"的始祖。随着对益生菌认识和研究的不断深入，人们逐渐了解到益生菌在食品加工、保藏及促进健康方面的重要作用，益生菌对机体肠道菌系具有很好的调节作用，而肠道菌系平衡则是关系到人体营养和健康的至关重要因素，这使得益生菌的研究成为功能食品研究中的焦点，使其在众多领域得到广泛应用，并显示着不朽的生命力。

1. 益生菌的产生

很长时间以来，人们就知道人体中栖息着大量的微生物，总数可达 10^4 个，分别定居于人的肠道、皮肤、阴道、口腔、鼻腔等部位，其中数百种微生物已被确定为与人体共生，这些微生物与宿主之间的关系可能简单，也可能很复杂。通过对无菌动物的研究证实，体内微生物的共栖并不是动物生存所必需的，但与普通动物相比，无菌动物又表现出许多生理生化方面的差异。并且无菌动物对感染更加敏感，部分原因是由于其免疫系统低下和缺乏所谓的"竞争性定植（competitive colonization）"。"竞争性定植"是用来描述共栖微生物对外来侵入的病毒产生干扰作用的一个名词。正是这些普通动物与无菌动物之间的差异使人们认识到微生物在人体内定居对人的健康有重要的意义。

人体内共生的微生物对宿主的影响有利亦有弊。一方面，微生物的某些代谢产物如短链脂肪酸（SAFC），包括乙酸、丙酸、丁酸等，可为人体提供一定能量，并能影响肠黏膜细胞的再生和分化，调节肠腔 pH，促进矿物质的吸收和代谢途径，同时人体内复杂且相当稳定的微生物区系可通过竞争性定植而使外来有机体（包括病原体）难在体内定居，从而形成一道抵抗病原体的重要防线。另一方面，在少数情况下微生物与宿主之间可能发展成一种病原关系，并可能引起宿主的疾病或死亡。微生物的某些代谢产物可能具有基因毒性、诱变性或致癌的活性，经过一个长期的释放阶段后可能导致癌症的发生，而且当有某些因素（如宿主生理、食物、用药等）破坏了体内微生物菌相之间的平衡时，会使某些有害菌或条件致病菌由受抑制状态转为优势菌，引起自体感染。正是出于对人体微生物区系作用的认识和要发挥微生物区系的有利作用而避免其有害作用的想法，促使了益生菌理论的产生。

近年来出现的许多新的公众健康的危机，诸如空肠弯曲杆菌、艰难梭菌、轮状病毒等感染的恶化，免疫妥协人数的增加，病原对多种抗生素产生抗性等问题，日益要求一种安全、低风险的天然屏障来抑制微生物感染及内源微生物产生的负面影响。因此无残留，不产生抗药性，无毒副作用，又具有强大生理功效的益生菌制品的研究可能会满足这一要求而对人类健康产生重要意义。

2. 益生菌的概念

益生菌（probiotics），也有译为"益生素"、"原生菌"等。它是从早在 1907 年梅契尼柯夫（Metchnikoff）提出的发酵乳制品有助于健康长寿的理论中发展而来的。英文 probiotics 一词源于希腊语，意思是"为了生命"（for live），与 antibiotics 相对立。梅契尼柯夫认为肠道乳酸菌能够通过抑制腐败菌的生长而起到延长寿命的作用。一般认为益生菌就是指能够在生物体（主要是人和动物）内存活，并对宿主的生命健康有益的一类微生物，而把益生菌活菌制剂或含有微生物培养物的微生物制剂称作益生素。随着人们对益生菌研究的深入，其定义也在发生着变化。

1996 年，美、德、英、荷兰、瑞典及日本等国 15 位专家参加的"国际抗菌策略研究组"在讨论会上提出了益生菌定义："益生菌是含活菌和（或）包括菌体组分及代谢产物的死菌的生物制品，经口或其他黏膜投入，旨在黏膜表面处改善微生物与酶的平衡或刺激特异性与非特异性免疫"。上述定义指出 3 点：①益生菌的组成。活菌、死菌、菌体组分及代谢产物。②使用途径。经口及其他黏膜（包括皮肤）。③目标功能。调整正常微生物群及其酶系统的平衡，刺激特异性及非特异性免疫。到目前为止，在世界范围内学者们对其定义还存在着争议，但是都确认益生菌应符合以下 7 个条件：①能够耐受人体消化道环境（胃液、胆汁等），并在肠道内存活；②能够在人体的肠道内定植；③被科学实验证明能够调节肠道菌群平衡；④对人体绝对安全；⑤来自健康人的肠道；⑥在食品中能够保证有效的活菌数；⑦成本低廉且容易处理。

益生菌的保健功效已得到一致认可，并被广泛应用于工业、农业、食品及医疗保健等与人类密切相关的各领域中。

3. 益生菌作用的基本理论概述

益生菌被摄入宿主肠道后，在复杂的微生态环境中与近 400 种正常菌群汇合，显现出栖生、偏生、竞争或吞噬等复杂的关系，改变生物体内的微生物群落，促进宿主的健康。但是益生菌的作用机理在理论上进展还不够成熟，目前主要有 3 种学说：①优势种群学说；②菌群屏障学说；③微生物夺氧学说。

4. 益生菌的特征

根据近年来微生态理论的新发展以及微生态制品在实践中使用的效果分析总结，益生菌须具备如下一些条件。

① 益生菌首先不能产生任何毒素，即无毒、无害、安全无副作用，对宿主健康有一定的促进作用。

② 益生菌要有利于促进机体内菌群平衡或预防生态失调，对胃酸、胃肠内胃蛋白酶和胰蛋白酶及胆汁消化作用表现出一定抵抗力，从而能在胃肠道内存活。

③ 筛选用于微生态制剂的益生菌菌株要能产生抗菌活性物质，产酸能力要强。

④ 能较好地黏附在消化道黏膜上，在肠道内定植。

⑤ 其产品制备及贮存期间须保持活性及稳定性，能用于大量生产并具有经济价值。

⑥ 用于微生态制剂的益生菌要具有营养功能。

⑦ 其制品按合理剂量服用时能具有临床有效性。

并非每一种益生菌都必须具备以上特征，但用于益生菌制剂时，应选择尽可能多地满足以上特点的菌株。

二、益生菌的生理功能

1. 抗菌作用

对于益生菌抗菌作用的研究主要集中于双歧杆菌和乳酸菌。其作用机理主要是：补充有益菌群，产生有益代谢产物，维持肠道菌体平衡，通过竞争性抑制作用阻止有害菌的生长繁殖。乳酸菌在代谢过程中可产生有机酸、过氧化氢、二氧化碳、乳酸菌素等物质，它们具有抑制或直接杀灭病原菌、腐败菌的作用。乳酸菌本身还有抑制病原体复制的作用。有研究表明：有些乳酸菌在人体肠道的定植能力特别强，而且能均匀定植于肠道表面，对肠道细菌如大肠杆菌、沙门菌等引起的肠道感染、腹泻等疾病有预防性作用。

2. 整肠作用

肠道微生物生态系统是人体最大、最复杂的微生态系统，在诸多细菌共存情况下，不同菌种之间存在拮抗作用，宿主与细菌之间借助于对营养物质的吸收和利用，在消化道中形成相互作用的关系，维系着消化道微生物生态系统的平衡。当宿主抵抗力下降时，有害菌会过度增殖，造成肠道菌群紊乱，引起机体发病。当乳酸菌进入肠道后，即在肠内繁殖，抑制病原菌和其他有害菌的繁殖，增强机体免疫力，从而起到预防感染、维持肠内菌群平衡的作用。

3. 调节免疫功能

乳酸菌作为一种新型的绿色无公害保健品，其研究已经取得了很多成果，其中研究乳酸菌在免疫方面作用的报道较多。He Fang 等（2002）对一些益生菌进行的研究表明：有些乳酸菌能够影响人体免疫系统的应答能力，且不同菌的影响程度不同。同年，Harsharnjit S. Gill 等也通过实验发现了乳酸杆菌能够增强机体的免疫能力。有些乳酸菌的活菌细胞、死细胞或发酵产物都具有免疫调节功能，特别值得一提的是，其免疫调节不会带来有害的炎症反应。

4. 营养作用

乳酸杆菌能分解食物中的蛋白质和糖类，并合成维生素，对脂肪也有一定的分解能力，能显著提高食物的消化率和生物价，促进消化吸收。乳酸杆菌还能合成动物所需要的多种维生素，如维生素 B_1、维生素 B_2、维生素 B_6、维生素 B_{12}、烟酸、泛酸、叶酸等。

5. 提高乳糖利用率

乳酸菌具有乳糖酶，可将乳糖分解成葡萄糖和半乳糖，葡萄糖经发酵作用转变为乳酸等小分子化合物，半乳糖部分吸收进入机体，成为脑苷脂和神经物质的合成原料，促进脑组织发育。此外，乳酸菌对缓解乳糖不耐症也有一定的作用，含嗜酸乳杆菌的乳可以提高乳糖的消化率，这可能是由于嗜酸乳杆菌可产生 β-半乳糖苷酶，它可以分解乳糖，使其有利于肠道的吸收。

6. 预防癌症

研究表明癌症发生率的高低与膳食组成密切相关，而含益生菌的膳食已被证明具有明显降低癌症发生率的效果。有研究表明，益生菌具有阻碍结肠和其他器官中发生的非基因型和基因型突变的功能，其机理是益生菌或其代谢副产物通过影响结肠上皮细胞的变化历程，来达到降低癌细胞增殖的目的。

7. 延缓机体衰老

实验已证实了乳酸菌的抗变异性，并发现乳酸菌能够产生超氧化物歧化酶。另外，乳酸菌产生的乳酸抑制了肠道腐败细菌的生长，从而减少了这些细菌所产生的毒胺、靛基质、氨、H_2S 等致癌物质和其他毒性物质，使机体衰老过程变得缓慢。

三、益生原

由于益生菌的活性在贮存或在胃肠转运过程中可能会发生变化，因此人们要求能通过某种食物选择性刺激肠道本身的微生物生长，从而达到保健作用。因此出现了益生原（prebiotic）的概念，它是指一种不能被人体消化吸收的食物成分，能选择性刺激结肠中对人体健康有益的一种或几种微生物的生长或使其具有活性，从而对宿主产生有利影响。

益生原应具备以下特征：①在上消化道内不能够被分解和吸收；②在结肠内能选择性地被有益微生物发酵利用；③能改变结肠微生物区系的组成，形成健康的微生物区系；④本身也可能对宿主健康有利。

任何一种不能被人体消化吸收的碳水化合物、蛋白质、脂类及某些类脂都有可能成为益生原。目前人们已经证明具有功效并能广泛应用的益生原主要是一些低聚糖，如低聚果糖

（FOS）、低聚葡萄糖（GOS）、低聚转半乳糖（TOS）、低聚异麦芽糖（IMO）、低聚木糖等。所有现存数据均证明益生原可以用于食品添加剂来改变肠道菌组成。

四、益生菌的应用

不仅益生菌理论的研究已在国内外进入高潮，益生菌的应用也已形成了强大的产业。目前国内外益生菌产品的应用主要有以下几方面。

1. 益生菌食品

益生菌食品是指含有存活且有益于人体健康的益生菌或益生原的食品。在这一类食品中以发酵乳制品居多。另外在一些面包、饼干等谷类食品中也有添加。

（1）益生菌酸奶　益生菌酸奶是以益生菌为主要菌种所生产的发酵乳。因为酸奶有缓冲胃液、胆汁 pH 的作用，服用酸奶与片剂、胶囊相比，其中的益生菌更容易通过人的上消化道。这种酸奶从 20 世纪 70 年代就开始生产了，所用的益生菌主要是嗜酸乳杆菌和双歧杆菌。

（2）益生菌乳制品　这类食品是指在一般乳制品中添加益生菌，其中主要以奶粉制品居多，如有的乳业公司在奶粉中添加有双歧杆菌等。在欧美国家许多添加乳杆菌和双歧杆菌的发酵乳饮料和液态奶也纷纷上市。还有研究表明向干酪中添加粪肠球菌不仅具有保健作用，还能改善干酪的品质。

（3）益生菌谷物制品　益生菌应用于谷物制品出现在 20 世纪 80 年代中期前后，因其生产复杂而品种不多。日本曾有过添加双歧杆菌的面包及饼干制品，但因其保存期短而受到冷落。瑞典某公司开发出一种胚芽乳杆菌发酵的发酵燕麦粥，它对病人术后康复有益，可减少抗生素的需求量。为迎合消费者，该公司还打算将燕麦粥与果汁混合生产适合普通消费者的可口浓饮料。美国威斯康星大学的学生还开发了一种涂有长双歧杆菌和嗜酸乳杆菌等益生菌的松脆曲奇。

2. 益生菌产品的现状及应用前景

随着对具有健康促进效用的益生菌产品的不断开发，人们对益生菌及其产品的研究热情日益增长，对益生菌的功效作用和重要性的理解也愈加深刻。美国卫生饮食专家预测：未来最受消费者欢迎的健康食品之一就是添加乳酸菌或其他有益细菌的乳制品。益生菌已大量应用于酸奶的生产，这些益生菌主要包括乳杆菌和双歧杆菌，使用这些益生菌生产的酸奶，在进入消化道后，会抑制一些致病性微生物的生长与定植，发挥其特殊的生理作用，如调节血脂、降低血清胆固醇、增强机体免疫力等。

目前，益生菌产品在日本和欧洲市场较为普遍。日本 Yakult 公司的 Yakult 就是一种发酵脱脂乳饮料，其中含有 *Lactobacillus casei* Shirota，并销往全球 27 个国家和地区，是全球最大的功能性食品品牌。Actimel 是通过保加利亚乳杆菌、嗜热链球菌和干酪乳杆菌发酵的酸乳菌饮料，其产品畅销欧洲市场，自 1994 年在比利时上市后，现已销往西班牙、法国、德国、英国和爱尔兰等国家。另外在西班牙和意大利市场，雀巢公司的 LC1 GO 产品也显示了一定的实力。该产品含 LC1 益生菌株。芬兰的 Valio 乳品公司则推出了含 LGG 菌的各类乳制品。LGG 被认为是最具研究潜力的菌株之一，它具有平衡消化道微生物群、增强免疫功能、调节新陈代谢和减少有害化合物形成、预防和治疗痢疾、加速乳过敏反应的恢复等功能。此外，丹麦 MD 公司的"Gaio"酸乳中含高加索乳酸菌，该菌具有降低胆固醇的作用。另外，还有其他的一些公司也纷纷推出其益生菌株产品。

随着益生菌产品市场的不断壮大，益生菌的研究工作还需进一步深入，亟待研究的领域总结如下：①通过直接对人进行口服益生菌产品等试验，确定益生菌的生理学功能、作用机理及其产生的影响程度。②益生菌功能的评价，特别是对血清胆固醇、免疫系统和肠道微生态的调节功能。③评价益生菌对肠道微生物数量和活性的影响。④确定载体对益生菌的影响，即确定不同存在状态（以食品的组分或分离状态存在）下益生菌的作用。⑤提高益生菌分类的可靠性并使之易于分类。⑥消费者对益生菌概念的认同和具有良好风味的益生菌产品的开发。⑦益生菌产品载体的研究以及消费者接受程度、产品稳定性、产品功效等方面的研究。

第三节　植物活性成分

植物性食物中除了含有已知的维生素和矿物质外，近年来陆续发现一些植物性化学物对人体健康具有非常重要的作用。这些来源于天然植物的活性单体，功效肯定，毒理学资料清楚，备受人们的关注。

一、有机硫化合物

有机硫化合物是指分子结构中含有元素硫的一类植物化学物，它们以不同的化学形式存在于蔬菜或水果中。其一是异硫氰酸盐（isothiocyantes，ITC），以葡萄糖异硫氰酸盐缀合物形式存在于十字花科蔬菜中，如卷心菜、花椰菜、小萝卜、汤菜等。

异硫氰酸盐的主要生理功效是抗癌，因为异硫氰酸盐能有效抑制细胞色素 P450 酶代谢致癌物质。另外，异硫氰酸盐还具有杀菌、杀虫及调节生长素代谢的作用。除了部分异硫氰酸盐具有毒性外，其他（如具有芳香烷和甲基亚黄酰烷侧链的异硫氰酸盐）有很强的抗癌活性，是迄今为止已知的癌症天然预防因子中最有效的一类。

有机硫化物中的另一类代表物是二烯丙基二硫化物，主要存在于大蒜和洋葱中。二烯丙基二硫化物的生物活性包括抑制肿瘤、抑菌杀毒、抗病毒活性、降胆固醇、降血脂、抗凝、预防动脉粥样硬化及脑梗死等。另外二烯丙基二硫化物还具有清除自由基、提高免疫力、抗衰老、保肝以及降铅等作用。

二、有机醇化物

1. 植物甾醇

甾醇以环戊烷全氢菲（甾核）为骨架，可分为动物甾醇、植物甾醇（phytosterol）和菌类甾醇三大类。动物甾醇以胆固醇为主。植物甾醇主要为谷甾醇、豆甾醇和菜油甾醇等，存在于植物种子中。菌类甾醇中的麦角甾醇，存在于蘑菇中。

植物甾醇的结构与胆固醇相似，在生物体内以与胆固醇相同的方式吸收。但是植物甾醇的吸收率比胆固醇低，一般只有 5%～10%。

植物甾醇能通过抑制肠内对胆固醇的吸收、促进胆固醇异化、在肝脏内抑制胆固醇的生物合成等途径阻碍胆固醇吸收，从而起到降低血液中胆固醇含量的作用。

2. 六磷酸肌醇

六磷酸肌醇（inositol hexaphosphate）又名植酸，是一种由肌醇和 6 个磷酸离子构成的天然化合物。它存在于天然的全谷物如米、燕麦、玉米、小麦以及青豆等中。

六磷酸肌醇的生理功效可概括如下。

① 具有抑制癌细胞生长、缩小肿瘤体积的作用。

② 抑制并杀死自由基，保护细胞免受自由基伤害。

③ 抗氧化及防止动脉粥样硬化。

④ 防止肾脏结石产生,降低血脂浓度,保护心肌细胞,避免发生心脏病猝死。

三、有机酸化合物

有机酸是广泛存在于植物中的一种含有羧基的酸性有机化合物,多以盐、脂肪、蜡等结合态形式存在。除参与植物的新陈代谢外,某些有机酸也具有一定的生物活性。

1. 羟基柠檬酸

羟基柠檬酸(hydroxycitric acid, HCA)是一种有机酸,主要存在于盛产于印度次大陆和斯里兰卡西部的藤黄属植物的果实外壳中。

羟基柠檬酸具有良好的减肥功效,其作用机理如下所述。

① 抑制柠檬酸裂解酶,阻止柠檬酸裂解为草酰乙酸和乙酰辅酶 A,抑制脂肪合成。

② 抑制脂肪酸和脂肪合成。

③ 抑制食欲。

④ 促进糖原生成、葡糖异生和脂肪氧化。

羟基柠檬酸的摄入如果过量,有可能产生肠道不耐性,但只要降低摄入剂量,就可以很容易地消除。

2. 丙酮酸

丙酮酸(pyruvic acid)一般为无色至浅黄色,具有刺激性臭味(类似乙酸气味)的液体。它是细胞进行有机物氧化供能过程中起关键作用的中间产物,在三大营养物质的代谢联系中起着重要的枢纽作用。它不仅存在于人体细胞内,还广泛存在于苹果、奶酪、黑啤、红酒等食品中。

丙酮酸是生物体系中重要的有机小分子物质,它具有如下显著的生理功效:①减肥清脂;②增加耐力;③降低胆固醇和低密度脂蛋白水平。

一般认为,丙酮酸是体内代谢的正常组成部分,自然地存在于任何人体细胞内,对人体无任何毒副作用,可以按说明放心使用。

四、类胡萝卜素

类胡萝卜素(carotenoid)是一类重要的天然色素的总称,属于类萜化合物,主要是 β-胡萝卜素和 γ-胡萝卜素,并因此而得名。β-胡萝卜素主要具有改善机体维生素 A 营养状况、纠正其缺乏的功能,随之可以发挥与维生素 A 同样的提高免疫力、治疗夜盲症和预防治疗眼干燥症的作用。β-胡萝卜素是维生素 A 原,近来研究认为 β-胡萝卜素还具有维生素 A 功能以外的作用,它们是体内重要的脂溶性抗氧化物质,可清除单线态氧、羟自由基、超氧自由基和过氧自由基,提高机体的抗氧化能力。有些类胡萝卜素在工业上用作为食物和脂肪的着色剂如叶黄素、番茄红素、玉米黄质、辣椒红等。

1. 叶黄素

叶黄素(lutein)是一种天然类胡萝卜素,因医学上最初是从黄体素中分离得到,因此也称叶黄素,它属于含氧类胡萝卜素。在人体内,叶黄素存在于血液中以及视网膜黄斑区色素中。

叶黄素具有预防老年性黄斑区病变、预防白内障、延缓早期动脉粥样硬化、抗癌等生理功效。

2. 番茄红素

番茄红素(lycopene)广泛存在于自然界的植物中,人体内各组织器官分布也较多,主要来源于番茄及番茄制品,故因此而得名。

番茄红素是有效的抗氧化剂,能淬灭单线态氧和捕捉过氧化自由基,预防脂类过氧化反应，保护生物膜免受自由基的损伤。番茄红素在保护淋巴细胞免受一氧化氮造成的细胞膜损害或细胞致死方面的能力非常强，其清除氧自由基的能力也较其他类胡萝卜素强。由于机体细胞的过氧化损伤是人类衰老的主要原因，因此番茄红素具有一定程度的延缓衰老的作用。通过摄食番茄红素可以降低食管癌、胃癌、结肠癌和直肠癌等消化道肿瘤的发病危险度。番茄红素对晚期和浸润性前列腺癌也具有显著抑制作用。番茄红素能通过体内的抗氧化作用，阻止低密度脂蛋白胆固醇的氧化损伤，改善血脂代谢，减少动脉粥样硬化和冠心病的发生。当紫外线照射皮肤时，皮肤中的番茄红素首先被破坏，补充番茄红素可能减少紫外线对皮肤的过氧化损伤。此外，番茄红素还具有对细胞转化灶的形成有抑制作用，活化免疫细胞，清除香烟和汽车废气中的有毒物等功能。

3. 玉米黄质

玉米黄质（zeaxanthin）是自然界广泛存在的一种天然类胡萝卜素，属于含氧胡萝卜素——叶黄素类。玉米黄质具有很多生物活性，包括预防老年性黄斑区病变、预防白内障、抗癌、预防心血管疾病、提高免疫力等。

五、黄酮类化合物

1. 大豆异黄酮

大豆异黄酮（soybean isoflavones）是黄酮类化合物中极具代表性的一类，是一种无色、略带苦涩味的植物雌激素，在结构和功能上与人体雌激素十分相似。

大豆异黄酮具有如下多种生理功效。

① 雌激素样作用，对于机体内与激素水平相关的慢性疾病有明显防治作用。

② 抗氧化作用。

③ 防治心血管疾病的发生。

④ 抗癌作用。

2. 槲皮素

槲皮素（quercetin）又名栎精、槲皮黄素，是植物界分布广泛、具有多种生物活性的黄酮醇类化合物，广泛存在于许多植物的茎皮、花、叶、芽、种子、果实中，多以苷的形式存在，经酸水解可得到槲皮素。

槲皮素具有抗氧化、清除自由基、抑制肿瘤活性、抗血栓、抗病毒活性等生理功效，还有抗炎、抗过敏、止咳、祛痰、平喘、抗糖尿病并发症、镇痛等功效。

六、原花青素和花色苷

1. 原花青素

原花青素（proanthocyanidin）是葡萄籽提取物中的主要成分，具有多种生物活性。原花青素是迄今为止所发现的最强有效的自由基清除剂之一，尤其是其机体内活性，更是其他抗氧化剂所不可比拟的。前已叙及，原花青素可以显著提高机体抗衰老能力，增强人体抗突变反应能力，对动脉粥样硬化、胃溃疡、肠癌、白内障、糖尿病、心脏病、关节炎等疾病都有治疗作用。除此以外，原花青素还能有效降低胆固醇和低密度脂蛋白水平，预防血栓形成，有助于预防心脑血管疾病和高血压的发生。有实验表明，原花青素对提高眼疲劳患者视力有很大帮助。

2. 花色苷

花色苷（anthocyanins）的生理功效主要体现在对视力的改善作用和对血管的保护作用上。它能促进在维持微血管完整性中占有重要地位的黏多糖的生物合成，并通过抑制蛋白水解酶，如弹性蛋白酶对胶原蛋白和微血管细胞间质中其他成分的降解，以及抗氧化活性，使微血管免受自由基损伤，这一点尤其体现在对缺血再灌注损伤的保护作用中。通过以上多种功能的联合作用，花色苷保护视网膜组织中的微血管，从而达到改善视力的效果。

花色苷能增强动脉舒张，促进视紫红质再生，对糖尿病和高血压带来的视网膜症也有一定疗效。

七、皂苷化合物

皂苷（saponins）又名皂素或皂草苷，大多可溶于水，振摇后易起持久性的肥皂泡沫，因而得名。

皂苷多具有苦而辛辣的味道，其粉末对人体黏膜有强烈的刺激性，能引起喷嚏。但有些皂苷如甘草皂苷具有明显的甜味，对黏膜的刺激性也弱。大多数的皂苷水溶液因能破坏红细胞而有溶血作用，静脉注射时毒性极大，但口服时则无溶血作用，可能是剂量太小的缘故。

皂苷可以抑制胆固醇在肠道的吸收，具有降低血浆胆固醇的作用。许多皂苷还具有抗菌和抗病毒活性。

八、萜类化合物

萜类化合物（terpenoids）是指基于骨架由两个或两个以上的异戊二烯单元组成的，具有 $(C_5H_8)_n$ 通式的一类烃类化合物，通常可以分为单萜、倍半萜、二萜、三萜、四萜及多萜等六大类。单萜由 2 个异戊二烯单元构成，倍半萜由 3 个异戊二烯单元构成，二萜由 4 个异戊二烯单元构成，以此类推。萜类化合物多存在于中草药和水果、蔬菜以及全谷粒食物中。已经证实具有明显生理功能的萜类化合物主要有 d-苧烯、皂苷和柠檬苦素等。

1. d-苧烯

d-苧烯又称萜二烯，是单环单萜，柑橘的果皮中含量较多，大麦油、米糠油、橄榄油、棕榈油与葡萄酒中都含有 d-苧烯。d-苧烯溶于水，在消化道内可完全被吸收，代谢很快。苧烯及其羟基衍生物紫苏子醇通过抑制合成胆固醇限速酶的活力，抑制胆固醇的合成；还能阻碍重要细胞蛋白的异戊二烯基化，使该蛋白无法定位在细胞膜上传导细胞生长信号，从而抑制肿瘤细胞的生长。d-苧烯还可使动物乳腺癌的发生数量显著减少，d-苧烯及其衍生物还能诱导谷胱甘肽转移酶的合成。

2. 柠檬苦素类化合物

柠檬苦素类化合物是芸香科植物中的一组三萜的衍生物，是柑橘汁苦味的成分之一。它们以葡萄糖衍生物的形式存在于成熟的果实中，以葡萄籽中含量最高。柠檬苦素类化合物的结构特点是 D 环上有呋喃，能诱导谷胱甘肽硫转移酶活性，抑制苯并芘诱发的肺癌和皮肤癌。

3. 柠檬烯

柠檬烯又称苧烯，是单环单萜，为柠檬味液体，不溶于水，可与酒精混溶。柠檬烯通常以其 d-异构体结构形式存在，可作为调味剂，广泛用于饮料、食品、口香糖、香皂和香水中。柠檬烯对癌症具有预防和治疗作用。对实验动物喂饲柠檬烯，可显著降低乳腺癌的发生，并能显著减少致癌剂诱发的肿瘤，还可降低胃癌前病变和肺癌的发生。

【本章小结】

自由基清除剂是指能清除自由基或能阻断自由基参与氧化反应的物质，可分为酶类自由基清除剂［超氧化物歧化酶（SOD）、过氧化氢酶（CAT）、谷胱甘肽过氧化物酶（GPX）等］和非酶类自由基清除剂［黄酮类、多糖类、维生素 C、维生素 E、β-胡萝卜素和还原型谷胱甘肽（GSH）等活性肽类〕两大类，它们对维持机体的正常生命活动、保持健康起着重要的作用。自由基清除剂作为功能食品的重要原料成分之一，可通过功能食品来调节人体内自由基的平衡。

益生菌因具有改善肠道内菌群的分布，减缓乳糖不耐症，抑制肠道致病菌和腐败菌的繁殖，预防和治疗腹泻，抑制肿瘤或预防癌症的发生等生理保健功能，人们已开发出了一系列益生菌食品。

植物性食物中除了含有已知的维生素和矿物质外，还存在一些植物性化学物对人体健康具有非常重要的作用，如有机硫化合物、有机醇化物（植物甾醇、六磷酸肌醇等）、有机酸化合物、类胡萝卜素、黄酮类化合物、原花青素和花色苷、皂苷化合物和萜类化合物等。这些来源于天然植物的活性单体，其功效肯定，毒理学资料清楚。

【复习思考题】

1. 简述自由基清除剂的种类及其各自的作用机理？
2. 简述益生菌的生理功能及其在食品中的应用？
3. 查阅资料了解植物活性物质的生理功能。

第六章　功能食品开发的原理和方法

第一节　增强免疫功能食品的开发

　　免疫是指机体接触"抗原性异物"或"异己成分"时的一种特异性生理反应，它是机体在进化过程中获得的一种"识别自身、排斥异己"的重要生理功能。免疫系统对维持机体正常生理功能具有重要意义。与免疫有关的功能食品是指具有增强机体对疾病的抵抗力、抗感染、抗肿瘤功能以及维持自身生理平衡的食品。

一、营养与免疫

　　随着各种学科间的相互渗透，免疫学发展到食品科学和营养学研究的许多领域。免疫反应的特异性与敏感性使它能够检测和定量地研究食品蛋白、有毒性的植物与动物成分、食品传播性细菌的毒素与病毒等。另外，通过营养、免疫的研究，可以提供安全的食品原料和利用新的食物来源，尤其是蛋白质；有关食品变态反应、营养与免疫和疾病的内在联系、人类未来食物结构等方面的研究，将会与人类的生命过程息息相关。

　　1. 蛋白质

　　蛋白质是维持机体免疫系统的物质基础，皮肤、黏膜、骨髓、胸腺、脾脏等组织器官，各种免疫细胞、血清中的抗体和补体等，都主要由蛋白质参与构成，蛋白质的质和量对免疫功能均有影响。质量低劣的蛋白质使机体免疫功能下降，必需氨基酸不足、过剩或氨基酸不平衡都会引起免疫功能异常。蛋白质缺乏对免疫系统的影响非常显著，在这些影响中，脾脏和淋巴结重量减轻最为明显。蛋白质营养不良时，上皮及黏膜组织分泌液中的免疫球蛋白显著减少，溶菌酶水平下降，使其组织抵抗力降低，甚至可导致感染扩散。

2. 脂肪酸

一定量的必需脂肪酸对维持正常免疫功能是必要的。必需脂肪酸缺乏，会导致淋巴器官萎缩，血清抗体降低。多不饱和脂肪酸与正常的体液免疫反应密切相关，膳食中缺乏不饱和脂肪酸，会引起体液免疫反应下降。

3. 维生素

(1) 维生素 A　机体的体液免疫和细胞免疫反应都受维生素 A 的影响，适量的维生素 A 能提高机体抗感染和抗肿瘤能力，维生素 A 还能影响巨噬细胞的吞噬能力。

维生素 A 可能通过以下几个方面影响免疫功能：①影响糖蛋白合成。视黄醛磷酸糖可能参与糖基的转移，而 T 细胞、B 细胞表面有一层糖蛋白外衣，它们能结合有丝分裂原，决定淋巴细胞在体内的分布。②影响基因表达。细胞核是维生素 A 作用的靶器官，维生素 A 供应不足，核酸及蛋白质合成减少，使细胞分裂、分化和免疫球蛋白合成受抑。③维生素 A 缺乏，可使 IL-2、IFN 减少，TH 细胞（辅助性 T 细胞）、抗原处理及抗原提呈细胞减少，B 细胞功能受抑。④影响淋巴细胞膜通透性。

(2) 维生素 E　维生素 E 在一定的剂量范围内能促进免疫器官的发育和免疫细胞的分化，提高机体细胞免疫和体液免疫功能。维生素 E 能增强淋巴细胞对有丝分裂原的刺激反应性和抗原、抗体反应，促进吞噬。小鼠体内 T、B 细胞的增殖能力与血浆维生素 E 含量呈显著相关。

(3) 维生素 C　维生素 C 对胸腺、脾脏、淋巴结等组织器官生成淋巴细胞有显著影响，还可以通过提高人体内其他抗氧化剂的水平而增强机体的免疫功能。血清维生素 C 含量与 IgG、IgM 水平呈正相关，维生素 C 能影响免疫球蛋白轻、重链之间二硫键的形成。

(4) 维生素 B_6　核酸和蛋白质的合成以及细胞的增殖需要维生素 B_6，维生素 B_6 缺乏时对免疫器官和免疫功能都有影响。

(5) 类胡萝卜素　类胡萝卜素主要存在于黄色、橙色、红色以及深绿色的蔬菜和水果中，典型代表是 β-胡萝卜素，还有存在于番茄中的番茄红素等。类胡萝卜素具有很强的抗氧化作用，可以增加特异性淋巴细胞亚群的数量，增强 NK 细胞（自然杀伤细胞）、吞噬细胞的活性，刺激各种细胞因子的生成。番茄红素有增强免疫系统潜力的作用。

4. 微量元素

(1) 铁　铁可激活多种酶。当铁缺乏时，核糖核酸酶活性降低，肝、脾和胸腺蛋白质合成减少，使免疫功能出现各种异常，铁缺乏可以干扰细胞内含铁金属酶的作用。含铁核糖核苷酸还原酶的活性降低可以使吞噬细胞合成过氧化物减少，以致影响这些细胞的杀菌力。

(2) 锌　锌缺乏会引起免疫系统的组织器官萎缩、含锌的免疫系统酶类活性受抑制、使细胞免疫和体液免疫均发生异常。缺锌最主要的是影响 T 淋巴细胞的功能、胸腺素的合成与活性、淋巴细胞与 NK 细胞的功能、抗体依赖性细胞介导的细胞毒性、淋巴因子的生成以及吞噬细胞的功能等。

但也必须关注锌过多的问题，因为锌过多同样可抑制免疫功能，使淋巴细胞对 PHA（植物血凝素）的反应下降。

(3) 铜　铜缺乏可能通过影响免疫活性细胞的铜依赖性酶而介导其免疫抑制作用，如超氧化物歧化酶催化超氧化自由基的歧化反应。铜缺乏影响网状内皮系统对感染的免疫应答，吞噬细胞的抗菌活性减弱，机体对许多病原微生物易感性增强，胸腺素和白介素分泌物少，淋巴细胞增殖及抗体合成受抑，NK 细胞活性降低。

（4）硒 硒具有明显的免疫增强作用，可选择性调节某些淋巴细胞亚群产生、诱导免疫活性细胞合成和分泌细胞因子。适宜硒水平对于保持细胞免疫和体液免疫是必需的，免疫系统依靠产生活性氧来杀灭外来微生物或毒物。硒在白细胞中的检出和硒作为抗氧化硒酶组分的发现，为硒在免疫系统中的作用提供了初步解释。以后，又在脾、肝、淋巴结等免疫器官中检出硒，并观察到补硒可提高宿主抗补体的应答能力等。

二、增强人体免疫食品开发的原理和方法

人体的免疫力大多取决于遗传基因，但是环境的影响也很大，其中饮食就有很大的影响。科学研究得出，人体免疫系统活力的保持主要靠食物。有些食物的成分能协助刺激免疫系统，增加免疫能力。均衡的营养不仅能满足人体的需要，而且对预防疾病、增强抵抗力有着重要作用，适量的蛋白质、维生素 E、维生素 C、胡萝卜素、锌、硒、钙、镁等物质可增加人体免疫细胞的数量。因此可以由以下三个方面来设计增强人体免疫的功能食品。

1. 利用传统入药的食品原料

人参、灵芝、黄芪、党参、绞股蓝、刺五加、阿胶、肉桂、薏苡、银耳等能促进白细胞数增加。人参、黄芪、白术、甘草等可增强中性白细胞吞噬功能。香菇、甘草、灵芝等可促进单核巨噬细胞数增加。人参、黄芪、白术、党参、地黄、杜仲、猪苓、香菇、云芝、大蒜、茶叶等可提高巨噬细胞吞噬功能。香菇、白术、黄芪、天门冬等能促进 T 淋巴细胞数目增多。五味子、何首乌、猪苓、云芝、金针菇、灵芝、白术、人参、绞股蓝、枸杞、淫羊藿等能促进淋巴细胞转化。何首乌、地黄、茯苓、淫羊藿等能促进抗体生成，影响体液免疫。地黄、黄芪、灵芝、香菇、茯苓、金针菇、何首乌、淫羊藿等对免疫球蛋白的生成有促进作用。

2. 将传统食品与营养强化剂组合

该类食品以传统中医食疗与现代营养学理论结合于一体，是免疫调节功能食品开发研制的方向之一，可生产出免疫调节作用更强的保健食品。例如有一种增强儿童免疫功能的口服液，选用了枸杞、莲子、核桃仁、大枣、薏苡、鸡肝、鸡蛋、桂圆、山楂、蜂蜜等传统滋补食品为原料进行提取，又补充了钙、铁、锌、维生素 C、维生素 E 等营养强化剂制成。这些原料从性味上看温和，营养丰富，补益平缓，再加上强化剂，口味甜酸可口，具有显著的免疫调节功能。

3. 利用一些免疫功能调节能力强的原料生产保健食品

灵芝、香菇等食用菌中所含的活性多糖可激活单核巨噬细胞的吞噬功能，刺激或恢复 T 淋巴细胞和 B 淋巴细胞，增强淋巴细胞的转化作用，而且增强体液免疫作用。因此可充分利用食用菌原料开发增强免疫功能的保健食品。

三、具有增强免疫力的物质

1. 活性多糖

大多活性多糖能显著提高巨噬细胞的吞噬能力，增强淋巴细胞（T、B 淋巴细胞）的活性，起到抗炎、抗细菌、抗病毒感染、抑制肿瘤、抗衰老的作用。多糖主要分植物多糖、动物多糖、菌类多糖、藻类多糖等几种。下面以灵芝多糖为例加以介绍。

灵芝多糖是子实体提取物或孢子粉提取物，一般为褐色粉末，有特殊苦味，溶于水。灵芝多糖可提高免疫调节能力，促进体内核酸和蛋白质代谢，具有抑制肿瘤、抑制氧自由基、提高常压耐缺氧、镇静、强心以及保肝解毒、降血糖、抗疲劳作用。

2. 蛋黄免疫球蛋白

蛋黄免疫球蛋白为无色至极浅黄色晶状体，类似于哺乳动物的 IgG，其相对分子质量为 180000，50ng/mL 含量即有特异性活性。pH 为 4.0～11.0 时性质稳定，70℃时活性可保持 24h。主要成分为蛋白质 90%（其中 IgY 的含量为 50%）、水分 5.7%、灰分 2.5%。

蛋黄免疫球蛋白能凝聚、吞噬和中和细菌及毒素成分，增强免疫系统功能，预防消化道等疾病，促进营养吸收。

3. 螺旋藻

螺旋藻是一种蓝绿色的多细胞丝状藻类，属蓝藻门念珠目颤藻科螺旋藻属。螺旋藻能够增强人体的代谢功能，增强生命活力；能激活免疫细胞，有抑制肿瘤的功能；延缓衰老，增强血管弹性；改善心血管功能；对慢性消化性溃疡、糖尿病、白内障、缺铁性贫血等疾病有良好的保健作用。

4. 蜂皇浆

蜂皇浆呈乳白至淡黄色浆状物质，有酸涩辛辣味，略甜，不耐热，易溶于水。蜂皇浆具有免疫调节作用、抗衰老作用，可促进大脑活化以及抗辐射作用，可克服由自主神经失调所导致的头晕、恶心、食欲不振和便秘的症状，其所含唾液腺素有促进人体肌肉、骨骼、牙齿、器官等组织发育和新陈代谢作用，对防肿瘤、降血压、健脑、改善肝炎症状、缓解糖尿病和胃溃疡症状、预防动脉硬化、增长红细胞和血小板、使早产儿正常发育均有一定作用。

5. 超氧化物歧化酶

超氧化物歧化酶（SOD）是一种广泛存在于动物、植物、微生物中的金属酶，能清除人体内过多的氧自由基，因而它能防御氧毒性，增强机体抗辐射损伤能力，防衰老，在一些肿瘤、炎症、自身免疫疾病等治疗中有良好疗效。

6. 双歧杆菌和乳酸菌

双歧杆菌具有增强免疫系统活性，激活巨噬细胞，使其分泌多种重要的细胞毒性效应分子的功能。双歧杆菌能增强机体的非特异性和特异性免疫反应，提高 NK 细胞和巨噬细胞活性，提高局部或全身的抗感染和防御功能。

乳酸菌在肠道内可产生一种四聚酸，可杀死大批有害的、具有抗药性的细菌。乳酸菌菌体抗原及代谢物还可通过刺激肠黏膜淋巴结，激发免疫活性细胞，产生特异性抗体和致敏淋巴细胞，调节机体的免疫应答，防止病原菌侵入和繁殖。另外，还可以激活巨噬细胞，加强和促进吞噬作用。

7. 大蒜素

大蒜具有抗肿瘤作用，其抗肿瘤作用具有多种多样的机制，但大蒜素能显著提高机体的细胞免疫功能与其抗肿瘤作用有密切关系。

8. 茶多酚、皂苷

茶多酚和皂苷均具有较强的调节机体免疫功能的作用。功能食品生产时，可作为调节机体免疫功能的原料，大枣、沙棘、枸杞、魔芋、银杏叶、莲子、黑芝麻、甘草、各种食用菌、蜂王浆、螺旋藻和阿胶等许多食品都可选择。

9. 生物制剂

具有免疫调节作用的生物活性物质，也称为生物反应调节剂，包括各种细胞因子、胸腺肽、转移因子、单克隆抗体及其交联物等。

（1）各种细胞因子　细胞因子具有广泛的生物学作用，能参与体内许多生理和病理过程的发生与发展。细胞因子作为一类重要和有效的生物反应调节剂，对于免疫缺陷、自身免疫、病毒性感染、肿瘤等疾病的治疗有效。

（2）胸腺肽 胸腺肽来源于小牛、猪或羊的胸腺组织提取物，是一种可溶性多肽。其可增强 T 细胞免疫功能，用于治疗先天或获得性 T 细胞免疫缺陷病、自身免疫性疾病和肿瘤等。

第二节 抗氧化功能食品的开发

科学研究的结果证明，自由基几乎和人类大部分常见疾病都有关系，从人类死亡率最高的心脑血管疾病到人类最可怕的癌症，以及近年来对人类造成巨大威胁的艾滋病，无一不和氧自由基有着密切关系。

一、抗氧化功能食品开发的原理

自由基是人体生命活动中多种生化反应的中间代谢产物，人的生命离不开自由基。在正常情况下，人体内的自由基处于不断产生与清除的动态平衡之中。随着人的年龄增大，这个平衡逐渐遭到破坏，自由基产生过多或者清除过慢，均会加速机体的衰老并诱发各种疾病。自由基过多的有害作用，表现在可使许多生物大分子如核酸、蛋白、膜多聚未饱和脂肪酸（PUFA）引起超氧化反应，生物大分子出现交链或断裂，从而引起细胞结构和功能的破坏。

机体正常代谢过程中产生过多的自由基对机体的破坏作用导致衰老：①自由基作用于脂质，发生过氧化反应。反应产物丙二醛等引起蛋白质、核酸等生命大分子发生交联聚合。这种聚合发生在皮肤表面，形成不溶于水的褐色素，排斥正常细胞，产生老年斑，使皮肤失去弹性并出现皱纹，出现外部衰老的表征。交联聚合物在脑细胞中堆积，则会出现记忆力减退和智力障碍等。胶原蛋白的交联聚合会使胶原蛋白溶解性下降，导致骨质再生能力减弱以及老年视力减退等。②自由基使器官组织的细胞受到破坏。自由基引起脂质过氧化，从而使细胞膜和细胞器膜受到损害，如造成神经元细胞损坏和减少，则引起老年人感觉和记忆力下降、反应迟钝及智力障碍。自由基作用于核酸引起基因突变，改变了遗传信息的传递，导致蛋白质与酶的合成错误及酶活性的降低。这些结果造成了器官组织细胞的老化和死亡。生物膜受自由基侵袭发生过氧化反应，可导致生物膜功能紊乱，形成各种代谢性障碍。自由基对生物膜的损害，还会导致线粒体等亚细胞器紊乱，使细胞能量产生系统受到损害，加速了组织细胞的衰老过程。③自由基作用于免疫系统，导致细胞免疫和体液免疫功能减弱，造成老年人易出现自身免疫性疾病，并且易受外界异物的侵袭，加快了衰老过程。

由于老年人的生理变化特点，对于营养素的需求与成年期大不相同，因此必须供给符合老年人生理状况的各种营养素。根据老年人的体质特点，在开发抗氧化食品方面应遵循的原则是：减少总热量、少含糖和盐、多补充高蛋白、提供充足的维生素以及微量元素等。

二、具有抗氧化功能的物质

1. 生育酚

对于生育酚（维生素 E）的抗衰老作用，目前普遍认为其的抗氧化作用是决定性因素。由于维生素 E 具有消除自由基的能力，可中断高速运转的自由基连锁反应，抑制不饱和脂肪酸过度氧化脂质的形成，所以，在抑制生物膜中多不饱和脂肪酸过氧化时，可减轻细胞膜结构损伤，维护细胞功能的正常运行。详见第四章第一节。

2. 超氧化物歧化酶

超氧化物歧化酶（SOD）是一种金属酶，至少含有三种类型，即 Cu·Zn-SOD、Mn-SOD 和 Fe-SOD。作为能催化超氧阴离子歧化的自由基清除剂，其具有延缓衰老的作用。其无毒、无抗原性，对睡眠、血压、心脏、精神、消化系统等均无异常表现。详见第五章第一节。

3. 姜黄素

姜黄素为橙黄色结晶性粉末，有特殊臭，熔点 $179\sim182℃$，不溶于水和乙醚，溶于乙醇、冰醋酸、丙二醇。碱性条件下呈红褐色，酸性则呈浅黄色。与金属离子，尤其是铁离子形成螯合物，导致变色。约 $5mg/kg$ 铁离子就开始影响色素，$10mg/kg$ 以上时变为红褐色。姜黄素耐光性、耐铁离子较差，耐热性较好。每分子均有两个多电子的酚结构，具有很强的抗氧化能力，能捕获和消除自由基，其对·OH 自由基的消除率可达 69%。

姜黄素能使 SOD、过氧化氢酶和谷胱甘肽过氧化酶的活性分别提高约 20%。有研究表明，姜黄素对大鼠胸、心、肾、脾等组织都有明显的抗氧化作用，可使过氧化脂质（LPO）含量降低，从而延缓组织老化。

4. 茶多酚

茶叶中一般含有 20%～30% 的多酚类化合物，共约 30 余种，包括儿茶素、黄酮及其衍生物、花青素类、酚和酸类，其中儿茶素类约占总量的 60%～80%，其抽提混合物称茶多酚。以绿茶及其副产物为原料提取的多酚类物质中，茶多酚含量大于 95%，其中儿茶素占 70%～80%，黄酮化合物占 4%～10%，没食子酸占 0.3%～0.5%，氨基酸占 0.2%～0.5%，总糖量 0.5%～1.0%。叶绿素以脱镁叶绿素为主，含量为 0.01%～0.05%。主要包括以下各种形式的儿茶素：EC、EGC、ECG 和 EGCG，它们在 B 环和 C 环上的酸性羟基具有很强的供氢能力，能中断自动氧化为氢过氧化物的连锁反应，从而阻断氧化过程。

茶多酚具有延缓衰老的功能。其（尤其是其中的 EGCG）具有很强的供氢能力，可与体内多余的自由基相作用而使氧自由基消除，对 O_2^-·和 HO· 的最大消除率分别达 98% 和 99%。其抗氧化能力比维生素 E 强 18 倍。详见第五章第一节。

5. 谷胱甘肽（还原型）

谷胱甘肽是由谷氨酸、半胱氨酸和甘氨酸通过肽键缩合而成的活性三肽化合物。谷胱甘肽为白色结晶，溶于水及稀乙醇液，熔点为 195℃。经氧化脱氢，两分子谷胱甘肽可结合成氧化性谷胱甘肽（GSSG；相对分子质量 612.64），其无生理功能，GSSG 经还原后仍为还原型谷胱甘肽。只有还原型谷胱甘肽才能发挥生理作用，其天然品广泛存在于动物肝脏、血液、酵母、小麦胚芽等中。

谷胱甘肽具有延缓衰老的作用，主要是因为它能抗氧化和消除体内的自由基。

谷胱甘肽由小麦胚芽或富含该肽的酵母经培养、分离、净化提取后精制而成。此外，大枣、松树皮提取物、中国鳖、葡萄籽提取物、肉苁蓉等都具有延缓衰老的作用。

6. 大豆

大豆所含的大豆皂苷，具有促进人体胆固醇和脂肪代谢，抑制过氧化脂质的生成，以及提高机体免疫功能的作用，故有延缓衰老的作用。

7. 玉米

新鲜玉米中含有维生素 E，能促进细胞分裂，延缓细胞衰老，并能抑制过氧化脂质的生成，因此有延缓衰老的作用。

8. 灵芝

灵芝的子实体中含有蛋白质、多种氨基酸、多糖类、脂肪类、萜类、麦角甾醇、有机酸类、树脂、甘露醇、生物碱、内酯、香豆精、甾体皂苷、蒽酮类、多肽类、腺嘌呤、多种酶和多种微量元素等物质。研究表明，灵芝可以明显地延长家蚕的寿命，也可以明显地延长果蝇的平均寿命，但对其最高寿命没有明显影响。用致死量的^{60}Co照射动物，照射前给予灵芝制剂，可以明显降低小鼠的死亡率。照射后给药，虽不能对抗^{60}Co的致死作用，但可以使动物的平均存活时间延长。因此说明灵芝具有延缓衰老作用。

9. 阿胶

阿胶为驴皮去毛后熬制而成的胶块，含有明胶、骨胶原、钙、硫等。试验证明，阿胶对骨髓造血功能有一定作用，能迅速恢复失血性贫血的血红蛋白和红细胞，具有补血作用；阿胶能够促进肌细胞再生，有抗衰老作用；阿胶可以增强机体的免疫功能，使肿瘤生长减慢，症状改善，延长寿命；阿胶能够对抗出血性休克，使血压逐渐恢复至正常水平，因而能延长存活时间。此外，阿胶能够降低氧耗，耐疲劳。故阿胶对人体，特别是老年人脏器功能衰退、免疫功能低下、骨髓造血功能障碍或各种原因出血引起的贫血、休克以及对环境的适应能力减退等都有一定的保护作用，无疑有助于老年保健和延年益寿。

10. 人参

人参主要成分是人参皂苷、人参酸等。人参能提高细胞寿命，还可以促进淋巴细胞体外有丝分裂，延长人羊膜细胞生存期。人参含有的麦芽醇具有抗氧化活性，它可与机体内的自由基相结合从而减少脂褐素在体内的沉积，延缓衰老。

第三节　减肥功能食品的开发

由于肥胖病能引起代谢和内分泌紊乱，并常伴有糖尿病、动脉粥样硬化、高血脂、高血压等疾患，因而肥胖病已成为当今一个较为普遍的社会医学问题。2006年，我国成年人超重率为23%，肥胖率为7.2%，估计超重和肥胖人数分别为2.0亿和6000多万。迄今为止，较为常见的预防和治疗肥胖症的方法有药物疗法、饮食疗法、运动疗法以及行为疗法四种。具有减肥效果的药物主要为食欲抑制剂，加速代谢的激素及某些药物，影响消化吸收和脂肪动员的药物等。虽然这些药物都具有减肥作用，但大多有一定的副作用，而且在药物治疗的同时，一般尚需配合低热量饮食以增加减肥效果。事实上，不仅仅是药物疗法，即使是运动疗法和行为疗法也需结合低热量膳食。可见，饮食疗法是最根本、最安全的减肥方法。因此，筛选具有减肥作用的功能食品即成为减肥研究过程中的一个重要课题。

一、减肥功能食品开发的原理

1. 限制热量摄入

对减肥食品的研究，人们首先是从低热能的摄入方面着手的，因为肥胖症的发生主要是由于能量的正平衡引起的，而减肥的基本原则就是要合理地限制热量的摄入量，增加其消耗，或者二者兼而有之。因此，一般而言，减肥和美食两者不可兼得。正常人每天大约要摄入10MJ能量的食物，如果低于4.2MJ，其体重就会下降。激进的能量控制法便是采用低能量膳食，其能量的摄入量每天约为3.4MJ。在所开发的低能量食品中，三大供能营养素的搭配比例为：碳水化合物40%～55%、蛋白质20%～30%、脂肪25%～30%。为了单纯地追求低能量，有些减肥食品仅由氨基酸、维生素与微量元素组成，没有碳水化合物，也不含脂肪。这类减肥食品对身体极为有害，因为体内的碳水化合物含量很低，减肥过程中体内脂肪的分解必须要有葡萄糖的参与，如果没有碳水化合物的补充，则肌肉中的蛋白质会通过糖原异生作用产生葡萄糖来帮助脂肪分解，使体内肌肉含量下降。因此，在采用低能量食品进行减肥时，一定要注意碳水化合物、脂肪、蛋白质这三大营养素的平衡性，三者不可缺一。但限制热量的摄入，会出现饥饿感等问题，所以人们首先考虑到的减肥食品便是富含膳食纤维的食品，如魔芋，其主要成分为甘露聚糖、蛋白质、果胶及淀粉等，它是一种高纤维、低脂肪、低热量的天然保健食品。魔芋中含有 60% 左右的甘露聚糖，其吸水性很强，其吸水后体积膨胀，可填充胃肠，消除饥饿感。魔芋能延缓营养素的消化吸收，降低对单糖的吸收，从而使脂肪酸在体内的合成下降。又因其所含热量极低，所以可控制体重的增长，达到减肥的目的。

2. 加速脂肪动员

减肥食品的开发还需要从加速脂肪动员方面入手。脂肪组织是脂肪贮存的主要场所，以皮下、肾周、肠系膜、大网膜等处贮存最多，称为脂库。脂肪组织中甘油三酯的水解和形成是两个紧密联系的过程，称为甘油三酯-脂肪酸循环。脂肪细胞内，甘油三酯可水解产生脂肪酸和甘油，而脂肪酸又可与 α-磷酸甘油酯化，再形成甘油三酯。脂肪细胞中的甘油三酯在激素敏感性脂肪酶的催化下水解为脂肪酸和甘油，并释放出供全身各组织氧化利用的脂肪酸，这一过程即为脂肪动员。减肥的目的就是要进行脂肪动员，使脂肪细胞中甘油三酯的水解大于合成。人体内各组织细胞除大脑、神经系统、成熟红细胞外，几乎都有氧化利用甘油三酯及其代谢产物的能力，而且主要是利用由脂肪组织中动员出来的脂肪酸。

脂肪的动员，首先可以通过细胞对葡萄糖的可获得性来调节。当葡萄糖的可获得性较低时，葡萄糖进入细胞的通透性降低，从而限制了组织利用葡萄糖，而优先利用脂肪酸。实现了限制脂肪酸再酯化的作用，减少了脂肪含量。

调节脂肪动员的一个主要因素是甘油三酯水解的限速因子——激素敏感性脂肪酶的水平。激素敏感性脂肪酶受多种激素调节，胰高血糖素、促甲状腺激素等都可激活脂肪细胞膜上的腺苷酸环化酶，导致环磷酸腺苷（cAMP）的浓度增高，cAMP-蛋白激酶系统又可使激素敏感性脂肪酶磷酸化而激活此酶，使得甘油三酯的水解速率加快，即加速了脂肪动员。因而激素敏感性脂肪酶活力的改变可以作为某一保健食品是否具有减肥功效的评价指标之一。

另外，腺苷是 ATP 水解的产物，人体在运动时会产生大量的腺苷，当它们与细胞表面的腺苷 A_1 受体相结合后，可降低细胞腺苷酸环化酶的活性，导致 cAMP 浓度下降，从而降低了激素敏感性脂肪酶的活性，导致脂肪动员受阻。若使用腺苷受体阻断剂阻断腺苷与 A_1 受体的结合，就会提高 cAMP 的浓度，激活激素敏感性脂肪酶，加速脂肪动员。因此，筛选出含有腺苷受体阻断剂的纯天然食品，对于开发新型减肥食品具有极为重要的意义。

有关减肥食品的研究，不能仅仅停留在高营养、高膳食纤维、低热能或微热能方面，还需要从提高激素敏感性脂肪酶活性，加速脂肪动员，促进脂肪酸进入线粒体氧化分解及提高 Na^+，K^+-ATP 酶活性，促进棕色脂肪线粒体活性以增加产热等方面入手，进行深入的研究，以期开发出更有效的减肥食品。

二、减肥功能食品开发的方法

1. 以调理饮食为主，开发减肥专用食品

根据减肥食品低热量、低脂肪、高蛋白质、高膳食纤维的要求，利用燕麦、荞麦、大豆、乳清、麦胚粉、魔芋、山药、甘薯、螺旋藻等具有减肥作用的原料生产肥胖患者日常饮食的食品，从而达到减肥效果。燕麦具有可溶性膳食纤维，魔芋含有葡甘聚糖，大豆含有优质蛋白质、大豆皂苷和低聚糖，麦胚粉含有膳食纤维和丰富的维生素 E，可满足肥胖者的营养需求和减肥。而甘薯、山药等含有丰富的黏液蛋白，可减少皮下脂肪积累。螺旋藻在德国作为减肥食品广为普及，可添加到减肥食品中。在这类食品中可补充木糖醇或低聚糖等，以强化减肥效果。

2. 用药食两用中草药开发减肥食品

食品和药食两用植物中可作为减肥食品的原料有很多，这些药食两用品有的具有清热利湿作用，如茶、苦丁茶、荷叶等；有的可以降低血脂；有的具有补充营养、促进脂肪分解等作用。从现代营养角度看，这些原料含有丰富的膳食纤维、黏液蛋白、植物多糖、黄酮类、皂苷类以及苦味素等，对人体代谢具有调节功能，能抑制糖类、脂肪的吸收，加速脂肪的代谢，达到减肥效果。

3. 含有特殊功效成分的减肥食品

随着科学的发展，逐渐发现一些对肥胖症有明显效果的化学物质，其中有的可用于功能食品中。

减肥食品中不得加入药物。不少药物具有明显减肥效果，在中医减肥验方中，一般都含有中药。作为减肥食品，不能够生搬中药处方，因为许多中药都有毒副作用，对人体造成不利影响，应该尽量选用食品和药食两用原料，去除不准使用于食品的原料，重新组方。

第四节　改善生长发育功能食品的开发

一、营养与生长发育

现代社会物质文明的高度发达，为儿童的健康成长创造了很多有利条件，但同时也导致儿童出现营养失衡现象。据统计，在我国城市中患单纯性肥胖的比例在逐年上升，而在农村及边远地区，儿童营养不足、营养素缺乏的现象依然十分严重。这不仅影响了人们尤其是儿童的身心健康，有的甚至造成无法挽回的后果。因此，研究开发能促进儿童生长发育、提高智力的儿童功能食品，具有重大的经济效益和现实意义。

生长是指人体各部位及其整体可以衡量的量的增加，如骨重、肌重、血量、身高、体重、胸围、坐高等。发育则指细胞、组织等的分化及其功能的成熟完善过程，难以用量来衡量，如免疫功能的建立、思维记忆的完善等。生长发育对营养物质的要求是多方面的，简述如下。

（1）能量　人和其他动物一样，每天都要从食物中摄取一定的能量以供生长、代谢、维持体温以及从事各种体力、脑力活动。碳水化合物、脂肪、蛋白质是三大产能营养素。婴幼儿、儿童、青少年生长发育所需的能量主要用于形成新的组织及新组织的新陈代谢，特别是脑组织的发育与完善。能量的供给不足不仅会影响到儿童器官的发育，而且还会影响其他营养素效能的发挥，从而影响儿童正常的生长发育。

（2）蛋白质　蛋白质是人体组织和器官的重要组成部分，参与机体的一切代谢活动。其具有构成和修补人体组织、调节体液和维持酸碱平衡、合成生理活性物质、增强免疫力、提供能量等生理作用。儿童正处于生长发育的关键时期，充足蛋白质的摄入对保障儿童的健康成长具有至关重要的作用。如果蛋白质的供给不足或蛋白质中必需氨基酸的含量较低，则会造成儿童生长缓慢、发育不良、肌肉萎缩、免疫力下降等症状。

（3）矿物元素

① 钙。钙是构成骨骼和牙齿的主要成分，并对骨骼和牙齿起支持和保护作用。儿童期是骨骼和牙齿生长发育的关键时期，对钙的需求量大，同时对钙的吸收率也比较大，可达到40％左右。食物中的钙源以乳及乳制品最好，不但含量丰富而且吸收率高。此外，水产品、豆制品和许多蔬菜中的钙含量也很丰富，但谷类及畜肉中含钙量相对较低。

② 铁。铁主要以血红蛋白、肌红蛋白的组成成分参与氧气和二氧化碳的运输，同时又是细胞色素系统和过氧化氢酶系统的组成成分，在呼吸和生物氧化过程中起重要作用。成年人体内铁的含量为3～5g，儿童生长发育旺盛，对铁的需求量较成人高，4～7岁儿童铁的需求量为12mg。

③ 锌。锌存在于体内的一切组织和器官中，肝、肾、胰、脑等组织中锌的含量较高。锌是体内许多酶的组成成分和激活剂。锌对机体的生长发育、组织再生、促进食欲、促进维生素A的正常代谢、性器官和性机能的正常发育有重要作用。锌不同程度地存在于各种动植物食品中，一般情况下能满足人体对锌的基本需求，但在身体迅速成长的时期，由于膳食结构的不合理，也容易造成锌的缺乏，出现生长停滞、性特征发育推迟、味觉减退和食欲不振等症状。

④ 碘。碘是甲状腺素的成分，具有促进和调节代谢及生长发育的作用。碘供应不足会造成机体代谢率下降，会影响生长发育并易患缺碘性甲状腺肿大。

⑤ 硒。硒存在于机体的多种功能蛋白、酶以及肌肉细胞等中。硒的主要生理功能是通过谷胱甘肽过氧化物酶发挥抗氧化作用，防止氢过氧化物在细胞内堆积以及保护细胞膜，能有效提高机体的免疫水平。

此外，维生素等对人的生长发育也具有重要作用。

二、促进生长发育食品开发的原理和方法

1. 婴儿时期

婴儿是指从出生到满一周岁前。婴儿期是人类生命从母体内生活到母体外生活的过渡期，也是从完全依赖母乳的营养到依赖母乳以外食品的过渡时期。婴儿期是人类生命生长发育的第一高峰期，也是最重要的一个时期。12月龄时婴儿体重将增至出生时的3倍，身长将增至出生时的1.5倍。婴儿期的前六个月，脑细胞的数量将持续增加，至6月龄时脑重增加至出生时的2倍（600～700g），后六个月脑部的发育以细胞体积增大及树突增多和延长为主，神经髓鞘形成并进一步发育，至一岁时，脑重达900～1000g，接近成人脑重的2/3。同时婴儿的视觉、听觉、味觉等感觉器官开始发育。婴儿期营养主要是供给婴儿修补旧组织、增生新组织、产生能量和维持生理活动所需要的合理膳食。虽然婴儿的肠胃功能已开始发育，但仍然不完善，这个时期应主要以母乳喂养为主。

婴儿辅助食品又称断乳食品，主要是用于在充足母乳条件下的正常补充。在母乳喂养4～6月到1岁断乳期间，是一个长达6～8个月的断奶过渡期，此期应在坚持母乳喂养的条件下，有步骤地补充婴儿所接受的辅助食品，以满足其发育的需要，顺利进入幼儿阶段。联合国粮农组织和世界卫生组织提出，断奶食品主要以谷类为基础，强化蛋白质包括奶蛋白和大豆蛋白，其比例不应低于15％。

补充断奶过渡食品，应该由少量开始到适量，还应由一种到多种试用，密切注意婴儿食用后的反应，并注意食品与食具的清洁卫生。通常情况下，婴儿有可能对一些食品产生过敏反应或不耐受反应，例如皮疹、腹泻等。因此每开始供给孩子一种食品，都应从很少量开始，观察3天以上，然后才增加份量，或试用另一种食品。辅助食品往往从谷类，尤以大米、面粉的糊或汤开始，以后逐步添加菜泥、果泥、乳及乳制品、蛋黄、肝末及极碎的肉泥等。

2. 幼儿

从一周岁到满三周岁之前为幼儿期。此期的生长发育虽不及婴儿期迅猛，但与成人相比也非常旺盛。如体重每年增加 2kg，身高第二年增加 11～13cm，第三年增加 8～9cm。一岁以上的幼儿无论热能还是蛋白质的需要量都相当于其母亲的一半，而矿物质和维生素的需要量常多于成人的一半。幼儿牙齿少，咀嚼能力差，肠胃道蠕动及调节能力、各种消化酶的分泌和活性也远不如成人。

幼儿膳食是从婴儿时期的以乳类为主过渡到以谷类为主，奶、蛋、鱼、禽、肉及蔬菜和水果为辅的混合膳食，其烹调方法也与成人不一样，必须与幼儿的消化代谢能力相适应。

3. 学龄前儿童

3～6 岁的学龄前儿童其体格发育较 3 岁以前相对缓慢，但仍属于快速增长阶段。此时期儿童身高增长约 21cm，体重增长约 5.5kg，神经细胞的分化已基本完成，但脑细胞体积的增大及神经纤维的髓鞘化仍继续进行。该年龄段的儿童活泼好动，能量消耗大。他们对能量和营养素的需要量按每千克体重计大于成人。此时期儿童蛋白质、能量的摄入不再是突出问题，而缺铁性贫血、维生素 A 缺乏、锌缺乏却是不容忽视的营养问题。由于经济的快速发展，儿童的蛋白质、热能的不良发生率已逐渐下降，但微量元素如铁、锌及维生素的缺乏，尤其是亚临床缺乏因食用精制食品、西式快餐及儿童不良饮食习惯等原因而越来越突出。

4. 学龄儿童

7～12 岁的学龄儿童，其生长发育相对缓慢和稳定。身高平均每年增长 5cm，体重平均每年增长 2～3kg，抵抗疾病的能力增强。除生殖系统外的其他器官系统，包括脑的形态发育已逐渐接近成人水平。

学龄儿童的主要时间是在学校中度过的，有很多因素会影响儿童的发育。其中有些营养问题与学龄前儿童类似，如农村儿童的蛋白质供给不足，质量差；缺铁性贫血、维生素 A 缺乏、锌缺乏发病率仍然较高；城市儿童中尽管蛋白质、热能营养不良发生率已逐渐下降，但矿物质中钙、铁、锌及维生素 A、维生素 B 的缺乏也是不可忽视的营养问题。此外，由于家长对小学生早餐营养不够重视，使小学生 11 点前后能量不够而导致学习行为的改变，如注意力不集中，数学运算、逻辑推理及运动耐力的能力下降。此外，由于城市儿童看电视时间过长，体育运动减少，加上饮食的不平衡而导致超重和肥胖的发生率上升。

5. 青少年营养

青少年期包括青春发育期及少年期，年龄跨度通常为女性从 11～12 岁开始到 17～18 岁，男性从 13～14 岁至 18～20 岁，相当于初中和高中学龄期。此时期人的生长发育加快，仅次于婴儿期。人的身高约有 1/5 是青春期增加的，体重平均增加 20～30kg。此外，生殖系统迅速发育，第二性征逐渐明显。青少年在此期还承担着繁重的学习任务，充足的营养是此时期体格及性征迅速发育、增加体质、获得知识的物质基础。因此，要提供含量高、质优的蛋白质，并含钙、铁、维生素 A、核黄素等微量元素的食品。

三、具有改善生长发育的物质

1. 牛初乳

牛初乳是指母牛产犊后 7 天内所分泌的乳汁。牛初乳所含物质丰富、全面、合理，含有多量各种生长因子，富含免疫球蛋白。因牛初乳中含有大量的各种生长因子，避免了侏儒症、骨生长异常、细胞分裂及增生异常等。此外，牛初乳还可增强免疫功能等。

2. 肌醇

肌醇是人、动物和微生物生长所必需的物质，能促进细胞生长，尤其为肝脏和骨髓细胞的生长所必需。人对肌醇的需要量为 $1\sim2g/d$。此外，肌醇还具有调节血脂、减肥、保护肝脏的作用。

3. 藻蓝蛋白

藻蓝蛋白为一种藻类。其是一种氨基酸配比较好的蛋白质，有促进生长发育，延缓衰老等作用。能抑制肝脏肿瘤细胞，提高淋巴细胞活性，促进免疫系统以抵抗各种疾病等。

4. 富锌食品

锌是促进人体生长发育的重要物质之一，对儿童的生长发育非常重要。富锌食品主要有肉类、蛋类、牡蛎、肝脏、蟹、花生、核桃、杏仁、马铃薯等。

第五节　辅助降血脂功能食品的开发

血脂是血浆中胆固醇、甘油三酯和类脂（如磷脂等）的总称，它们在血液中与不同的蛋白质结合在一起，以"脂蛋白"的形式存在。血浆脂蛋白包括血液中乳糜微粒、极低密度脂蛋白、中间密度脂蛋白、低密度脂蛋白、高密度脂蛋白和脂蛋白等。血脂异常就是指血浆中的胆固醇、甘油三酯和低密度脂蛋白胆固醇升高，但高密度脂蛋白胆固醇过低的现象，俗称高脂血症（高血脂）。

一、辅助降血脂功能食品开发的原理

1. 血脂异常的危害与病因

由于社会经济的发展，特别是人们生活水平的提高、饮食习惯的改变，血脂异常（高血脂）患者在我国的比例逐年上升，迅速壮大了"富贵病"患者的队伍，并成为了冠心病、心肌梗死、缺血性脑卒中等心脑血管疾病的重要危险因素，还可引发诸如肝功能异常或者肾脏疾病、高脂血症胰腺炎、高血压、胆结石、胰腺炎、男性性功能障碍、老年痴呆等疾病。最新研究提示，高血脂可能与癌症的发病有关。

高血脂作为脂质代谢障碍的表现，属于代谢性疾病。凡膳皆药、寓医于食，对于高脂血症，饮食是其治疗的基础，因此寻找开发辅助降血脂的功能食品有助于血脂异常的防治。

2. 血脂异常的分类

目前，国内一般以成年人空腹血清总胆固醇超过 $5.72mmol/L$、甘油三酯超过 $1.70mmol/L$，便被诊断为高脂血症。如总胆固醇在 $5.2\sim5.7mmol/L$ 者称为边缘性升高。根据血清总胆固醇、甘油三酯和高密度脂蛋白-胆固醇的测定结果，通常将高脂血症分为以下四种类型。

（1）高胆固醇血症　血清总胆固醇含量增高，超过 $5.72mmol/L$，而甘油三酯含量正常，即甘油三酯含量低于 $1.7mmol/L$。

（2）高甘油三酯血症　血清甘油三酯含量增高，超过 $1.70mmol/L$，而总胆固醇含量正常，即总胆固醇含量低于 $5.72mmol/L$。

（3）混合型高脂血症　血清总胆固醇和甘油三酯含量均增高，即总胆固醇含量超过 $5.72mmol/L$，甘油三酯含量超过 $1.70mmol/L$。

（4）低高密度脂蛋白血症　血清高密度脂蛋白-胆固醇含量降低，即低于 $9.0mmol/L$。

二、辅助降血脂功能食品开发的方法

血脂异常的主要原因在于胆固醇和甘油三酯含量的升高。血脂中的大部分胆固醇是由人体自身合成的，在人体内胆固醇主要以游离胆固醇及胆固醇酯的形式存在；而甘油三酯恰恰相反，它大部分是从饮食中获得的，只有少部分由人体自身合成。故而，在平衡膳食的基础上控制摄入的脂肪含量、限制膳食中胆固醇和甘油三酯的供给是开发降血脂功能食品的根本方法。血脂异常功能食品开发的原则如下。

① 控制保健食品总能量供给。能量摄入过多是肥胖的重要原因，而肥胖又是高血脂的重要危险因素，故应该控制总能量的供给，以保持理想体重。

② 限制脂肪和胆固醇含量。这是控制血脂正常的直接因素。

③ 提高植物性蛋白的含量，减少糖分。植物蛋白中的大豆有很好的降低血脂的作用，而碳水化合物的能量高，占总能量的 60% 左右，要限制其摄入。

④ 补充充足的膳食纤维。膳食纤维能明显降低血胆固醇，因此应多添加含膳食纤维高的成分，如燕麦、玉米、蔬菜等。

⑤ 供给充足的维生素和矿物质。维生素 E 和很多水溶性维生素以及微量元素具有改善心血管功能的作用，特别是维生素 E 和维生素 C 具有抗氧化作用，在开发功能食品时应重视。

⑥ 多开发保护性食品。如植物化学物具有心血管健康促进作用，鼓励开发富含植物（如洋葱、香菇等）化学物的植物性食物。

三、具有辅助降血脂功能的物质

1. 小麦胚芽油

基本组成：棕榈酸 11%～19%，硬脂酸 1%～6%，油酸 8%～30%，亚油酸 44%～65%，亚麻酸 4%～10%，天然维生素 E 2500mg/kg，磷脂 0.8%～2.0%。小麦胚芽油富含天然维生素 E，优于合成的维生素 E，7mg 天然维生素 E 的效用相当于合成维生素 E 200mg。小麦胚芽油得主要功能有降低胆固醇、调节血脂、预防心脑血管疾病等；在体内担负氧的补给和输送，防止体内不饱和脂肪酸的氧化，控制对身体有害过氧化脂质的产生；有助于血液循环及各种器官的运动；另具有抗衰老、健身、美容、防治不孕及预防消化道溃疡、便秘等作用。

2. 米糠油

米糠油脂肪酸组成为：14∶0，0.6%；16∶0，21.5%；18∶0，2.9%；18∶1，38.4%；18∶2，34.4%；18∶3，2.2%。另含磷脂、糖脂、植物甾醇、谷维素、天然维生素 E（91～100mg/100g）等。米糠油富含不饱和脂肪酸、天然维生素 E 和谷维素，可降低血清胆固醇、预防动脉硬化、预防冠心病。曾试验 100～200 人，每人食用 60g/d，一周后血清胆固醇下降 18%，为所有油脂中下降最多的；由 70% 米糠油加 30% 红花油组成的混合油，下降达 26%。

3. 紫苏油

淡黄色油液，略有青菜味。碘值 175～194。含 α-亚麻酸 51%～63%，属 ω-3 系列，在自然界中主要存在于鱼油（动物界）和植物界的紫苏油、白苏油中。另含天然维生素 E 50～60mg/100g。紫苏油的功能有以下几个方面：①调节血脂——能显著降低较高的血清甘油三酯，通过抑制肝内 HMC-CoA 还原酶的活性而得以抑制内源性胆固醇的合成，以降低胆固醇；并能增高有效的高密度脂蛋白。②能抑制血小板聚集能和血清素的游离能，从而抑制血栓疾病（心肌梗死塞和脑血管栓塞）的发生。③与其他植物油相比，可降低临界值血压

（约 10%），从而保护出血性脑卒中（可使雄性脑卒中的动物寿命延长 17%，雌性为 15%）。
④由于降低了高血压的危害，对非病理模型普通大鼠的寿命比对照组可高出 12%。

4. 沙棘（籽）油

主要成分为：亚油酸、γ-亚麻酸等多不饱和脂肪酸，维生素 E、植物甾醇、磷脂、黄酮等。沙棘种子含油 5%～9%，其中不饱和脂肪酸约占 90%。沙棘（籽）油的生理功能为：①调节血脂——能明显降低外源性高脂大鼠血清总胆固醇，4 周后下降 68.63%。并使血清 HDC 和肝脏脂质有所提高（$P<0.005$）。②调节免疫功能——能显著提高小鼠巨噬细胞的吞噬百分率和吞噬指数，增强巨噬细胞溶酶体酸性磷酸酶非特异性酯酶活性，有增强巨噬细胞功能作用。

5. 葡萄籽油

含棕榈酸 6.8%，花生酸 0.77%，油酸 15%，亚油酸 76%，总不饱和脂肪酸约 92%，另含维生素 E 360mg/kg，β-胡萝卜素 42.55mg/kg。在巴西可作为甜杏仁油的代替品，是很好的食用油。葡萄籽油可预防肝脂和心脂沉积，抑制主动脉斑块的形成，清除沉积的血清胆固醇，降低低密度脂蛋白胆固醇、同时提高高密度脂蛋白胆固醇含量；能防治冠心病，延长凝血时间，减少血液还原粘度和血小板聚集率，防止血栓形成，扩张血管，促进人体前列腺素的合成；另有营养脑细胞、调节植物神经等作用。

6. 深海鱼油

指常年栖息于 100m 以下海域中的一些深海大型鱼类（如鲑鱼、三文鱼），也包括一些海兽（如海豹、海狗）等的油脂，其中主要的功能成分为二十碳五烯酸和二十二碳六烯酸等多不饱和脂肪酸。深海鱼油中的二十二碳六烯酸等多烯脂肪酸与血液中胆固醇结合后，能将高比例的胆固醇带走，以降低血清胆固醇，从而起到调节血脂的作用。它还具有增强免疫调节能力的功能。

7. 玉米（胚芽）油

主要由各种脂肪酸所组成。含不饱和脂肪酸约 86%，含亚油酸 38%～65%，亚麻酸 1.2%～1.5%，油酸 25%～30%，不含胆固醇，富含维生素 E（脱臭后约含 0.08%）。玉米（胚芽）油中所含大量的不饱和脂肪酸可促进粪便中类固醇和胆酸的排泄，从而阻止体内胆固醇的合成和吸收，以避免因胆固醇沉积于动脉内壁而导致动脉粥样硬化。玉米（胚芽）油因富含维生素 E，可抑制由体内多余自由基所引起的脂质过氧化作用，从而达到软化血管的作用。另对人体细胞分裂、延缓衰老有一定作用。

8. 燕麦麦麸和燕麦-β-葡聚糖

燕麦麦麸中含有一种 β-（1，4）和部分（约 1/3）β-（1，3）糖苷键连接的（含量约 5%～10%）β-葡聚糖，是燕麦麸中特有的水溶性膳食纤维，有明显降低血清胆固醇的作用。该 β-葡聚糖是燕麦胚乳细胞壁的重要成分之一，是一种长链非淀粉的黏性多糖。

9. 大豆蛋白

大豆蛋白中 90% 以上为大豆球蛋白，含有各种必需氨基酸。大豆蛋白可降低胆固醇和甘油三酯。大豆蛋白能与肠内胆固醇类相结合，从而妨碍固醇类的再吸收，并促进肠内胆固醇排出体外。此外，大豆蛋白对胆固醇的降低作用与胆固醇的初始浓度高度相关。食用大豆蛋白后，对于胆固醇浓度正常的人，低密度脂蛋白胆固醇只降低 7.7%，而对血清胆固醇浓度严重超标的人，低密度脂蛋白胆固醇降低了 24%。因此，正常人食用大豆蛋白不会有任何顾虑，而胆固醇浓度越高，大豆蛋白的降低效果越显著。并且只要每天食用大豆蛋白 25g 左右，就足以达到降低胆固醇的作用。

10. 银杏叶提取物

主要成分为银杏黄酮类、银杏（苦）内酯、白果内酯及另含有害物质的银杏酸。具体生理功能如下：①降血脂——通过软化血管、消除血液中的脂肪，降低血清胆固醇。②改善血液循环——能增加脑部血流量及改善微循环，这主要由于它所含的银杏内酯具有抗血小板激活因子的作用，能降低血液黏稠度和红细胞聚集，从而改善血液的流变性。③消除自由基保护神经细胞——有消除羟自由基、超氧阴离子和一氧化氮、抑制脂质过氧化作用，其作用比维生素 E 更持久。

11. 绞股蓝皂苷

绞股蓝总皂苷共约有 80 余种，如人参皂苷、人参二醇等。用 3.6％绞股蓝水提取液对 42 名高血脂者试食 1 个月，其血清胆固醇和甘油三酯含量明显降低，而高密度脂蛋白胆固醇有所提高。绞股蓝皂苷还具有免疫调节作用，可提高巨噬细胞、NK 细胞等免疫细胞的活性，并增加免疫球蛋白和白细胞介素 2 的含量。

第六节　辅助降血压功能食品的开发

近年来，由于社会经济的快速发展和人们生活方式的变化，我国的心血管疾病发病率及相关危险因素均有增长的趋势。据《中国居民营养与健康状况》调查资料显示，2002 年我国成人高血压患病率为 18.8％，全国有高血压患者约 1.6 亿。目前我国高血压患病率仍在大幅度攀升，使我国成为世界上高血压危害最严重的国家之一。

一、辅助降血压功能食品开发的原理

1. 高血压的危害与病因

高血压是一种以体循环动脉血压升高为主要特点，可伴有心脏、脑和肾等器官功能性或器质性改变的全身性疾病，是当前最为常见的疾病之一。它是心脑血管疾病的罪魁祸首，具有发病率高、控制率低的特点。高血压可引发脑卒中、冠心病、肾衰竭及高血压性心脏病等重要脏器的病变，严重时常危及生命。

高血压的发病因素和发病机制十分复杂，遗传因素、神经调节、内分泌代谢、外界环境影响等多种危险因素都与高血压的发生有关。控制高血压是预防心血管病特别是脑卒中的主要措施，开发辅助降血压功能食品可使高血压患者的血压达标，以期最大限度地降低心血管患者发病和死亡的危险。

2. 高血压与血压的分级

在未使用抗高血压药物的情况下，收缩压大于等于 140mmHg，舒张压大于等于 90mmHg；既往有高血压史，目前正在使用抗高血压药物，现血压虽未达到上述水平，应诊断为高血压。血压水平分级如下。

① 正常血压：收缩压 <120（mmHg），舒张压 <80（mmHg）。

② 正常高值：收缩压 120～139（mmHg），舒张压 80～89（mmHg）。

③ 高血压：收缩压≥140（mmHg），舒张压≥90（mmHg）。

④ 1 级高血压（轻度）：收缩压 140～159（mmHg），舒张压 90～99（mmHg）。

⑤ 2 级高血压（中度）：收缩压 160～179（mmHg），舒张压 100～109（mmHg）。

⑥ 3 级高血压（重度）：收缩压≥180（mmHg），舒张压≥110（mmHg）。

⑦ 单纯收缩期高血压：收缩压≥140（mmHg），舒张压 <90（mmHg）。

二、辅助降血压功能食品开发的方法

1. 饮食与高血压

高血压是一种常见多发病，它的发生与发展受多种因素如遗传、种族、性别、饮食、环境等因素的影响。流行病学与临床营养学研究发现，饮食结构，如饮食中钠、钾、钙、镁离子及蛋白质、脂肪、纤维素、维生素的含量与对高血压的发生有重要联系，因此研究不同营养素与高血压的关系，对预防高血压的发生及高血压的辅助治疗具有非常重大的意义。

（1）钠盐与高血压　钠摄入量过多是造成高血压的主要原因。钠的过量摄入，导致体内钠潴留，而钠主要存在于细胞外，会使细胞外的渗透压增高，水分向外移动，细胞外液包括血液总量增多。血容量的增多会造成心输血量增大，血压增高。钠的摄入量与高血压、脑卒中的发生率呈正相关。此外过量的钠会使血小板功能亢进，产生凝聚现象，进而出现血栓堵塞血管。

（2）钾、钙、镁与高血压

① 钾与高血压。钾浓度稍高会使血管紧张素的受体减少，使血管不易收缩，从而使血压降低。同时，钾与钠有密切的关系。尽管钠的摄入量是决定血压的最重要因素，但膳食中的钠/钾比例变化在一定情况下也可影响血压。在限制钠盐的时候，如果发生血中钾浓度过低，要及时补充钾盐。限制钠盐补充钾盐比单独限制降低血压的效果要好，很多低钠盐中含有钾盐的成分。

② 钙与高血压。现代医学研究发现，钙水平的高低与高血压有一定的关系。临床治疗发现原发性高血压并伴有骨质疏松患者，在服用钙剂和维生素 D 后血压稳定。不少人减少了降压药的剂量，早期轻度高血压患者甚至可以停用降压药。钙有广泛的生理功能，从流行病学和某些试验研究发现高血压可由缺钙引起。

③ 镁与高血压。镁具有调节血压的作用，对我国不同居住区的饮水进行镁含量的测定发现，水中镁的含量与高血压、动脉硬化性心脏病呈负相关。有报道称，加镁能降压，而缺镁时降压药的效果降低。脑血管对低镁的痉挛反应最敏感，中风可能与血清、脑、脑脊液低镁有关。镁保证钾进入细胞内并阻止钙、钠的进入。由此可见，钠、钾、钙和镁对心血管系统的作用是相互联系的。

（3）蛋白质、脂肪、维生素、膳食纤维与高血压

① 蛋白质与高血压。适量摄入蛋白质。以往强调低蛋白饮食，但目前认为，除患有慢性肾功能不全者外，一般不必严格限制蛋白质的摄入量。高血压病人每日蛋白质摄入的量为每千克体重 1g 为宜，例如：体重为 60kg 的人，每日应吃 60g 蛋白质。其中植物蛋白应占 50%，最好用大豆蛋白，大豆蛋白虽无降压作用，但能防止脑卒中的发生，可能与大豆蛋白中氨基酸的组成有关。每周还应吃 2～3 次鱼类蛋白质，可改善血管弹性和通透性，增加尿、钠排出，从而降低血压。此外，平时还应该常食用含酪氨酸丰富的物质，如脱脂奶、酸牛奶、奶豆腐、海鱼等。

② 脂肪与高血压。膳食中脂肪，特别是动物性高饱和脂肪摄入过多，会导致机体能量过剩，使身体发胖、血脂增高、血液的黏滞系数增大、外周血管的阻力增大，从而造成血压的升高。不饱和脂肪酸能使胆固醇氧化，从而降低血浆胆固醇，还可延长血小板的凝聚，抑制血栓形成，预防脑卒中。动物试验表明，高血压患者其血清亚油酸水平，在进食植物性食物多的人群中明显高于进食大量动物性食物的人群，说明动物性食物的升压机制可能与亚油酸相对缺乏有关。

③ 维生素与高血压。维生素 C 可以改善血管的弹性，可抵抗外周阻力，有一定的降压作用；并可延缓因高血压造成的血管硬化的发生，预防血管破裂出血的发生。维生素 E 的抗氧化作用可以稳定细胞膜的结构，抑制血小板的聚集，有利于预防高血压的并发症动脉粥样硬化的发生。B 族维生素对于改善脂质代谢、保护血管结构和功能有益。

（4）膳食纤维与高血压　膳食纤维是来自于植物的一类复杂化合物，具有多种生理功能，其中主要是影响胆固醇的代谢，因为肠内的膳食纤维可以抑制胆固醇的吸收。研究发现，血清胆固醇每下降 1%，可减少心血管疾病发生的危险率达 2%。动物试验表明，谷物的秸秆（如麦秆）能降低家兔的动脉粥样硬化，果胶能防止鸡的动脉粥样硬化。而动脉粥样硬化程度与冠心病密切相关。

此外，一些微量元素与血压的高低也有着密切的联系。某些酶的组成和神经传递过程都离不开微量元素的参与，对血压的调节也不例外。例如，硒能降低血压，镉能使血压升高，增加主动脉壁的脂质沉淀，铜缺乏可引起血管内壁的损伤，造成血中总胆固醇的升高。

2. 高血压饮食防治原则

① 饮食宜清淡。提倡素食为主，饮食应清淡，宜高维生素、高纤维素、高钙、低脂肪、低胆固醇饮食。

② 降低食盐量。摄入钠盐过多是高血压的"致病因素"。

③ 戒烟、戒酒。嗜烟、酒可增加高血压并发心、脑血管病的概率，酒还能降低病人对抗高血压药物的反应性。

④ 饮食有节。做到一日三餐饮食定时定量，不可过饥过饱，不暴饮暴食。

⑤ 科学饮水。硬水中含有较多的钙、镁离子，它们是参与血管平滑肌细胞舒缩功能的重要调节物质，如果缺乏，易使血管发生痉挛，最终导致血压升高。

三、具有辅助降血压功能的物质

1. 大豆低聚肽

大豆低聚肽主要由 2～10 个氨基酸组成的短链多肽和少量游离氨基酸组成。呈白色至微黄色，粉末状，无豆腥味，无蛋白变性，遇酸不沉淀，遇热不凝固，易溶于水。大豆低聚肽可降低血压。抑制血管紧张素转换酶（ACE）的活性，可防止血管末梢收缩，从而达到降低血压的作用。

制取时，由大豆粕或大豆分离蛋白经蛋白酶酶解后经膜分离，以除去大分子肽和未水解的蛋白质后精制干燥而成。一般得率为 30%（豆粕原料）～40%（分离蛋白为原料）。

2. 杜仲叶提取物

其主要成分为丁香树脂双苷和杜仲酸苷等。可降低血压。

将采摘的杜仲叶置于 100℃热水中加热 10min，取出后经干燥备用，或直接切碎后用含水乙醇提取，提取液经过滤、真空浓缩、冷冻干燥至含水量 10%～15%。

3. 芸香苷（提取物）〔芦丁（提取物）〕

其主要成分为一种配糖体。糖苷配基为栎精（槲皮素），糖为鼠李糖和葡萄糖。外观呈黄色小针状晶体，或淡黄至黄绿色结晶性粉末。有特殊香气。遇光颜色转深，有苦味。熔点 177～178℃。易溶于热乙醇和热丙二醇，微溶于乙醇，难溶于水，可溶于碱性水溶液。有辅助降低血压作用。

制取时可将原料用水或热乙醇浸提而得浸提物，浓缩后用溶剂将其他可溶性等不纯物除去，再经乙醇、乙醚、热甲醇和热水多次结晶和活性炭精制而得高纯度物。

第七节　辅助降血糖功能食品的开发

一、辅助降血糖功能食品开发的原理

1. 糖尿病的危害与病因

糖尿病是由于人体内胰岛素不足而引起的以糖、脂肪、蛋白质代谢紊乱为特征的常见慢性病。它严重危害着人类的健康，据统计，世界上糖尿病的发病率为 3%～5%，50 岁以下的人均发病率为 10%。在美国，每年死于糖尿病并发症的人数超过 16 万。我国随着经济的发展和人们饮食结构的改变以及人口老龄化，糖尿病患者迅速增加，已成为糖尿病发病的"重灾区"，目前有糖尿病患者 3000 万，是全球糖尿病患者人数最多的国家之一。

糖尿病会引起并发症。研究表明，患糖尿病 20 年以上的病人中有 95% 出现视网膜病变，糖尿病人患心脏病的可能性较正常人高 2～4 倍，患中风的危险性高 5 倍，一半以上的老年糖尿病患者死于心血管疾病。除此之外，糖尿病患者还可能患肾病、神经病变、消化道疾病等。由于糖尿病并发症可以累及各个系统，因此给糖尿病患者精神及肉体上都带来了很大的痛苦，而避免和控制糖尿病并发症的最好办法就是控制血糖水平。目前临床上常用的口服降血糖药都有副作用，均可引起消化系统的不良反应，有些还引起麻疹、贫血、白细胞和血小板减少症。因此寻找开发具有降糖作用的功能食品，以配合药物治疗，在有效控制血糖和糖尿病并发症的同时降低药物副作用已引起人们的关注。

2. 糖尿病的分类

血糖是指血中所含的葡萄糖，正常人空腹血浆葡萄糖的水平为 3.9～6.1mmol/L，全血葡萄糖水平为 3.6～5.3mmol/L；餐后 0.5～1h 血糖最高，餐后 2h 不超过 7.8mmol/L。

1999 年 WHO 推荐的糖尿病诊断标准：①有糖尿病的症状，任何时间的静脉血浆葡萄糖浓度 ≥11.1mmol/L（200mg/dL）。②空腹静脉血浆葡萄糖浓度 ≥7.0mmol/L（126mg/dL）。③糖耐量试验（OGTT）口服 75g 葡萄糖后 2h 静脉血浆葡萄糖浓度 ≥11.1mmol/L。以上三项标准中，只要有一项达到标准，并在随后的一天再选择上述三项中的任一项重复检查也符合标准者，即可确诊为糖尿病。

1999 年 WHO 推荐的糖尿病分类如下所述。

（1）Ⅰ型糖尿病（胰岛 β 细胞破坏，通常导致胰岛素绝对缺乏）　起病急、血糖高、病情起伏波动大且不易控制，起病时多为 20 岁以下的青少年和儿童，常须终身用胰岛素治疗。

（2）Ⅱ型糖尿病（胰岛素抵抗为主伴有或不伴有胰岛素缺乏，或胰岛素分泌不足为主伴有或不伴有胰岛素抵抗）　多发生于成年人，病情一般较缓和，有的患者仅在体检中发现。治疗以运动和饮食控制为主，或加用口服降糖药，一般不需要用胰岛素治疗。

（3）其他特殊类型糖尿病　主要包括胰岛 β 细胞功能遗传缺陷、胰岛素作用遗传缺陷、胰腺外分泌疾病、药物或化学制剂所致以及内分泌疾病、感染、免疫介导的罕见类型和其他遗传综合征伴随糖尿病。

（4）妊娠糖尿病　常见的有Ⅰ型和Ⅱ型糖尿病。

二、辅助降血糖功能食品开发的方法

糖尿病患者体内碳水化合物、脂肪和蛋白质均出现不同程度的紊乱，并由此引起一系列并发症。开发功能食品的目的在于保护胰岛功能，改善血糖、尿糖和血脂值，使之达到或接近正常值，同时控制糖尿病的病情，延缓和防止并发症的发生与发展。

糖尿病患者的营养结构特点如下所述。

① 总能量控制在仅能维持标准体重的水平。

② 有一定数量的优质蛋白质与碳水化合物。

③ 低脂肪。

④ 高纤维。

⑤ 杜绝能引起血糖波动的低分子糖类（包括蔗糖与葡萄糖等）。

⑥ 足够的维生素、微量元素与活性物质。

可依据这些基本原则，设计糖尿病人专用的功能食品。在开发糖尿病专用功能食品时，有关能量、碳水化合物、蛋白质、脂肪等营养素的搭配原则如下。

① 能量以维持正常体重为宜。

② 碳水化合物占总能量的 $55\%\sim60\%$。

③ 蛋白质与正常人一样按 $0.8g/kg$ 体重供给，老年人适当增加。减少蛋白质摄入量，可能会延缓糖尿病、肾病的发生与发展。

④ 脂肪占总能量的 30% 或低于 30%。减少饱和脂肪酸，增加不饱和脂肪酸，以减少心血管并发症的发生。

⑤ 胆固醇控制在 $300mg/d$ 以内，以减少心血管病并发症的发生。

⑥ 钠不超过 $3g/d$，以防止高血压。

三、具有调节血糖功能的物质

1. 麦芽糖醇

麦芽糖醇是由一分子葡萄糖和一分子山梨糖醇结合而成的二糖醇。麦芽糖醇（氢化麦芽糖醇）分子式为 $C_{12}H_{24}O_{11}$，相对分子质量为 344.31。纯品为白色结晶性粉末，熔点为 $146.5\sim147℃$。因吸湿性很强，故一般商品为含有 70% 麦芽糖醇的水溶液。

麦芽糖醇进食后不升高血糖，不刺激胰岛素分泌，因此对糖尿病患者不会引起副作用，也不被胰液分解。与脂肪同食时，可抑制人体脂肪的过度贮存。麦芽糖醇不能被龋齿的变异链球菌所利用，故不会产酸。作为低热量的糖类甜味剂，适用于糖尿病、心血管病、动脉硬化、高血压和肥胖症患者。因属非发酵性糖，可作为防龋齿甜味剂。也可作为蜜饯等的保香剂、黏稠剂、保湿剂等。

2. 木糖醇

木糖醇分子式为 $C_5H_{12}O_5$，相对分子质量为 152.15。天然品存在于香蕉、胡萝卜、杨梅、洋葱、莴苣、花椰菜、桦树的叶和浆果及蘑菇等中。

对 $34\sim63$ 岁有糖尿病史的全休与半休病人，给予 $50\sim70g/d$ 木糖醇，经 $3\sim12$ 个月，均能恢复正常工作，精力很好，72% 的病人血糖值下降，低于单纯服用降糖药者。口渴和饥饿感基本消失，尿量减少，有的达到正常，体重有不同程度的增加。由于糖尿病人对饮食（尤其是含淀粉和糖类的食品）需进行控制，因此能量供应常感不足，引起体质虚弱，易引起各种并发症。食用木糖醇能克服这些缺点。木糖醇有蔗糖一样的热值和甜度，但在人体内的代谢途径不同于一般糖类，不需要胰岛素的促进，而能透过细胞膜，成为组织的营养成分，并能使肝脏中的糖原增加。因此，对糖尿病人来说，食用木糖醇不会增加血糖值，并能消除饥饿感、恢复能量和增强体力。

木糖醇本身不能被可致龋齿的细菌所利用，也不能被酵母、唾液所利用，可使口腔保持中性，防止牙齿被酸所侵蚀。木糖醇在动物肠道内滞留时具有缓慢吸收作用，可促进肠道内有益菌的增殖，每天食用 15g 左右，可达到调节肠胃功能和促进双歧杆菌增殖的作用。

3. 山梨糖醇

山梨糖醇分子式为 $C_6H_{14}O_6$，相对分子质量为 182.17。天然品存在于植物界，尤其是存在于海藻（红藻含 13.6%）、苹果、梨、葡萄等水果中，也存在于哺乳动物的神经、眼的水晶体等中。

经试验，在早餐中加入山梨糖醇 35g，餐后血糖值正常人为 0.52mmol/L，Ⅱ型糖尿病人为 1.79mmol/L。而食用蔗糖的血糖对照值正常人为 2.44mmol/L，Ⅱ型糖尿病人为 4.33mmol/L。可见山梨糖醇缓和了餐后血糖值的波动。食用山梨糖醇后，既不会导致龋齿变形菌的增殖，也不会降低口腔 pH 值（pH 值低于 5.5 时可形成牙菌斑）。

4. 蜂胶

蜂胶是蜜蜂从植物叶芽、树皮内采集所得的树胶混入工蜂分泌物和蜂蜡而成的混合物，具有广谱抑菌、抗病毒作用。我国每年饲养蜂群约 700 万群，一个 5 万～6 万只蜜蜂的蜂群一年约能生产蜂胶 100～500g。由于原胶（即从蜂箱中直接取出的蜂胶）中含有杂质而且重金属含量较高，不能直接食用，必须经过提纯、去杂、去除重金属（如铅等）之后才可用于加工生产各种蜂胶制品。此外，蜂胶的来源和加工方法对于蜂胶的质量影响很大。

蜂胶中主要功效成分有黄酮类化合物，包括白杨黄素、山奈黄素、高良姜精等。蜂胶呈红褐至绿褐色粉末，或褐色树脂状固体，有香味。加热时有蜡质析出。可分散于水中，但难溶于水，溶于乙醇。

蜂胶具有调节血糖的功能。能显著降低血糖，减少胰岛素用量，能较快使血糖恢复正常值，可消除口渴、饥饿等症状，并能防治由糖尿病引起的并发症，据测试，总有效率约为40%。蜂胶本身是一种广谱抗生素，具有杀菌消炎的功效。糖尿病患者血糖含量高、免疫力低下，容易并发炎症，蜂胶可有效控制感染，使患者病情逐步得到改善。

蜂胶降血糖、防治并发症的机理可能有以下几点。

① 蜂胶中的黄酮类、萜烯类物质具有促进外源性葡萄糖合成肝糖原和双向调节血糖的作用，从而可降低血糖。而且这种调节是双向的，不会降低正常人的血糖含量。

② 蜂胶不仅可以抗菌消炎，还能活化细胞，促进组织再生。因此可以使发生病变、丧失分泌功能的胰岛素细胞恢复功能，从而降低血糖含量。

③ 黄酮类化合物可以降低血脂，改善血液循环，因而可防治血管并发症。

④ 蜂胶中黄酮类、糖苷类能增强三磷酸腺苷（ATP）酶的活性。ATP 是机体能量的源泉，能使酶活性增加，ATP 含量增加，促进体力恢复。

⑤ 所含钙、镁、钾、磷、锌、铬等元素，对激活胰岛素、改善糖耐量、调节胰腺细胞功能等都有一定意义。

蜂胶本身无毒，但在蜂胶原料的制备过程中，容易被污染。其中的重金属含量较高，铅含量可达 200～400mg/kg，而规定铅含量不得超过 1mg/kg，因此粗蜂胶不能食用，而需精制后方能食用。婴儿及孕妇不宜食用蜂胶。

5. 南瓜

南瓜品种较多，瓜形不一，有长圆、扁圆、圆形和瓢形等，表面光滑或有突起和纵沟，呈赤褐或赭色，肉厚，呈黄白色。20 世纪 70 年代日本即用南瓜粉治疗糖尿病，但至今对南瓜降糖的作用机理并不明确，有的认为主要是南瓜戊糖；有的认为主要是果胶和铬，因为果胶可延缓肠道对糖和脂类的吸收，缺铬则使糖耐量因子无法合成而导致血糖难以控制。

6. 铬

铬是葡萄糖耐量因子的组成部分，缺乏后可导致葡萄糖耐量降低。所谓"葡萄糖耐量"是指摄入葡萄糖（或能分解成葡萄糖的物质）使血糖上升，经血带走后使血糖迅速恢复正常。其主要作用是协助胰岛素发挥作用。缺乏后可使葡萄糖不能充分利用，从而导致血糖升高，有可能导致Ⅱ型糖尿病的发生。

7. 三氯化铬

三氯化铬为紫色单斜结晶，相对密度为 2.78，熔点为 820℃，沸点为 1300℃，易溶于水。能与烟酸化合成烟酸铬而具有与葡萄糖耐量因子相似的作用，从而起到提高胰岛素敏感性、改善葡萄糖耐量的作用。

8. 番石榴叶提取物

在日本、中国台湾和东南亚亚热带地区，民间将番石榴的叶子用作糖尿病和腹泻药已有很长时间。番石榴叶提取物的主要成分是多酚类物质，其中以窄单宁、异单宁和柄单宁为主要有效成分，还含有皂苷、黄酮类化合物、植物甾醇和若干精油成分。将番石榴叶的 50% 乙醇提取物按 200mg/kg 的量经口给予患有Ⅱ型糖尿病的大鼠，血糖值有类似于给予胰岛素后的下降，显示具有类似胰岛素的作用。

第八节　改善营养性贫血功能食品的开发

贫血是指全身循环血液中红细胞的总容量、血红蛋白和红细胞压缩容积减少至同地区、同年龄、同性别的标准值以下而导致的一种症状。而营养性贫血是指由于某些营养素摄入不足而引起的贫血，它包括缺乏造血物质铁引起的小细胞低色素性贫血和缺乏维生素 B_{12} 或叶酸引起的大细胞正色素性贫血。缺铁性贫血是营养性贫血最常见的一种。贫血对人体健康危害很大，而对生长发育较快的胎儿、婴幼儿和少年儿童危害更大。患贫血后，婴幼儿会出现食欲减退、烦躁、爱哭闹、体重不增、发育延迟、智商下降等，学龄儿童则出现注意力不集中、记忆力下降、学习能力下降等现象。

一、饮食与贫血

在物质丰富的今天，为什么还存在贫血这样严重的营养问题呢？专家认为，这主要是由于我国膳食是以植物性膳食为主，人体铁摄入量 85% 以上来自植物性食物，而植物性食物中的铁在人体的实际吸收率很低，通常低于 5%。同时植物性食物中还有铁吸收的抑制因子，如植酸、多酚等物质，可以强烈抑制铁的生物吸收和利用。这可能是我国贫血高发的主要原因。另外，营养知识的贫乏，不能正确选择富铁及促进铁吸收利用的食物，也是导致铁营养缺乏的重要原因。

1. 牛奶引起的婴幼儿贫血

以牛奶喂养的婴幼儿如果忽视添加辅食，常会引起缺铁性贫血和巨幼细胞性贫血，即"牛奶性贫血"。其原因是牛奶中铁含量距婴儿每天需要量相差甚大。同时，牛奶中铁的吸收率只有 10%，因为铁的吸收和利用有赖于维生素 C 的参与，而牛奶中维生素 C 的含量却极少。因此，在由于母乳缺乏需要牛奶喂养时，要及时添加辅食，多吃五谷杂粮、新鲜蔬菜、肉蛋等副食品。

2. 饮茶引起的贫血

科学研究证明，茶中含有大量的鞣酸，鞣酸在胃内与未消化的食物蛋白质结合形成鞣酸盐，进入小肠被消化后，鞣酸又被释放出来与铁形成不易被吸收的鞣酸铁盐，妨碍了铁在肠道内的吸收，形成缺铁性贫血。因此，嗜茶成瘾的人应适当减少饮茶量，防止发生缺铁性贫血。

3. 食黄豆过多引起的贫血

食黄豆及其制品过多，会引起缺铁性贫血。这是因为黄豆的蛋白质能抑制人体对铁元素的吸收。有关研究结果表明，过量的黄豆蛋白可使正常铁吸收量的90%被抑制。所以，专家们指出，摄食黄豆及其制品应适量，不宜过多。

除饮食外，运动也极易造成贫血。这主要见于长期从事体育运动的人，其原因一是由于剧烈运动使体内代谢产物——乳酸大量生成，引起体内 pH 下降，从而加速了红细胞的破坏和血红蛋白的分解；二是由于运动中大量出汗，使造血原料铁的成分大量丢失；三是运动的机械作用，使机体某些部分受到压迫，产生血尿。如发生了运动性贫血，要及时减少运动量或暂停运动，并给予铁剂治疗。

二、改善营养性贫血功能食品开发的原理和方法

改善营养性贫血功能食品的开发是通过调整膳食中蛋白质、铁、维生素 C、叶酸、维生素 B_{12} 等与造血有关的营养素的供给量，辅助药物治疗，防止贫血复发。

1. 缺铁性贫血功能食品的开发

缺铁性贫血是贫血中常见的类型，血液中血红蛋白和红细胞减少，常称之为小细胞低色素性贫血。各年龄组均可发生，尤其多见于婴幼儿、青春发育期少女和孕妇。

饮食治疗原则与要求是在平衡膳食中增加铁、蛋白质和维生素 C 的摄入量。

（1）增加铁的供给量　主要是存在于动物性食物中的血红素铁，如畜、禽、水产类的肌肉、内脏中所含的铁。

（2）增加蛋白质的供给量　蛋白质是合成血红蛋白的原料，而且氨基酸和多肽可与非血红素铁结合，形成可溶性、易吸收的配位化合物，促进非血红素铁的吸收。

（3）增加维生素 C 的供给量　维生素 C 可将三价铁还原为二价铁，促进非血红素铁的吸收。新鲜水果和蔬菜是维生素 C 的良好来源。

（4）减少抑制铁吸收的因素　鞣酸、草酸、植酸、磷酸等均有抑制非血红素铁吸收的作用。浓茶中含有鞣酸，菠菜、茭白中草酸含量较多。

（5）合理安排饮食内容和餐次　每餐荤素搭配，使含血红素铁的食物和非血红素铁的食物同时食用。而且要在餐后食用富含维生素 C 的食物。

2. 巨幼红细胞性贫血功能食品的开发

巨幼红细胞性贫血又称营养性大细胞性贫血，常见于幼儿期，也见于妊娠期和哺乳期妇女。其主要是由于缺乏维生素 B_{12} 和叶酸所引起。注射维生素 B_{12} 和口服叶酸是治疗巨幼红细胞性贫血的主要措施，饮食治疗仅为辅助手段。肝、肾、肉、豆类发酵制品是维生素 B_{12} 的主要食物来源。肝、肾、绿色蔬菜是叶酸的主要来源。

三、具有改善营养性贫血功能的物质

1. 乳酸亚铁

乳酸亚铁为绿白色结晶性粉末或结晶，稍有异臭，略有甜的金属味。乳酸亚铁受潮或其水溶液氧化后变为含正铁盐的黄褐色。光照可促进其氧化。铁离子反应后易着色，溶于水，形成绿色的透明液体，呈酸性，几乎不溶于乙醇。铁含量以19.39%计。

乳酸亚铁可由乳酸钙或乳酸钠溶液与硫酸亚铁或氯化亚铁反应而得，或在乳酸溶液中添加蔗糖及精制铁粉，直接反应后结晶而得。

2. 血红素铁

血液经分离除去血清，得血细胞部分（血红蛋白），再经蛋白酶酶解除去血球蛋白后所得含卟啉铁的铁蛋白。血红蛋白是一种相对分子质量约 65000 的含铁蛋白，每一分子铁蛋白结合有 4 个分子的血红素，含铁量约 0.25％，经酶解并除去血球蛋白后的血红素铁，含铁量可达 1.0％～2.5％，血红素铁对缺铁性患者有良好的补充、吸收作用，其优点主要如下。

① 血红素铁不会受草酸、植酸、单宁酸、碳酸、磷酸等影响，而其他铁都受到吸收的阻碍。

② 非血红素铁只有与肠黏膜细胞结合后才能被吸收，其吸收率一般为 5％～8％。而血红素铁可直接被肠黏膜细胞所吸收，吸收率高，一般为 15％～25％。

③ 非血红素铁有恶心、胸闷、腹泻等副作用，而血红素铁无此现象。

④ 毒性低。

3．硫酸亚铁

在各种含铁的营养增补剂中，一般均以硫酸亚铁作为生物利用率的标准，即以硫酸亚铁的相对生物效价为 100 作为各种铁盐的比较标准。

4．葡萄糖亚铁

葡萄糖亚铁可由还原铁中和葡萄糖而成，或由葡萄糖酸钡或钙的热溶液与硫酸亚铁反应而得，也可由刚制备的碳酸亚铁与葡萄糖酸在水溶液中加热而得。

四、具有改善营养性贫血功效的典型配料

具有改善营养性贫血功效的典型配料汇总如表 6-1、表 6-2 所示。

表 6-1　具有改善营养性贫血功效的典型配料

典型配料	生 理 功 效
乳铁蛋白	促进铁的吸收,改善营养性贫血,抗菌,抗病毒,含铁 150～250mg/kg
乳酸亚铁	改善营养性贫血,含铁 19.39％
卟啉铁	改善营养性贫血
葡萄糖酸亚铁	改善营养性贫血
乙二胺四乙酸铁钠	改善营养性贫血,含铁 12.5％～13.5％
氰钴胺素	改善营养性贫血
荨麻提取物	预防贫血,治疗经血流量过多,治疗阴道真菌感染
叶酸	改善营养性贫血,预防婴儿神经管发育畸形

表 6-2　特效补血锭的典型配方

核心配方	剂　量	核心配方	剂　量
乳铁蛋白	500mg	维生素 B_2	10mg
卟啉铁	20mg	维生素 B_6	10mg
维生素 C	100mg	叶酸	150μg
维生素 B_1	10mg	氰钴胺素	25μg

注：本产品推荐服用人群为营养性贫血患者、素食者、运动员、孕妇，以及经常饮用咖啡或可乐者。

第九节　缓解视疲劳功能食品的开发

一、缓解视疲劳功能食品开发的原理

眼睛是人类最宝贵的感觉器官，是获得信息的重要窗口，人们所获得的信息 75％～90％是依靠视觉系统获得的。随着现代学习、工作、生活节奏加快，电视、电子计算机的普及应用，人类使用视力的时间不断延长，而视物的距离相对缩短以及受自然生态环境日益恶化的影响，视疲劳已成为目前眼科常见的临床症候之一。由于视疲劳给患者的工作、学习及生活带来诸多不便，直接影响了学习、工作效率和生活质量，如何预防、治疗和调养视疲劳，已成为眼科界和现代人共同关注的课题，因此开发改善视力的功能食品相当重要。

1. 视疲劳的原因

中医认为眼之所以能视万物、辨五色，必须依赖五脏六腑之精气上行灌注，心主血，肝藏血，心血充足，肝血畅旺，肝气条达时，肾脏所藏五脏六腑之精气，就能借助脾肺之气的转输和运化，循经络上注于眼，在心神的支使下，发挥正常的生理功能。若脏腑功能失调，精气不能充足流畅地上注于目，就会引起视功能障碍。西医认为视疲劳的发生与眼肌的使用不当或过度紧张有关，脾主肌肉，故视疲劳也与脾关系密切。

2. 视疲劳的症状

① 看书时间长，肌肉长时间处于紧张状态，就会出现字迹重叠串行，抬头看面前的物体，有若即若离、浮动不稳的感觉。

② 在发生视疲劳的同时，许多人还伴有眼睛灼热、发痒、干涩、胀痛，重者甚至引起偏头疼，还可引起颈项、肩背部的酸痛，心烦欲呕，经休息后，症状缓解。

③ 注意力不集中，反应有些迟钝、脾气变得急躁。

④ 晚上睡眠时多梦、多汗、身体容易倦怠，且有眩晕和食欲不振等现象。

二、缓解视疲劳功能食品开发的方法

1. 添加具有缓解视疲劳功能的营养素

（1）维生素 A 维生素 A 与正常视觉关系密切。如果维生素 A 不足，则视紫红质的再生变慢而不完全，暗适应时间延长，严重时造成夜盲症。如果膳食中维生素 A 继续缺乏或不足将会出现干眼病，此病进一步发展则可导致角膜软化及角膜溃疡，还可出现角膜皱褶等。维生素 A 最好的食物来源是各种动物肝脏、鱼肝油、鱼卵、禽蛋等，蔬菜中的胡萝卜、菠菜、苋菜、苜蓿、红心甜薯、南瓜、青辣椒以及水果中的橘子、杏子、柿子等所含的维生素 A 原也能在体内转化为维生素 A。

（2）维生素 C 维生素 C 是组成眼球水晶体的成分之一，维生素 C 可减弱光线与氧气对眼睛晶状体的损害，从而延缓白内障的发生。富含维生素 C 的食物有柿子椒、番茄、柠檬、猕猴桃、山楂等新鲜蔬菜和水果。

（3）钙 钙是眼部组织的"保护器"。钙与眼球的形成有关，可促进眼球的发育。缺钙不仅会影响骨骼发育，而且会使眼睛的巩膜弹性减退，晶状体内压上升，眼球的前后径拉长，睫状肌也会发生细微的变化。长期缺钙会引起眼部肌肉麻痹，所以钙充足可以起到缓解眼部肌肉疲劳和紧张的作用。

我国成人钙的供给量为 800mg/d，青少年的供给量应为 1000～1500mg/d。含钙多的食物主要有奶类、贝壳类（虾）、骨粉、豆及豆制品、蛋黄以及深绿色蔬菜等。

（4）铬 缺铬易发生近视，铬能激活胰岛素，使胰岛发挥最大生物效应，如人体铬含量不足，就会使胰岛素功能发生障碍，血浆渗透压增高，致使眼球晶状体、房水的渗透压和屈光度增大，从而诱发近视。人体每日对铬的生理需求量为 0.05～0.2mg。铬多存在于糙米、麦麸之中，动物的肝脏、葡萄汁、果仁中含量也较为丰富。

（5）锌 锌缺乏可导致视力障碍，锌在体内主要分布于骨骼和血液中。眼角膜表皮、虹膜、视网膜及晶状体内也含有锌，锌在眼内参与维生素 A 的代谢与运输，维持视网膜色素上皮的正常组织状态，维持正常视力功能。含锌较多的食物有牡蛎、肉类、肝、蛋类、花生、小麦、豆类、杂粮等。

2. 制取具有缓解视疲劳功能的活性成分

（1）叶黄素　叶黄素又名"植物黄体素"、"叶黄体"，是广泛存在于花卉、水果蔬菜、藻类中的天然色素。叶黄素为橙黄色粉末、浆状或深黄棕色液体，有弱的似干草气味。有吸湿性，不溶于水，溶于乙醇、丙酮、油脂、己烷等。对光辐射、高温、酸、碱、金属离子、游离卤素等不稳定，极易氧化。其生理功能简述如下。

a. 叶黄素是眼睛中黄斑的主要成分，故可预防视网膜黄斑的老化，对视网膜黄复病有预防作用，以缓解老年性视力衰退等。

b. 预防肌肉退化症（ARMD）所导致的盲眼病。由于衰老而发生的肌肉退化症可使65岁以上的老年人引发不能恢复的盲眼病。据美国眼健康保护组织估计，现在美国大约有1300万人存在肌肉退化症状，有120万人因此而导致视觉损伤。预计到2050年，美国65岁以上的人数将达到现今的2倍。因此，这将成为重要的公共卫生问题。叶黄素在预防肌肉退化症方面效果良好，由于叶黄素在人体内不能产生，因此必须从食物中摄取或额外补充，尤其是老年人必须经常选用含叶黄素丰富的食物。为此美国于1996年建议60～65岁的人每天需补充叶黄素6mg。

c. 眼睛中的叶黄素对紫外线有过滤作用，可防止由日光、电脑等所发射的紫外线对视力的伤害。

d. 叶黄素对白内障有明显的治疗或预防作用。许多研究发现，叶黄素与人类晶状体的清晰程度有关。大量摄入含类胡萝卜素的食品能减少白内障的发生。叶黄素的摄入量和血液中叶黄素的含量与白内障的发病率呈负相关。如果摄入足够量的叶黄素和玉米黄质，女性患白内障的风险可降低22%、男性可降低19%。

叶黄素广泛存在于自然界的蔬菜（如甘蓝等）和水果（如桃子、芒果、木瓜等）中。目前叶黄素的提取原料主要为万寿菊。一方面由于原料来源广，万寿菊种子多，成苗容易，加上激素控制技术，可人工控制万寿菊开花时间，使万寿菊的花期不受季节的影响；另一方面因为万寿菊干花瓣中类胡萝卜素含量高达1.6%，其中89.6%为叶黄素酯，其他类胡萝卜色素含量非常低，是提取叶黄素的理想材料。工艺流程如下。

万寿菊花→发酵→干燥→萃取和皂化→负压蒸发分离→洗涤→提纯→叶黄素

（2）花色苷　花色苷是广泛存在于水果、蔬菜中的一种天然色素，其中对保护视力功能最好的欧洲越橘和国产越橘浆果中的花色苷类已知有15种。花色苷一般为红色至深红色膏状或粉末，有特殊香味。溶于水和酸性乙醇，不溶于无水乙醇、氯仿和丙酮。水溶液透明无沉淀。溶液色泽随pH的变化而变化。在酸性条件下呈红色，在碱性条件下呈橙黄色至紫青色。易与铜、铁等离子结合而变色，遇蛋白质也会变色。对光敏感，耐热性较好。

花色苷可保护毛细血管，促进视红细胞再生，增强对黑暗的适应能力。据法国空军临床试验，能改善夜间视觉，减轻视觉疲劳，提高低亮度的适应能力。欧洲自1965年起即将其用作眼睛保健用品。给兔子静脉注射后，在黑暗下适应初期可促进视紫质的再合成，在适应末期视网膜中视紫质含量也比对照者高很多。给眼睛疲劳患者每天经口摄入250mg，能明显改善眼睛疲劳。

第十节　其他常见功能食品的开发

一、改善睡眠的功能食品的开发

睡眠障碍轻者如夜间数度觉醒，重者则彻夜失眠。迄今，消除睡眠障碍最常用的方法是服用安眠药——苯二氮类（简称 BZS）。它们都具有较好的催眠效果，在临床上发挥了巨大作用。但 BZS 生物半衰期长，其药物浓度易残留到第二天，影响第二天的精力。长期服用 BZS 会产生耐受性和成瘾性。久服骤停后可能出现反跳性失眠和戒断效应，形成恶性循环。因此寻求具有与 BZS 一样有效且安全可靠的改善睡眠的保健食品成为保健食品的一个发展方向。

1. 具有改善睡眠功能的物质

有关改善睡眠的物质的研究可追溯到很久以前。1906 年巴黎大学的 R. Legendre 和 H. Pieron 发表睡眠过程中分解毒素的论述，1930 年左右发现神经末梢激素，因而推断有诱发睡眠的激素存在。1977 年瑞士的 M. Monnier 发现睡眠的诱发物质，一种由脑组织分泌的激素。在随后的 10 年间，发现了 δ-睡眠诱导肽（delta-sleep inducing peptid，DSIP）。1984 年美国哈佛大学的 J. R. Pappenheimet 在人尿中发现睡眠诱导物质胞壁质肽，这种物质由哺乳动物的脑部产生，它一方面有发热性，同时具有增强免疫能力的作用，因而提出睡眠是一种免疫过程的学说，即随着免疫能力的增加，身体发热并开始深眠，白细胞壁则分解出胞壁质肽以供利用。1983 年从夜间睡眠的老鼠脑干提取物中发现尿嘧啶苷（uridine）及其他 4 种有效成分。自 1980 年起先后提出的与睡眠有关的物质有前列腺 D_2、与发热-免疫有关的干扰素；促肾上腺皮质激素（ACTH）、胰岛素、精氨酸血管扩张素、催乳激素（prolactin）、生长激素抑制素（somato-statin）、α-MSH（黑素细胞激素）等肽类激素；腺苷（adenosine）、胸腺核苷（thymidine）等核苷酸类；以及最近提出的存在于脑松果体中的褪黑激素等。

（1）褪黑激素　褪黑激素化学名为 N-乙酰基-5-甲氧基色胺，又称松果体素、褪黑素、褪黑色素。

褪黑激素主要是哺乳动物（包括人）脑部松果体所产生的一种激素，故又称松果体素。松果体附着于第三脑室后壁，大小似黄豆，其中褪黑激素的含量极微，仅为 1×10^{-12} g 水平。褪黑激素在体内的生物合成受光周期的制约，在体内的含量呈昼夜性节律改变，夜间的分泌量比白天多 5～10 倍。初生婴儿极微，至三月龄时开始增多，3～5 岁时夜间分泌量最高，青春期略有下降，之后随年龄增长而逐渐下降，至老年时随昼夜节律渐趋平缓而继续减少甚至消失。

褪黑激素可因光线刺激而分泌减少。夜间过度的长时间照明，会使褪黑激素的分泌减少，对女性来说，可致女性激素分泌紊乱，月经初潮提前，绝经期推迟，由于血液中雌激素水平升高，日久可诱发女性乳腺癌、子宫颈癌、子宫内膜癌以及卵巢癌。

褪黑激素有较强的调整时差功能。也可能有助于改善睡眠，能缩短睡前觉醒时间和入睡时间，改善睡眠质量，睡眠中觉醒次数明显减少，浅睡阶段短，深睡阶段延长，次日早晨唤醒阈值下降。

青少年、孕妇及哺乳期妇女、自身免疫性疾病患者及抑郁型精神病患者不宜服用褪黑激素。对驾车、机械作业前或作业时以及从事危险作业者也不能服用褪黑激素。

（2）酸枣仁　由鼠李科乔木酸枣成熟果实去果肉、核壳，收集种子，晒干而成。我国主要产于河北、山东一带。酸枣仁主要成分有酸枣仁皂苷（jujuboside）A、B、B_1，白桦脂酸，桦木素等，含油脂约 32%。对小鼠、豚鼠、猫、兔、犬均有镇静催眠作用。对大鼠作脑电测试，灌胃后睡眠时间（TS）和深睡阶段（SWS）持续时间分别增加 51min（26.0%）和 41.4min（116.3%），差异非常显著（$P < 0.001$）。6h 内 TS 发作频率平均减少 22.7 次（-36.3%），每次发作持续时间增加 3.5min（+95.6%）；6h 内 SWS 发作频率平均增加

28.3 次（＋89.0％），差异均非常显著（$P<0.001$）。

（3）面包、馒头　进食适量的面包或馒头后，人体内就会分泌胰岛素，用来消化面包中的营养成分。在氨基酸的代谢中，色氨酸被保留下来，色氨酸是 5-羟色胺的前体，而 5-羟色胺有催眠作用，因此如果失眠，吃一点面包，能促进睡眠。但如果白天总想睡觉，可吃一点动物蛋白质，因为动物蛋白质中含有酪氨酸，它有抗 5-羟色胺的作用，可使人兴奋。

（4）酸奶加香蕉　在一部分失眠或醒后难以再度入睡的人中，其失眠原因是血糖水平降低。钙元素对人体有镇静、安眠作用。酸奶中含有糖分及丰富的钙元素。香蕉使人体血糖水平升高，用一杯酸奶加一个香蕉，给失眠患者口服后，可使其血糖升高，使失眠患者再度入睡。

（5）葡萄与葡萄酒　葡萄中含有葡萄糖、果糖及多种人体所必需的氨基酸，还含有维生素 B_1、维生素 B_2、维生素 B_6、维生素 C、维生素 P、维生素 PP 和胡萝卜素。常吃葡萄对神经衰弱和过度疲劳者有益。

葡萄酒中所含的营养成分与葡萄相似，对过度疲劳引起的失眠有镇静和安眠作用。

（6）富含锌、铜的食物　锌、铜都是人体必需的微量元素，在体内都主要是以酶的形式发挥其生理作用，都与神经系统关系密切，有研究发现，神经衰弱者其血清中的锌、铜两种微量元素量明显低于正常人。缺锌会影响脑细胞的能量代谢及氧化还原过程，缺铜会使神经系统的内抑过程失调，使内分泌系统处于兴奋状态，而导致失眠，久而久之可致神经衰弱。由此可见，失眠患者除了经常锻炼身体之外，在饮食上有意识地多吃一些富含锌和铜的食物对改善睡眠也有良好的效果。含锌丰富的食物有牡蛎、鱼类、瘦肉、动物肝肾、奶及奶制品等。含铜量较高的食物有乌贼、鱿鱼、虾、蟹、黄鳝、羊肉、蘑菇以及豌豆、蚕豆、玉米等。

其他如桂圆肉、莲子、远志、柏子仁、猪心、黄花菜等都有一定的镇静催眠作用，常用来治疗失眠症。

2. 改善睡眠保健食品

据中国保健行业专家介绍，在已批准的产品中，有大部分改善睡眠的保健食品是以褪黑素为原料的。还有一部分产品的原料是具有安神作用的中药材，如刺五加、酸枣仁、柏子仁、远志、天麻、合欢皮、夜交藤、珍珠等。与西药相比，保健食品使用副作用相对较小，但是起效缓慢、个体差异较大。

（1）改善睡眠新产品

① 碳水化合物类。据科学研究，右旋糖（葡萄糖）、半乳糖等碳水化合物均具有良好的助眠作用。

② 氨基酸。据国外研究人员报道，大手术病人、肾衰病人或其他长期卧床病人经用复方氨基酸后可显著改善睡眠。

③ 复方维生素 B。维生素 B 可以使患者睡得更沉，不易惊醒。

④ 人参提取物。在人参中提取出的某些成分（主要是人参皂苷与甾烷二醇）具有很强的镇静作用。

⑤ α-亚麻酸。20 世纪 90 年代初，美国研究人员将 α-亚麻酸与亚油酸以 1∶5 比例加工成复方口服液给予失眠患者试用，结果十分令人满意。

（2）具有改善睡眠功效的配料　表 6-3、表 6-4 所列为具有改善睡眠的典型配料。

表 6-3　具有改善睡眠功效的典型配料

典 型 配 料	生 理 功 效
5-羟基色氨酸	改善睡眠,治疗忧郁症
褪黑素	改善睡眠,调节免疫,抗衰老
酸枣仁提取物	改善睡眠,耐缺氧,抗衰老
缬草提取物	镇定,安神,改善睡眠
西番莲花提取物	镇定,治疗紧张性失眠
圣约翰草提取物	镇定,抗忧郁症
咔瓦提取物	改善睡眠,减轻压力
洋甘菊提取物	改善睡眠
胡椒薄荷提取物	镇静助眠,减轻痉挛畏痛,治疗胃灼热
蛇麻实提取物	镇静,刺激食欲,治疗消化不良
姜黄芩提取物	改善睡眠,减轻精神紧张,减轻肌肉紧张

表 6-4　特效镇静安神锭的典型配方

核 心 配 方	剂量/mg	核 心 配 方	剂量/mg
圣约翰草提取物	400	5-羟色氨酸	200
缬草提取物	250	酪氨酸	100
西番莲花提取物	400	苯丙氨酸	100
维生素 B_1	25	Ca^{2+}	200
维生素 B_6	25	Mg^{2+}	100

注：本产品推荐服用人群为神经性的压力、情绪抑郁、易怒、紧张、过度工作、机能亢进、焦虑以及肌肉紧张和失眠者。孕妇禁止服用。

二、缓解体力疲劳功能食品的开发

1. 疲劳

（1）疲劳的概念　无论是从事以肌肉活动为主的体力活动，还是以精神和思维活动为主的脑力活动，经过一定的时间和达到一定的程度后都会出现活动能力的下降，表现为疲倦或肌肉酸痛或全身无力，这种现象就称为疲劳。疲劳的本质是一种生理性的改变，经过适当的休息即可恢复或减轻。

由于连续的脑力活动或体力活动，疲劳又有仅限于中枢神经的精神疲劳以及体力活动引起的身体疲劳之分。身体的疲劳又可分为全身疲劳和局部疲劳。局部疲劳按脏器可分为肌肉疲劳、心脏疲劳、肺疲劳和感觉疲劳等。精神疲劳的延续也在一定程度上伴随身体疲劳出现。

（2）疲劳的症状　疲劳的症状可分一般症状和局部症状。当进行全身性剧烈肌肉运动时，除肌肉的疲劳以外，也出现呼吸肌的疲劳，心率增加，自觉心悸和呼吸困难。由于各种活动均是在中枢神经控制下进行的，因此，当工作能力因疲劳而降低时，中枢神经就要加强活动而补偿，逐渐又陷入中枢神经系统的疲劳。但自觉的疲劳易受心理因素影响，自觉疲劳增强时可出现头痛、眩晕、恶心、口渴、乏力等感觉。

疲劳可使工作效率降低，对所有事物的反应均迟钝，学习的效率也下降。疲劳出现后若得不到及时休息，时间长了就会产生过劳进而导致健康受损。除使身体某一部分器官和系统过度紧张引起各种不同类型的病损外，也会出现循环、呼吸、消化系统等的功能减退。疲劳的影响还表现在对新陈代谢的影响上，肌肉活动时肌细胞外液的 K、P 增加，体内电解质的分布情况发生改变。尿中由黏蛋白组成的胶体物排渣增加，尿中还原性物质和蛋白质的排泄也增加。

（3）疲劳的生理　疲劳的最主要生理本质是由于肌肉活动而对能量代谢功能的影响。肌肉富于蛋白质，但是肌肉收缩的能源却不是由蛋白质分解而来的。肌肉收缩时最先发生的反应是 ATP 的分解，这时释放出含有高能的磷酸键（P～）。这是肌肉收缩的直接能源，而供应此 ATP 并维持 ATP 含量的首先是磷酸肌酸，第二位的则是不断地消耗氧、生成二氧化碳，不产生乳酸而进入三羧酸循环的营养素（糖原、脂肪酸等）的氧化过程。第三则是生成乳酸的糖酵解过程。进行中等程度以下的肌肉运动时，磷酸肌酸的重新合成仅靠氧化过程就可以维持，所以不产生乳酸。这种情况下消耗的能量可以根据氧耗量来计算。

疲劳时由于能量消耗的增加，必然使机体的需氧量增加，在运动或劳动的过程中需氧量是否能得到满足，取决于呼吸器官及循环系统的功能状态。为了提供大量的氧、输送营养物质、排出代谢产物和散发运动过程中产生的多余热量，心血管系统和呼吸系统的活动必须加强，此时心率加快，由安静状态下的每分钟 65～70 次可增高到 150～200 次；心脏每分钟射血输出量可由安静状态下的 3～5L 增加到 15～25L；血压升高，特别是收缩压升高更为明显；呼吸次数由每分钟 14～18 次增加至 30～40 次，甚至 60 次；不但呼吸次数增加，肺通气量也发生很大变化，可由安静时的每分钟 6～8L 增至 40～120L。

总之，疲劳时的生理生化本质是多方面的，如体内疲劳物质的蓄积，包括乳酸、丙酮酸、肝糖原、氮的代谢产物等；体液平衡的失调，包括渗透压、pH 值、氧化还原物质间的平衡等。

2. 具有缓解体力疲劳功能的物质

（1）人参　人参分亚洲种和西洋种两类，前者统称人参，后者称西洋参。亚洲种原产中国东北部，朝鲜、韩国和日本也有栽培。西洋参主产于北美的东部。为五加科人参属植物。

人参主要含 18 种（共 40 余种）人参皂苷：Ro、Rb$_1$、Rb$_2$、Rb$_3$、Rc、Rd、Re、Rf、Rf$_2$、Rg$_1$、Rg$_2$ 等，其中 Rb 组又称人参二醇型，R 组又称人参三醇型，Ro 组则称齐墩果酸型。其中含量高的有 Rb$_1$、Rb$_2$、Rc、Re 和 Rg$_1$。人参的另一重要活性物质是人参多糖（7%～9%），其他还有低聚肽类以及氨基酸、无机盐、维生素及精油等。

人参的生理功能主要有：① 对中枢神经有一定的兴奋作用和抗疲劳作用（尤其是其中的人参皂苷 Rg$_1$）。人参二醇、人参三醇及其他人参皂苷均有抗疲劳作用，人参三醇的作用强于人参二醇。②对机体功能和代谢具有双向调节作用。向有利于机体功能恢复和加强的方面进行，即主要是改善内部（衰老等）和外部（应激、外界药物刺激等）因素引起的机体功能低下，而对于机体影响很小。③预防和治疗机体功能低下，尤其适用于各器官功能趋于全面衰退的中老年人。④增强健康、强壮和补益的功能。能增强免疫系统，促进生长发育，增强动物对外部或内部因素引起功能低下的抵抗力和适应性，即抗应激作用。⑤具有调节血压和心脏机能的作用。

人参一般每天食用不超过 3g（宜 1～2g），过多可导致胸闷、头胀、血压升高等不适反应。

（2）葛根　葛根是一种豆科葛属的药食两用植物的块茎，主要分野葛和粉葛。在我国，野葛除西藏、青海、新疆外，各省均有生产；粉葛主要产于广西、广东，以栽培食用为主。

葛根主要成分为葛根总黄酮（1.77%～12%，平均含 7.64%），包括各种异黄酮和异黄酮苷，另有主要成分葛香豆雌粉，葛苷Ⅰ、Ⅱ、Ⅲ，葛根苷，葛根皂苷，三萜类化合物，生物碱等，含有较多淀粉（生葛约含 27%）。葛根素及其衍生物是葛根特有的生理活性物质，易溶于水。

葛根具有抗疲劳作用，可改善心脑血管的血流量。葛根能使冠状动脉和脑血管扩张，增加血流量，降低血管阻力和心肌对氧的消耗，增加血液对氧的供给，抑制因氧的不足所导致的心肌产生乳酸，从而达到抗疲劳作用。

(3) 枸杞　枸杞为茄科枸杞属植物。在我国，主产于宁夏、甘肃、青海、新疆等地。其果实即枸杞子是主要的利用部位，其他果柄及叶等也有较好的利用价值和潜在的应用价值。

① 枸杞子。枸杞子既是传统常用大综中药材，又是很好的保健食品。具有滋补肝肾、益精明目、增强非特异性免疫作用、雌激素样作用、促进造血功能及抗疲劳功能。随着对枸杞展开全面的科学研究，并逐步证实枸杞不仅具有明显的强身健体、延缓衰老等多种功能，还具有抗癌、免疫调节等作用，因而加大了对枸杞子产品的开发。

② 枸杞干果。它是用一种最原始的加工方法，系将枸杞果实直接干燥后的产品。这种干果可直接入药，亦可泡茶、泡酒、熬粥、煲汤等，甚至可以早晚适当嚼食。近年来，又开发了一种"富硒枸杞"，可提高枸杞果实内的三种酶及有机硒的活性和含量，将其做成干果深受消费者欢迎。

③ 枸杞全粉。系将枸杞果实经清洗、冷冻干燥、低温粉碎、无菌包装而成，主要用于制作饮料、糕点等食品的原料。

④ 枸杞常温保鲜原汁。以当日采摘的鲜枸杞果实，通过先进的榨汁工艺加工而成。在常温条件下可保存 18 个月不变质，其特点是枸杞果实中的有效成分不被破坏，保证了鲜枸杞的纯正特色及药理营养作用。产品可直接饮用（分清爽型、果肉型、高浓口服液三个品种），亦可作为高级保健食品的天然原料或添加剂。

⑤ 枸杞饮品。包括枸杞酒、枸杞葡萄酒（果酒类）、杞酒（营养白酒），这三种饮品均属天然健康饮料，并非"药酒"。枸杞饮料还有枸杞豆奶（高钙类及无糖类）、枸杞豆浆精、枸杞浓缩蜂蜜、杞菌八宝茶、枸杞袋泡茶等。另外，近期还开发了适合现代人生活节奏的溶型枸杞咖啡、维生素枸杞泡腾片等。

⑥ 枸杞水果糖。主要有枸杞水晶糖、枸杞夹心水晶果等。

⑦ 枸杞酱。将传统与现代工艺相结合，集枸杞与蜂蜜优点于一身，口味柔甘，入口清香，是日常佐餐佳品。

⑧ 其他产品。另外，利用高新技术，将枸杞加工后的渣皮进行综合利用，开发出枸杞红色素、枸杞糖浆膏、活性枸杞胶囊、枸杞多糖、枸杞蛋白粉等副产品，目前已被广泛应用于食品、医药、化妆品等行业。

(4) 二十八醇　二十八醇为白色无味、无臭结晶。对热稳定，熔点 83.2～83.4℃。属高碳链饱和脂肪醇，溶于丙酮，不溶于水和乙醇。

二十八醇的生理功能有：①增强耐久力、精力和体力；②提高反应灵敏度，缩短反应时间；③提高肌肉耐力；④增加登高动力；⑤提高能量代谢率，降低肌肉痉挛；⑥提高包括心肌在内的肌肉功能；⑦降低收缩期血压。⑧提高基础代谢率和促进脂肪代谢；⑨刺激性激素。

二十八醇存在于小麦胚芽、米糠、甘蔗、苹果、葡萄等果皮中，主要以脂肪酸酯的形式存在，但在甘蔗中却存在较多游离态的二十八醇。由上述原料经溶剂萃取法、蒸馏法、超临界萃取法等而得。供制造功能食品之用，可用于糖果、运动员饮料等，但因不溶于水，故用于食品时，应有良好的乳化作用。

(5) 牛磺酸　牛磺酸又称 2-氨基乙磺酸，白色结晶或结晶性粉末。与乌贼、章鱼、贝类等风味物质的关系密切，能改善水产加工品等的风味。无臭，味微酸，水溶液 pH 值 4.1～5.6。熔点大于 300℃，因此在通常烹饪等加工中很稳定。易溶于水（12℃，15.5%），不溶于乙醇、乙醚、丙酮。对酸、碱、热均稳定。属非必需氨基酸，但与体内半胱氨酸的合成有关，并能促进胆汁分泌和吸收。有利于婴幼儿大脑发育、神经传导、视觉机能的完善、钙的吸收及脂类物质的消化吸收。母乳中含 3.3～6.2mg/100mL，牛乳仅含 0.7mg/100mL。在自然界中广泛存在于各种鱼类、贝类及哺乳动物的肌肉及内脏中。尤其在动物的胆液、肝脏及乌贼（0.35％）、章鱼（0.52％）、珠母贝（0.8％）、黑鲍（0.95％）、花蛤（0.66％）、扇贝（0.78％）等软体动物的肌肉萃取液中为多。

牛磺酸的生理功能是多方面的：①对用脑过度、运动及工作过劳者能消除疲劳。②维持人体大脑正常的生理功能，促进婴幼儿大脑的发育。由于婴幼儿体内牛磺酸生物合成速度很低，必须从外界摄入牛磺酸，如果摄入量不足，则会影响脑及脑神经的正常发育，进而影响到婴幼儿的智力发育。③维持正常的视机能。④抗氧化，延缓衰老作用。⑤促进人体对脂类物质的消化吸收，并参与胆汁酸盐代谢。⑥提高免疫能力。能改善 T 细胞和淋巴细胞增殖等作用。⑦其他生理功能。牛磺酸参与内分泌活动，对心血管系统有一系列独特的作用。具有良好的利胆、保肝和解毒作用。此外，牛磺酸还可作为渗透压调节剂，参与胰岛素的分泌，降低血糖，扩张毛细血管，可治疗间歇性跛行，还能促进阿司匹林等药物在消化道的吸收。

（6）鱼鳔胶　鱼鳔胶为鱼鳔的干制品。按制法不同，凡割开后干燥者称"片胶"，不割者称"筒胶"，由小的鱼鳔并压而成者称"长胶"。质量以片胶最好，呈椭圆形，淡黄色，半透明，有光泽。鱼鳔胶主要含有胶原蛋白、黏多糖等。

鱼鳔胶的生理功能有以下三个方面：①抗疲劳。能增强肌肉组织的韧性和弹力，增强体力，消除疲劳。②加强脑、神经和内分泌功能，防止智力减退、神经传导滞缓、反应迟钝。③有养血、补肾、固精作用。可促进生长发育和乳汁分泌作用。与枸杞、五味子等合用，可缓解遗精、腰酸、耳鸣、头晕、眼花等肾虚症状。

【本章小结】

功能食品除了具有普通食品的营养和感官享受两大功能外，还具有调节生理活动的第三大功能，它主要具有以下作用：增强免疫力；延缓衰老；辅助降血脂；辅助降血糖；抗氧化；辅助改善记忆；缓解视疲劳；辅助降血压；改善睡眠；缓解体力疲劳；减肥；改善生长发育；改善营养性贫血；调节肠道菌群等。

功能食品的功能在于其本身的活性成分对人体生理节律的调节，因此，功能食品的研究与生理学、生物化学、营养学及中医药等多种学科的基本理论相关。目前，我国功能食品大部分是建立在食疗基础上，一般都采用多种既是药品又是食品的中药配制产品，这是中国功能食品的特点。采用现代高新技术，实现从原料中提取具有保健功能的物质和成分，剔除有害成分，再以各种有效成分为原料，根据不同的科学配方和产品要求，确定合理的加工工艺，进行科学配制、重组、调味等加工处理，生产出一系列名副其实的具有科学、营养、健康、方便的功能食品。

要进一步研究开发新的功能食品原料，特别是一些具有中国特色的基础原料，对功能食品原料进行全面的基础和应用研究，不仅要研究其中的功能因子，还应研究分离保留其活性和稳定性的工艺技术，包括如何去除这些原料中的有毒物质。

【复习思考题】

1. 简述开发增强免疫功能食品的原理。试举例说明设计增加人体免疫功能食品的方法。
2. 具有增强免疫功能的物质有哪些？
3. 试述开发抗氧化功能食品的原理？
4. 具有抗氧化功能的物质有哪些？
5. 开发减肥功能食品的原理和方法是什么？

6. 具有改善生长发育的物质有哪些?

7. 辅助降血压的物质有哪些? 相应功能食品开发的原理何在?

8. 试述辅助降血压功能食品开发的思路。

9. 具有调节血糖功能的物质有哪些?

10. 具有改善营养性贫血的物质有哪些?

11. 具有缓解视疲劳的物质有哪些?

12. 具有改善睡眠的物质有哪些?

13. 具有缓解体力疲劳功能的物质有哪些?

14. 结合当地功能食品资源和区域经济优势谈谈开发缓解体力疲劳功能物质的前景和意义。

第七章　新技术在功能食品生产中的应用

学习目标

1. 通过本章的学习了解高新技术在食品功能因子生产中的应用。
2. 掌握几种食品功能因子生产中常用加工技术的原理及技术特点。
3. 了解功能食品加工技术的发展趋势。

功能食品行业经过 20 年的历练逐渐走向成熟，传统的食品加工技术已经很难满足功能食品生产的要求，为了进一步提高我国功能食品生产的水平，需要在功能食品生产中尽可能采用一些新工艺、新技术。而食品生产中的新技术对于功效成分的更充分提取、有效分离，对于食品风味、营养和功效成分的保存及产品纯度的提高都具有重要作用，同时，某些新技术还可生产某些来源较少的功能性基料，提高生产率，并容易实现生产工艺的自动化。

功能食品生产中可采用的新技术有很多，比较常见的有膜分离技术、微胶囊技术、超临界二氧化碳萃取技术、生物技术、微生物工程技术、冷冻干燥技术、超微粉碎技术、微波技术、分子蒸馏技术、辐射保鲜技术等。此外，还有真空浸糖技术、液膜分离技术、泡沫分离技术、组织化和重组合技术等。

第一节　膜分离技术

膜分离是一项新兴的高效分离技术，是用天然或人工合成的高分子薄膜，以外界能量或化学位差为推动力，对双组分或多组分的溶质和溶剂进行分离、分级、提纯和浓缩的方法，统称为"膜分离法"。根据膜分离的推动力和应用不同，膜分离分为微滤（MF）、超滤（UF）、反渗透（RO）、电渗析（ED）、气体渗透（GP）、膜乳化（FE）、液膜分离等几大类。

膜分离具有比普通分离方法更突出的优点，是常用的蒸馏、萃取、沉淀、蒸发等工艺所不能取代的。它通过不同孔径的膜在常温下对不同成分的物质进行分离、提纯、浓缩，从而使原色、原味、营养及有效成分能够完整地保存下来，同时可除菌。膜分离设备简单、操作方便、选择性强、适用范围广、无相变、无化学变化、处理效率高、能耗低，有时还可使常规方法难以分离的物质得以分离，所以可广泛应用于功能食品的生产中。

膜分离技术在功效成分的提取和制备、果蔬汁加工、水处理、植物蛋白加工、食用胶生产以及啤酒生产等方面都有应用。例如微滤可用于功能因子提取液的过滤，保健饮料及营养液的除菌；超滤可用于提取液中低分子成分与高分子成分的分离及物性修饰；反渗透可用于提取液中功能性因子及液状食品的低温节能浓缩；可采用超滤净化、反渗透浓缩法生产花粉口服液；电渗析可用于液状食品的脱盐，如低盐酱油，以及婴儿奶粉（特殊调制奶粉）的制造；采用电渗析脱盐、超滤除菌、反渗透浓缩法从海带浸泡液中提取甘露醇；液膜分离可用于提取液中微量元素及氨基酸的分离。

作为一种高效的浓缩和分离技术，膜技术在食品工业中的应用，对于改善产品质量，增加过程效益和最新产品的开发都有着积极意义。随着膜材料的发展和新型膜设备的开发，膜技术在食品工业的应用必将更加广泛，同时也将给食品工业带来更大的效益。

一、反渗透

反渗透是 20 世纪 60 年代发展起来的一项新型膜分离技术，是利用反渗透膜选择性的只能通过溶剂（通常是水）的性质，对溶液施加压力以克服溶液的渗透压，使溶剂通过反渗透膜而从溶液中分离出来的过程。在通常情况下，由于渗透压的作用，纯水将自发地通过半透膜向溶液侧渗透，由于上述过程与通常渗透的方向正好相反，因此称为反渗透。由于纯溶剂侧的压力高于溶液侧的压力，即存在着渗透压，要想使溶剂向相反方向渗透，必须外加一个大于渗透压的反向压力，克服渗透压并形成一个推动力。反渗透的结果是获得相当纯净的溶剂和浓度增大了的溶液，因此常用于海水的淡化及溶液的浓缩。

反渗透过程大致可分为以下三步进行。

① 水从料液主体传递到膜的表面；

② 水从表面进入膜的分离层，并渗透过分离层；

③ 水从膜的分离层进入支撑体的孔道，然后流出膜。

反渗透过程的特征是从水溶液中分离出水，其应用也主要局限于水溶液的分离，在食品加工方面广泛应用于果汁、牛奶、咖啡、硬水软化、维生素、抗生素、激素、细菌、病毒的分离和浓缩等方面。与常用的冷冻干燥和蒸发脱水相比，反渗透法脱水比较经济，而且产品的香味和营养不致受到影响。

二、超滤

应用孔径为 1.0～20.0nm 的超滤膜来过滤含有大分子或微细粒子的溶液，使大分子或微细粒子从溶液中分离的过程称之为超滤。超滤所用的膜为非对称膜，其表面活性层有孔径为 10^{-9}～2×10^{-8}m 的微孔，能够截留相对分子质量为 500 以上的大分子和胶体微粒，可起到脱盐、浓缩、分级、提纯等作用。与反渗透相似，超滤的推动力也是压差。在溶液侧加压，使溶剂通过膜而得到分离。与反渗透不同的是，在超滤过程中，小分子溶质将同溶剂一起透过超滤膜。

1. 超滤工作过程

超滤工作过程如图 7-1 所示。当物料和溶剂被超滤膜分隔开时，由于超滤膜上有许多微孔，允许溶剂和某些小分子量物质自由通过膜，因而很快两侧溶剂和那些可以自由通过膜的小分子物质达到平衡。但物料中含有许多大分子物质，它们不能通过膜，而是在膜两侧形成渗透压差，物料侧渗透压大于溶剂侧渗透压，这时在物

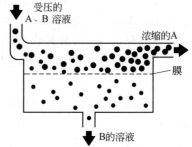

图 7-1 超滤器工作过程示意图

料侧施加一定压力（一般大于两侧的渗透压差），则可以使物料侧的小分子量物质向溶剂侧转移。

在压力足够大时物料中的溶剂大量进入溶剂侧。这样，仅在一种操作中就可完成渗析（从大分子溶液中除去小分子物质）和浓缩（从物料中脱去部分溶剂），从而达到物料的分离和浓缩。

2. 超滤技术的应用范围

超滤膜不可透过物质的相对分子质量大于 500×10^4（相对于水的分子量），最大不允许通过的物质相对分子质量在 50×10^4～100×10^4，也就是说只有直径小于 $0.02\mu m$ 的粒子，

如水、盐、糖和芳香物质等能够通过超滤膜，而直径大于 $0.1\mu m$ 的粒子，如蛋白质、果胶、脂肪及所有微生物，特别是酵母菌和霉菌等不能通过超滤膜。超滤工作压力最高不超过 $20kgf/cm^2$（$1kgf/cm^2=98.07kPa$），一般在 $3\sim10kgf/cm^2$。工作温度在 $30\sim40℃$，也可达 $50℃$。温度过低时，物料黏度上升，流动性下降，影响操作和生产率；温度过高，则可能影响产品质量和损坏膜。

现在新推出的膜材料可适应 $50℃$ 以上的高温，这样可以防止黏度上升和减少膜的高温损坏。被分离物料的 pH 值为 $2\sim14$，一般为 $2\sim8$，即在酸性范围内。可达到的浓缩度是有一定限度的，一般总溶解固体量可达 $20\%\sim25\%$。如要求高的浓缩度最好配合其他技术。用该技术达到较低的固体溶解量时，十分经济。一套设备中至少设多个超过滤器，这样可保证工作的稳定和正常。

3. 超滤技术的特点

① 过滤面积大，物料加工时间短，生产率高。

② 操作条件温和，温度和压力较低；更换膜片方便，操作简单、能耗低。

③ 适应 pH 值范围广，可处理多种物料，并可同时完成渗析和浓缩，产品质量好、纯度高。

④ 设备运行时没有污染物质浸入物料，清洁卫生。

⑤ 膜分离过程是在常温下进行，因而特别适用于热敏感物质的分离与提纯。

⑥ 膜分离对于稀溶液中微量成分的回收和低浓度溶液的浓缩非常有效，且物质的性质不改变。

超滤是目前唯一能用于分子分离的过滤方法，主要用于病毒和各种生物大分子的分离，在食品工程、酶工程、生化制品等领域广泛应用。

4. 应用实例

（1）用于果汁的澄清　利用超滤可将苹果汁、山楂汁中的果胶、单宁分离出去，使产品澄清性能大大提高，比其他方法效果好。同时，还可得到用途广泛的副产品果胶。此外，超滤法还可用于酒类、醋、啤酒、白酒、水、酱油、饮料的澄清，以去除浑浊物、微粒、胶质、细菌等。

（2）乳清蛋白的回收　在干酪制作过程中，分离出酪蛋白后的乳清中含有蛋白质、乳糖。通过超滤膜得到浓缩乳清蛋白，再用反渗透回收乳糖，用于功能食品的生产。这样避免了加热蒸发浓缩时的能源浪费，同时分离出乳糖和小分子盐类，提高了乳清蛋白的有效应用价值。大豆蛋白生产中也可以利用超滤-反渗透生产乳清蛋白和低聚糖。

（3）酶的浓缩提纯　在食品生产中 α-淀粉酶、蛋白酶、果胶酶、糖化酶和葡萄糖氧化酶等已得到广泛应用。利用超滤技术代替盐析沉淀法、溶剂萃取法、真空蒸发法、低温冷冻法、色层分离法、超离心分离法等技术浓缩提纯酶，具有所得酶的活性高、产品质量高、纯度高、收率高、能耗低等优点，且操作简单，能耗只有真空蒸发的 1/8，同时还节省沉淀剂和有机溶剂。例如，从菠萝中提取菠萝蛋白酶，就是将菠萝皮汁离心分离后，清汁用超滤法浓缩，再用有机溶剂提取蛋白酶，这样就可保持酶的活性。又如，自由基清除剂 SOD 制备过程中采用超滤可去除大部分小分子物质，并得到浓缩，然后再用溶剂萃取，从而得到活性很高的产品。

（4）功效成分的提取和制备　中草药成分复杂，一般含有多种物质，如糖类、蛋白质等，提取液浓度又比较小。用热蒸发法浓缩提取功效成分，损失较大，纯度也不够。利用膜技术浓缩就可解决上述缺点。通过超滤去除胶质、糖、淀粉、蛋白质等大分子物质，再以反渗透进行浓缩，然后干燥得到提取物。黄酮、皂苷、酚类等都可以利用超滤提取分离。

茶叶中的茶多酚具有抗氧化、抗癌、抗突变、抗辐射、防止动脉粥样硬化等功效，是近年来用途广泛的功能性基料。用超滤法提取茶多酚时，应先使用果胶酶在 50℃下保温处理分解果胶，从而提高超滤时的透过速度。选择合适的超滤膜可有效地分离茶多酚而截留咖啡碱，再经过反渗透膜浓缩，干燥后可得茶多酚产品。

三、微滤

微滤与超滤的基本原理相同，实质上也是一种超滤，是一种利用压力差的膜分离技术。它是利用孔径大于 $0.02\sim10\mu m$ 的多孔膜来过滤含有微粒或菌体的溶液，将其从溶液中除去。与超滤不同的是，微滤主要用于从溶液中截留微粒、细菌、污染物等，用于气体或液体的净化。目前，微孔过滤应用十分广泛，销售额在各类膜中占据首位。

四、电渗析

电渗析也是较早研究和应用的一种膜分离技术，是在外电场的作用下，利用一种特殊膜（称为离子交换膜，对离子具有不同的选择透过性）使溶液中的阴、阳离子与其溶液分离的一种膜分离技术。离子交换膜是一种由高分子材料制成的具有离子交换基团的薄膜。将电渗析接上电源，水溶液即导电，溶液中离子在电场作用下发生迁移，阳离子向负极运动，阴离子向正极运动。在两极间有多组阴、阳离子交换膜，阳膜只允许阳离子通过而排斥阻挡阴离子；相反，阴膜只允许阴离子通过而排斥阳离子。阴、阳离子通过膜后分别向正极和负极方向运动。这样就使溶液脱掉离子而纯化。表 7-1 是几种膜分离技术的比较。

表 7-1　几种膜分离技术的比较

项　　目	反 渗 透	超 滤	微孔过滤	电 渗 析
基本原理	渗透压的反向	筛分	筛分	离子选择透过性
推动力	压力差	压力差	压力差	电位差
原料	溶液	高分子液、乳化液	悬浊液	电解质溶液
膜类型	非对称膜、复合膜	非对称膜	多孔膜	离子交换膜
膜孔径	$0.3\sim1.0nm$	$2.0\sim20nm$	$0.1\sim8\mu m$	$0.3\sim0.5nm$
操作压力/MPa	$0.5\sim10$	$0.07\sim0.7$	$0.05\sim0.1$	—
透过物质	水、$0.1\sim1.0nm$ 的物质	溶剂、离子及相对分子质量小于 1000 的小分子	溶剂、溶解成分、胶体	离子
截留物质	溶解物、胶体悬浮物	高分子物、胶体溶质、相对分子质量为 $1000\sim300000$ 的物质	悬浮物质、胶体、细菌、其他微粒	非带电物质和大分子物质

电渗析过程是利用离子能选择性地通过离子交换膜的性质使离子从各种水溶液中分离出来的过程，这一基本特征使它成为一种可将能电离成离子的物质与水（和其他非电解质）分离的有效手段；另一方面也可以利用这一特征来实现某些化学反应。因此，它的应用范围十分广泛，遍及化工、医药、食品、电子、冶金等工业部门，包括原料与产品的分离精制以及废水废液的处理，以除去有害杂质与回收有用物质等。在食品工业中主要有如下的一些应用。

1. 脱除有机物中的盐分

将含盐与有机物的溶液进入电渗析器的淡化室中，盐的阴阳离子通过膜进入两侧，留下有机物得到纯化。这种方法应用甚广，例如医药工业生产中葡萄糖、甘露醇、氨基酸、维生素 C 等溶液的脱盐；食品工业中牛乳、乳清、酶液的脱盐，以及酒类产品脱除酒石酸钾等。

2. 有机物中酸的脱除或中和

有机物中的酸可以令其 H^+ 和酸根从脱盐室两侧的阳、阴膜渗析出来而除去。

3. 有机酸盐取代反应制有机酸

例如柠檬酸盐可在两侧均为阳膜的转化室中使 Na^+ 从一侧渗出，而从另一侧渗入 H^+，即可得柠檬酸。氨基酸盐也可以用这种方法转化为游离氨基酸。

4. 利用离子的可渗性分离氨基酸

例如将电泳后的含蛋白质或核酸等的凝胶，经电渗析，使带电荷的大分子与凝胶分离。

第二节　微胶囊技术

微胶囊技术就是采用合适的包膜材料，如植物胶、多糖、淀粉类、纤维素、蛋白质等大分子化合物，将固体、液体或气体物质包埋，封存在一种微型胶囊内成为一种固体微粒产品的技术。这是一种比较新颖、用途广泛、发展迅速的新技术，已广泛应用于食品、制药、饲料、精细化工及其他行业。微胶囊技术应用于食品工业，解决了食品加工中的部分难题，使产品由低级向高级转化，与超微粉碎技术、膜分离技术、超临界流体萃取技术、分子蒸馏技术、生物技术和热压反应技术等相结合，为食品工业开发应用高新技术展现了美好的前景。

需要被包埋的材料称"核心物质"（或心材），是在食品生产中需要保护或改变其形态性能的一些化合物，如易挥发的香精、不稳定的物质及其他化合物，一般是分子较小的物质。在功能食品生产中，可作为心材进行包埋的物质有以下各类。

① 生物活性物质。膳食纤维、活性多糖、超氧化物歧化酶、硒化物、免疫球蛋白等。

② 氨基酸。赖氨酸、精氨酸、组氨酸、胱氨酸等。

③ 维生素。维生素 A、维生素 B_1、维生素 B_2、维生素 C、维生素 E 等。

④ 功能性油脂。玉米油、米糠油、麦胚、月见草油和鱼油等。

⑤ 微生物细胞。乳酸菌、黑曲霉和酵母菌等。

⑥ 甜味剂。甜味素、甜菊苷、甘草甜和二氢查耳酮等。

⑦ 酶制剂。蛋白酶、淀粉酶、果胶酶、维生素酶等。

⑧ 香精香料。橘子香精、柠檬香精、薄荷油、冬青油、大蒜油等。

⑨ 其他。如酸味剂、防腐剂、微量元素、色素等。

在进行微胶囊化之前，必须先要明确利用微胶囊技术生产产品的目的。产品从液态转换为固态时，其性状是否会改变？是否需要控制释放？是否需改进稳定性及流动性？有时为了适应特殊产品的应用需求，微胶囊的一些特性可能会被改变，这些改变包括物料组成、释放机理、颗粒大小、最终产品的物理形状及成本等。

一、微胶囊的作用

敏感性成分通过形成微胶囊，可以明显改变被包埋物质的许多特征，可改变产品原来的色泽、形状、质量、体积、溶解性、反应性、耐热性、储藏性等特性，能够储存微细状态的心材物质并在需要时释放出来。

① 改变了物料的状态、质量和体积。一些液体物质包埋后，可变为固体，便于加工、储存和运输，如油脂、香料、挥发油等。一些黏性较大的物料形成胶囊后可改变为松散状。包埋后一般是体积增大，密度减小。

② 包埋后，可减少物料之间的相互作用，并防止空气中氧、湿气等的直接影响，可对敏感成分起保护作用。

③ 微胶囊化后，可明显掩盖某些食品的不良气味，减少某些成分的挥发性，对功能食品的稳定性有重要影响。同时还可改善某些物料的溶解性。

④ 微胶囊可使某些成分控制释放，使食品或药品的功效延长，并减少毒性。总之，微胶囊技术可使食品产生某些神奇的变化。

⑤ 降低食品添加剂的毒理作用。利用控制释放的特点，可通过适当的设计，控制心材的生物可利用性，尤其是对化学合成添加剂进行包埋，对于减少其毒理作用尤为重要。

二、微胶囊技术在功能食品中的应用

微胶囊技术是一项发展十分迅速的新技术。由于其技术简单，应用广泛，适应性强，因此在食品、制药、饲料、精细化工、照相材料以及其他领域得到广泛应用。在功能食品中使用微胶囊技术对提高产品质量和功能作用有重要作用。

1. 酶的固定

固定化酶可提高产率、保持稳定、容易分离并提高酶的催化效率，具有很多优点。酶在功能食品生产中应用很广，但对热、强酸、强碱等一般不稳定，给应用造成诸多不便，因此常常利用固定化酶。包囊化法就是一个固定化酶的重要方法。利用界面聚合法、原位聚合法、水相分离法、油相分离法等可对葡萄糖异构酶等几十种酶进行固定化处理，应用于高果糖浆、核酸的生产上。常用的包囊剂有聚乙烯醇、阿拉伯酸、琼脂、明胶、果胶、海藻酸钠、卡拉胶、乙基纤维素、大豆蛋白、酪蛋白等。

2. 液体制品的粉末化

利用微胶囊技术可实现油脂粉末化，使许多高档食品的油脂配料也固体化。同时，微胶囊化技术的进步，使许多食品添加剂，如酸味剂、甜味剂、防腐剂、氨基酸、维生素，以及许多功能性成分，如活性多糖、多不饱和脂肪酸、活性肽、活性蛋白等不太稳定的物质通过包膜形成微胶囊，增加了稳定性和储运性能，也方便了食用。

许多传统液体物质通过微胶囊化可制成固体产品。例如，香料香精经提取、膜浓缩后，进行 β-CD 等包囊、喷雾干燥，可生产高级调料，其风味、香气损失较少，从而使香料的生产、储运和使用都达到一个新水平。

另外，酱油和醋的粉末化也是利用包囊法进行的。

3. 功效成分的生产

通过微胶囊化，可使某些功效成分或生理活性物质保持稳定，提高易劣变的营养素、敏感性生物活性物质的稳定性，同时还可避免多组分食品中不相配伍组分的相互影响，去除异味，减少某些不良副作用等。

① DHA、EPA、γ-亚麻酸都是多烯酸，很不稳定，容易被过氧化，不仅功效降低，而且对人体有害。通过用明胶、阿拉伯胶对其进行微胶囊化，其稳定性大为提高。对鱼油微胶囊化，可得到颗粒产品，能直接作为功能食品食用。

② 双歧杆菌为厌氧活性菌，当直接添加到食品中时，会遇氧而死亡，采用微胶囊技术使双歧杆菌胶囊化以防其与氧等敏感成分的接触，可延长存活期。

③ 大蒜素具有臭味，影响人们食用，利用微胶囊化可达到去臭效果。灵芝液有苦味，可用 β-环糊精去除苦味。活性肽、活性蛋白质可以制成微胶囊化产品，其口感、稳定性都有进步。

④ 维生素 E、维生素 C 都不稳定，而且维生素 E 还是液体物质，利用很不方便，目前的维生素 E 粉、维生素 C 粉都是微胶囊化了的产品，不仅应用方便，而且稳定性提高。

第三节　超临界流体萃取技术

超临界二氧化碳萃取是近 20 年来发展起来的提取技术，与常规技术相比其具有许多突出的优点：萃取能力强，溶解能力大，效率高，可从原料中提取有用成分或脱出有害成分，而且提取物充分体现天然性能，无氧化或无损失，产品质量优。利用超临界二氧化碳萃取技术提取功能食品的功效成分，对提高功效成分的纯度和活性具有重要作用。

一、超临界二氧化碳流体萃取技术特点

超临界二氧化碳流体萃取（SFE-CO$_2$）是一种新型分离技术。通过加压、增温使 CO$_2$ 处于在气、固、液三种状态之外的另一种状态——超临界状态。利用 CO$_2$ 在此状态下溶解度大、萃取温度较低、具有选择性和没有相变化等特性进行物质的提取分离。

二氧化碳是一种常见气体，但是过多的二氧化碳会造成"温室效应"，因此充分利用二氧化碳具有重要意义。传统的二氧化碳利用技术主要是用于生产干冰（灭火用）或作为食品添加剂等。目前国内外正在致力于发展一种新型的二氧化碳利用技术——CO$_2$ 超临界萃取技术。运用该技术可生产高附加值的产品，可提取过去用化学方法无法提取的物质，且廉价、无毒、安全、高效；适用于化工、医药、食品等工业。

1. 超临界二氧化碳的溶解特性

由于二氧化碳是非极性溶剂，根据相似相溶规则，超临界二氧化碳萃取也有一定的选择性和局限性，并不是任何物质均可以采用该工艺来提取。一般说来，脂溶性物质比较容易萃取出来，而其对强极性化合物提取能力就差一些，其溶解特性如下所述。

① 中、低相对分子质量的卤化物、醛、酮、酯、醇、醚是非常易溶的。

② 低相对分子质量、非极性的脂肪烃及小分子的芳烃化合物是可溶的。单萜、倍半萜类化合物易溶，如芳香油。

③ 脂肪酸及其甘油三酯具有较低溶解性，但单酯化作用可增加溶解性。

④ 相对分子质量很低的极性化合物可溶，但酰胺、脲等溶解性较差。

⑤ 极性基团，如羧基、羟基、氨基等增加会降低有机物的溶解性。

⑥ 生物碱、类胡萝卜素、氨基酸、水果酸和大部分无机盐是不易溶的。

2. 超临界 CO$_2$ 流体萃取的特点

① 萃取和分离合二为一，当饱含溶解物的二氧化碳超临界流体流经分离器时，由于压力下降使得 CO$_2$ 与萃取物迅速成为两相（气液分离）而立即分开，不存在物料的相变过程，不需回收溶剂，操作方便；不仅萃取效率高，而且能耗较少，节约成本。

② 压力和温度都可以成为调节萃取过程的参数。临界点附近，温度、压力的微小变化，都会引起 CO$_2$ 密度显著变化，从而引起待萃物的溶解度发生变化，可通过控制温度或压力的方法达到萃取目的。压力固定，改变温度可将物质分离；反之温度固定，降低压力使萃取物分离。因此此工艺流程短、耗时少，对环境无污染，萃取流体可循环使用，真正实现了生产过程的绿色化。

③ 萃取温度低，CO$_2$ 的临界温度为 31.2℃，临界压力为 7.18MPa，可以有效地防止热敏性成分的氧化和逸散，完整保留其生物活性，而且能把高沸点、低挥发、易热解的物质在其沸点温度以下萃取出来。

④ 超临界 CO$_2$ 流体常态下是气体，无毒，与萃取成分分离后，完全没有溶剂残留，有

效地避免了传统提取条件下毒性溶剂的残留。同时也防止了提取过程对人体的毒害和对环境的污染，100％的纯天然。

⑤ 超临界流体的极性可以改变，一定温度条件下，只要改变压力或加入适宜的夹带剂即可提取不同极性的物质，可选择范围广。

二、超临界提取过程

超临界流体萃取工艺流程往往是根据萃取对象的不同而进行设计的，主要包括前处理、萃取和分离三部分。主要的设备有压缩机、泵、阀门、换热器、萃取釜、分离釜、储罐等，如图 7-2 所示。其中重要的是萃取部分和分离部分。二氧化碳经过滤净化、压缩、调温达到超临界状态，进入萃取器进行萃取，含有萃取物的二氧化碳从萃取釜中流出，减压后进入分离器，二氧化碳成为气态流出，有时还需经过二级分离。分离出的二氧化碳经压缩后再回到储罐中，可以循环利用。

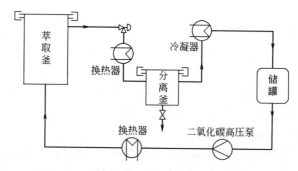

图 7-2　常规超临界 CO_2 流体萃取过程

三、超临界流体萃取技术在功能食品中的应用

超临界二氧化碳萃取在功能食品生产中的应用时间不长，但发展很快。目前已用于鱼肝油的分离，多不饱和脂肪酸的提取，咖啡因的提取，啤酒花的分离，香精、色素、可可脂的提取等。在日本，利用超临界二氧化碳萃取技术加工特种油脂已实现工业化生产。在欧美国家，通过超临界萃取技术，从天然植物中提取天然色素、香料和风味物质，已被用作优质风味食品的添加剂。

1. 功能性油脂的提取

利用超临界萃取可以从月见草、红花籽、玉米胚、小麦胚、米糠中提取功能性油脂，不仅可使油脂中的必需脂肪酸和维生素不受损失，而且还使油的质量得以提高，避免了常规提取溶剂的残留。用于鱼油的提取，可防止多不饱和脂肪酸的氧化。

2. 多不饱和脂肪酸、磷脂的提取

通过控制萃取条件，可使脂肪酸混合物得以分别萃取，可获得高浓度的 DHA 和 EPA，作为功能食品应用。可以脱除乳脂、蛋黄中的胆固醇，用于生产低胆固醇功能食品。通过磷脂的萃取分离，可生产高纯度功能性基料。

3. 天然香料、食用色素的提取

利用超临界二氧化碳萃取技术从桂花、肉桂、辣椒、柠檬皮、红花等中提取天然香精，其香料的成分和香气更接近天然，质量更佳，可作为功能食品的调香剂。从辣椒中提取辣椒红色素，从红花中提取红花色素，其色价远远高于普通溶剂提取的产品，已有批量工业化生产。

4. 植物中功效成分的提取

植物功效成分，如大蒜素、姜酚、茶酚、银杏叶黄酮、维生素 E、β-胡萝卜素等，利用超临界二氧化碳萃取，可获得高纯度、高质量产品。对生姜萃取，萃取物含有丰富的姜辣素，而在蒸馏法所得姜油中其含量很低。同时，该技术提取过程中姜酚不发生变化，具有抗风湿功能，而普通姜油则由于姜酚的氧化无此功效。

5. 糖及苷类的提取

糖及苷类的化合物分子量较大、羟基多、极性大，用纯 CO_2 提取产率低，加入夹带剂或加大压力则可提高产率。

6. 生化制品的分离提取

通过添加一定的夹带剂，可用于氨基酸、活性蛋白质、多肽、酶的提取分离，能最大限度地保持这类物质的生物活性。

超临界二氧化碳萃取技术是一个新工艺，许多化合物的萃取规律和工艺参数研究尚不充分。但其萃取产品的全天然和高品质已引起人们的高度关注。随着研究广度和深度的加大，随着我国设备生产能力和生产水平的进步，超临界二氧化碳萃取技术在功能食品生产中的应用将会越来越广。

第四节　生物工程技术

现代生物技术是在 20 世纪 70 年代伴随着 DNA 重组、细胞融合等新技术的出现而发展起来的，是以生命科学为基础，运用工程学的原理，利用生物体系（完整的生物个体、组织、细胞、组成成分及其代谢产物）提供产品或服务的一种综合性的新型科学技术，是可以按照预先的设计，对生物进行控制、改造或模拟，用来开发新产品或新工艺的技术体系。构成生物技术主体的主要的四大先进技术，即基因工程、细胞工程、酶工程和发酵工程技术。

目前，从世界范围来看，日本的功能食品生产技术是较为先进的，其开发的功能食品，主要是采用浓缩等物理方法以及酶反应和生物化学、生物技术、生物工艺学等先进的科学技术方法精制而成的。世界各国之所以都十分重视生物技术的研究和开发，其原因主要在于以下几方面。

① 生物技术的发展，特别是基因重组技术的成功，使人类进入按自己的需要人工创建新生物的时代。

② 生物技术是当今世界高新技术之一，将是下一代新兴产业的基础技术，而今后 10～20 年的时间里，是建立和发展这一新产业的重要时期。

③ 生物技术是现实的生产力，同时又是更大的潜在生产力。在一些发达国家，以生物技术为基础的工业部门已经成为国民经济的重要支柱。但生物技术还只是崭露头角，它对生产技术的革新和人类社会的发展将产生极其深远的影响。

④ 从生物技术研究、开发的前景看，它将为解决世界面临的能源、粮食、人口、资源及污染等严重问题开辟新的解决途径，直接关系到医药卫生、轻工食品、农牧渔业以及能源、化工、冶金等传统产业的改造和新兴产业的形成。

现代食品生物技术主要是指生物技术在食品工业的应用，包括为食品工业提供基础原料、食品添加剂、保健食品的功能性基料，以及在食品加工技术、包装、检测和污水处理等方面的应用。生物技术还是功能食品开发中最重要的新技术之一，对功能食品向更高层次发展具有极为重要的作用。许多功能性配料都可以通过生物工程获取，并不断开发新的功能材料。

一、基因工程

基因工程（也称遗传工程）是在现代生物学、化学和化学工程学以及其他数理科学的基础上产生和发展起来的，并有赖于微生物学的理论和技术的发展和应用。微生物在基因工程的兴起和发展过程中起着不可替代的作用。基因工程的出现是 20 世纪生物科学具有划时代意义的巨大事件，它使得生物科学迅猛发展，并带动了生物技术产业的兴起。它的出现标志着人类已经能够按照自己的意愿进行各种基因操作，大规模生产基因产物，并且去设计和创建新的基因、新的蛋白质和新的生物物种。

基因工程是四大生物技术中较为复杂、难度较大也较有发展前途的一类，人们对基因工程的重视程度和寄望也高于其他几类生物技术。目前基因工程已发展到了蛋白质工程阶段，即按照人们的意志创造出符合人类需要的不同功能和性能的蛋白质。

1. 基因工程概念

基因是脱氧核糖核酸（DNA）分子上的一个特定片段。不同基因的遗传信息存在于各自片段上的碱基排列顺序之中。基因的精确复制，保证了遗传信息的代代相传；基因通过转录出的信息使核糖核酸（mRNA）指导蛋白质合成，使基因得以表达，去完成特定的生命活动。

基因工程也称"DNA 重组技术"，是将人们需要的基因从 DNA 或染色体上切割下来或人工合成，在细胞体外将该基因连接到载体上，通过转化或转导将重组的基因组送入受体细胞，使后者获得复制该基因的能力，从而达到定向地改变生物遗传特性或创造新物种的目的。因此基因工程是一种定向改变生物的遗传特征、培育生物新品种的方法。用基因工程改造过的微生物称为"工程菌"，改造过的动、植物则分别称为"工程动物"和"工程植物"，或"转基因动物"和"转基因植物"。

2. 基因工程技术在食品加工中的应用

（1）基因工程改良食品加工生产用的原料

① 动物基因工程。多年以来，杂交选择一直是改良家畜和家禽遗传特性的主要途径。随着现代生物技术的发展，传统的杂交选择法的各种缺陷日益明显，而现代分子育种技术却显示出越来越强大的生命力，逐渐成为动物育种的趋势和主流。

向动物体内转入外源基因的研究是从 20 世纪 70 年代中期开始的。到 80 年代，相继建立了多种转基因技术。主要有显微注射法、动物病毒载体法、电转移法、胚胎干细胞法、精子载体法、定位整合技术等。例如，利用转基因技术可以把疫苗基因转入牛羊的乳腺，利用这种动物生物反应器来生产免疫球蛋白等功能因子。

向动物体转移外源基因并使之在动物体内表达，能有效地克服物种之间固有的生殖隔离，实现动物物种之间，或动物与植物及微生物之间遗传物质的交换。因此，动物基因工程对于深入研究基因结构、功能及其表达调控，对于培育高产、优质和抗逆动物品种，对于开发动物体作为活的生物反应器生产珍稀蛋白质和改善奶的质量等方面，均有巨大的应用潜力。如澳大利亚专家用显微注射的方法，将生长激素基因导入猪胚胎中，获得带有生长激素基因的小猪。这种小猪每天可增长 1.3kg，17 周龄体重可达 90kg，而且都是瘦肉型。

② 植物基因工程。植物生物技术的首要目的是获得各种符合人类需要的植物品种，其中以农作物占多数。向植物体内转移外源基因的研究始于 1985 年。主要有三类，即农杆菌介导的基因转移、以原生质体或细胞作为受体的直接基因转移及种系系统的基因转移。现今植物基因工程已经取得了一系列引人注目的成果，成功地培育出抗病毒、抗虫、抗除草剂的

转基因植物。如人们克隆了编码这些毒蛋白的基因，并把这些基因转移到植物细胞中，获得抗虫的转基因植株。害虫侵害了这些植物后，在很短时间内就会死亡。人们培育出品种优良的作物，改良蔬菜水果采后品质，延长保存期。如美国采用基因工程技术，在番茄中引入具有能使部分多聚半乳糖醛酸酶（PE）基因失活的反向核糖核酸序列的 DNA，获得了耐贮藏番茄，并已获准上市销售。一般番茄的果实是在绿熟期或转色期就要采下贮存或销售，中间可能还经过冷藏，所以风味很差。而上述转基因番茄果实，是在完全红熟时才采收。果实采收时 PE 减少，果实虽然已经转红但仍坚硬，在室温下可贮存 2 周，品质也大大改善。这种类似的技术也已应用在香蕉、苹果、甜瓜等果蔬上。

食品工业每年对于糖类的需求量很大，如果能用基因工程的方法对产糖和产淀粉作物进行改造，使其含糖量和淀粉含量大大提高，将会获得很大的经济效益。利用植物生产各种蛋白质、多肽可以保证它们正确的加工和折叠，而且成本较低，也容易被公众所接受。

转基因植物研究的另一个热点是利用植物系统生产疫苗。人们设想让食用植物表达疫苗，这样人们通过食用这些转基因植物就起到了接种疫苗的作用，可以节约大量的费用。

（2）基因工程改良微生物菌种性能　　发酵工业的关键是优良菌株的获取，除选用常用的诱变、杂交和原生质体融合等传统方法外，还与基因工程结合，改造菌种，给发酵工业带来了生机。基因工程已使得许多酶和蛋白质的基因克隆整入宿主微生物细胞，如制造干酪的凝乳酶就是利用基因工程改造大肠杆菌而生产的。

第一个采用基因工程改造的食品微生物是面包酵母，把具有优良特性的酶基因转移至该菌中，使该菌含有的麦芽糖透性酶及麦芽糖酶的含量比普通面包酵母高，面包加工中产生 CO_2 气体的量也较高，反映到产品质量上就是膨发性能良好，产品松软可口。若将含有地丝菌属 *LIPZ* 基因质粒转化到面包酵母中，可以使面包蓬松，内部结构更均匀。另外利用基因工程技术将麦芽中的 α-淀粉酶基因转入啤酒酵母细胞中高效表达，可以简化啤酒生产工艺，而应用到氨基酸生产中则可提高氨基酸的产量。由基因工程改造后的菌种，不仅可以使生产的添加剂产品的产量和风味获得改进，而且可以使原来从动植物中提取的各种食品添加剂（如天然香料、天然色素等）转到由微生物直接转化而来。利用基因工程技术，不但可成倍地提高酶的活力，还可将生物酶基因克隆到微生物中，构建基因菌，使许多酶基因得以克隆和表达。例如利用基因工程菌生产凝乳酶是解决凝乳酶供不应求的理想途径。

（3）基因工程食品安全性问题　　自 1993 年，首例被批准商业化的转基因产品，即由 Calgene 公司研制的延熟番茄的 FLAWR SAVE™ 产品在美国出现以来，人们对转基因食品安全性的争议一直没有平息。转基因食品的安全性问题已在世界范围成为人们关注的热点。

近年来，基因工程技术在农业领域得到了最广泛的应用，主要作物如玉米、大豆、棉花等转基因产品的产量已占到了相当大的份额。2000 年，世界上共有 4400 万公顷的转基因农作物。美国目前转基因大豆的种植面积已超过了 50%。但是，随着种植面积的增加，一些与转基因作物种植所带来的后果等的相关事件引起了人们的关注。例如，转基因传统玉米中有可能会对传统玉米的多样性造成极大的危害。通过基因工程改造的转基因油菜农田里发现了拥有多种抗除草剂特性的野草化油菜的植株，即"超级杂草"，会使种质资源遭到破坏。在大田中种植的转基因玉米花粉随风飘到附近的菜田里污染菜叶，会使那些以菜叶为生的非目标昆虫大量死亡。

为了消除由于转基因技术应用于食品而引发的疑虑以及不安定因素，保证人类健康和安全，必须对转基因生物及转基因食品进行严格的科学试验，积累足够的证据，从而做出合理缜密的安全性评价，采取更严格的监管措施，保证转基因产品的安全性。

二、细胞工程

细胞工程主要指在杂交育种基础上发展形成的细胞（原生质体）融合新技术，以及借助于微生物细胞培养（发酵）的先进技术而对动植物细胞进行大量培养的技术。

1. 细胞工程的概念

细胞工程即是在细胞水平研究、开发、利用各类生物细胞的工程技术，是指应用细胞生物学和分子生物学的方法，按照人们预定的设计，有计划地改造细胞遗传结构，从而培育出所需要的新的动植物品种或具有某些新性状的细胞群体，以生产各种保健食品有效成分、新型食品和食品添加剂。其内容主要包括动物细胞工程、植物细胞工程和微生物细胞工程。

在功能食品生产中，细胞培养与微生物发酵相类似，先利用发酵罐进行深层发酵培养，然后利用培养液中的细胞或其次生代谢产物作为功能食品的基料。利用细胞培养可使一些资源稀少的动植物原料有可能应用于功能食品和药品的生产中。目前，细胞培养已不再是原细胞的简单复制，而是通过细胞融合、细胞重组等手段，使培养的细胞按照人们的需要去发展，从而获得希望的产品。

2. 细胞工程在食品工业中的应用

（1）动物细胞工程及其应用　动物细胞工程是以工业生产为目的，应用工程技术的手段，大量培养细胞或动物本身，以期获得细胞或有用的代谢产物以及可供利用的动物的一种技术。

目前动物细胞培养的应用领域主要集中于疫苗、干扰素、免疫球蛋白和生长激素等临床制品的生产中，利用动物细胞培养可获得许多宝贵的生理活性物质，在医药和保健食品中有广阔的应用前景。

利用动物细胞工程技术，从优良牲畜中分离出卵细胞与精子，在体外受精，然后再将人工控制的新型受精卵种植到种质较差的母畜子宫内，繁殖优良新个体，有可能创造出高产奶牛以及瘦肉型猪等新品种。

（2）植物细胞工程及其应用　植物细胞工程主要指植物细胞培养技术，是一种将植物的组织、器官或细胞在适当的培养基上进行无菌培养的技术。植物细胞培养的基本方法，经过近20年来的发展已日趋完善。种类繁多的植物，除可提供粮食、纤维和油脂以外，还可提供药物、食品添加剂、香料、色素和杀虫剂等多种多样的化学产品。

3000多种天然化合物中有80%以上来自植物。这些天然植物由于结构复杂，大部分无法用人工方法来合成。植物自然生长受环境因素的影响，产量受到限制，而植物细胞培养不受自然条件影响，培养物生长迅速，周期短，能够在人工控制的条件下提高产量和质量，可以实行工业化生产，现在已有六百多种植物能够借助组织培养的手段进行快速繁殖，多种具有重要经济价值的粮食作物、果蔬、花卉、药用植物等实现了大规模的工业化、商品化生产。目前利用植物细胞工程生产可用于食品工业的产品主要有色素类、风味物质、甜味剂和油类等，如紫草宁、人参皂苷等已培养成功。

（3）微生物细胞工程及其应用　在食品生物工程领域中，可以利用各种微生物发酵生产蛋白质、酶制剂、氨基酸、维生素、多糖、低聚糖及食品添加剂等产品。为了使其高产优质，除了通过各种化学、物理方法进行诱变育种及基因工程育种外，采用细胞融合技术或原生质体融合技术改造微生物种性以及创造新品系也是一种有效的途径和方法。

三、酶工程

生物技术中对食品工业生产影响最大的还是酶技术和发酵技术。食品工业是最早和最广泛应用酶的工业之一，目前已有几十种酶成功地应用于食品加工，涉及淀粉的深加工，果汁、肉蛋制品、乳制品、添加剂等的加工制造，在改进食品技术、提高食品质量、改善食品风味等方面发挥了重要作用。

20 世纪 80 年代末，美国的一些食品公司对于开发多种蛋白酶、脂肪酶新品种很感兴趣，利用这些酶可以修饰食品中的蛋白质组分和脂肪组分，改变食品的质构和营养价值。一些经特种酶处理过的改性蛋白质提高了可消化性；另一些蛋白质和脂肪经酶改性后可作为食品的风味增效剂；改性的酶蛋白或卵清蛋白可作为低热量型脂肪代用品。利用果聚糖水解酶、麦芽四糖酶及 α-葡萄糖转移酶等新酶种生产出的各种特殊的低聚糖具有保健功能，是值得大力发展的新甜味剂。固定化酶技术仍然在继续发展之中，随着材料新技术的不断涌现，酶的固定化载体的新品种不断得以开发。

1. 酶工程的概念

酶工程是利用酶的催化作用进行物质转化的技术，是将酶学理论与化工技术结合而形成的新技术，也就是利用离体酶或者是直接利用微生物细胞、动植物细胞、细胞器的特定功能，借助于工程学手段来为人们提供产品的一门技术。酶工程与发酵工程密切相关，是发酵工业发展的产物。

酶工程包括的技术范围大致分为：各种自然酶的开发和生产；酶的分离、纯化及鉴定技术；酶的固定化技术；多酶反应器的研制和应用；与其他生物技术领域的交叉和渗透等。

酶工程的基本过程如下：

菌种→扩大培养→发酵→发酵酶液→酶的提取(精制或固定化)→酶成品

原料→前处理→杀菌→酶反应器←

反应液→产品提取→成品

由于酶是由生物体产生的具有催化活性的蛋白质，所以它可高效、专一地催化特定的化学反应，并具有反应条件温和、反应产物容易纯化等优点。酶促反应能耗低，污染少，操作简单，易控制。因此，它与传统的化学反应相比，具有明显较强的竞争力。

2. 酶工程在食品工业中的应用

酶是生物催化剂，是生物体产生的具有活性的蛋白质。它可高效、专一地催化特定的生化反应，酶的催化作用可使反应速度提高 $10^8 \sim 10^{20}$ 倍，比一般化学催化剂效率高 $10^7 \sim 10^{13}$ 倍。

目前已经定性的酶有 2000 多种，其中商品酶有 200 种左右。其来源有动物、植物与微生物。其中微生物酶制剂是工业酶制剂的主体。工业上用量较大的酶制剂有 α-淀粉酶、糖化酶、葡萄糖异构酶、凝乳酶和碱性蛋白酶等 10 多种。

酶工程是当前功能食品生产中不可分割的组成部分，无论是产品制造、食品风味、质量改善、工艺技术的革新等都与酶的应用密切相关。超氧化物歧化酶、谷胱甘肽酶等，本身就是功能食品的重要功效成分。而在食品生产中更多的酶是作为催化剂应用于酶促反应中来促进反应顺利完成的。

生物技术在食品工业中应用的代表就是酶的应用。与此有关的各种酶如淀粉酶、葡萄糖异构酶、乳糖酶、凝乳糖酶、蛋白酶等的总销售几乎占酶制剂市场总营业额的 60% 以上。

(1) 蛋白制品　蛋白质是食品中的主要营养成分之一。以蛋白质为主要成分的制品称为蛋白制品，如蛋制品、鱼制品和乳制品等。对人体有营养的氨基酸口服液都是利用动物蛋白或植物蛋白为原料，在蛋白酶的作用下水解而成的。酶在蛋白制品加工中的主要用途是改善组织、嫩化肉类、转化废弃蛋白质成为供人类使用或作为饲料的蛋白质浓缩液，因而可以增加蛋白质的价值和可利用性。例如，牲畜屠宰后，为了提高肉的嫩度，常外加蛋白酶进行人工嫩化，主要是酶促肌原纤维分解达到提高嫩度的目的。

酶在乳制品工业中最主要的应用是用凝乳酶凝乳生产奶酪。在功能食品中应用广泛的低聚肽也是利用蛋白酶在温和条件下水解而获得，大豆多肽、玉米多肽、谷胱甘肽等都是通过酶法制取的。另外，酶在乳制品工业改进产品生产过程、改善乳制品生产的质量和安全性以及质量检测中也有许多应用。

（2）淀粉制品　淀粉制品在保健食品中具有重要作用。用酶水解法可以将淀粉转化为各种食品和食品添加剂。利用 α-淀粉酶可生成麦芽糊精、环状糊精、白糊精；加 β-淀粉酶、异淀粉酶可转化为麦芽糖、麦芽糖醇，再加糖化酶可生产葡萄糖、山梨醇、果葡糖浆等。具有预防龋齿、促进双歧杆菌增殖及降血脂、减肥等生理功效的低聚果糖，可广泛用于各种功能食品的生产中，其工业化生产目前一般是采用黑曲霉等产生的果糖转移酶作用于高浓度的蔗糖溶液，经过一系列的酶转移作用而获得的。

（3）活性成分的提取　许多植物组织由于结构紧密或含有大量果胶，从中提出营养、功能成分比较困难，提取率低，常用加入合适的生物酶处理，使纤维素、半纤维素、果胶破坏，使部分淀粉水解，从而改善了提取工艺。像灵芝、香菇等食用菌直接提取比较费时，如果先加纤维素酶、半纤维素酶处理再提取，则溶出物要多得多。又如，用动物血红蛋白经酶处理可获得高铁含量的正铁血红素，从与铁盐共存下的酵母发酵液中可获得低聚糖铁，这种属于矿物营养素类的活性成分铁，对氢的稳定性和对水的溶解性极高，不受温度和 pH 变化的影响，吸收利用率极高。

（4）磷脂的酶法改性　磷脂是功能食品重要的活性物质，一般是从植物油精炼过程中分离出来的，是制油工业最重要的一种副产品。作为功能食品基料最好是精制磷脂或分提磷脂，因其纯度高、无异味，可较大量地添加使用，以保证磷脂生理功能的充分发挥。高纯度磷脂主要是通过各种磷脂酶对磷脂进行改性，即制取酶改性磷脂获得。工业化是用磷脂酶 A_2 作用于磷脂分子中的 β-碳位上酯键，使其水解成为溶血体磷脂，从而其亲水-亲油平衡值发生变化。酶反应后减压浓缩，经丙酮脱油提纯得溶血体磷脂产品，还可用乙醇进一步分提，制得高纯度的溶血体卵磷脂和脑磷脂制品。

酶工程技术在功能食品生产中应用很广，关键是需要选择适当的酶制品和控制酶解的适宜条件，并控制酶解的程度。

四、蛋白质工程

蛋白质是由 20 种氨基酸组成的生物大分子物质。氨基酸通过肽链连接形成多肽链。不同的蛋白质，其氨基酸排列顺序也不同，这种顺序是由编码该蛋白质基因中 DNA 的碱基顺序决定的。被称为蛋白质一级结构的氨基酸顺序决定着多肽链的折叠方式和高级结构。因此，通过对编码该蛋白质基因的修饰和遗传工程途径即可获得新型的蛋白质分子，这就是蛋白质工程。

蛋白质工程是在遗传工程取得成效的基础上，融合蛋白质结晶学、计算机辅助设计和蛋白质化学等多种学科而发展起来的一个新兴研究领域，它集中了当代分子生物学一些前沿领域的最新成就。蛋白质工程可以按照人类的意愿设计制造符合人类需要的蛋白质，因而它的创立对工业用蛋白质（包括酶）的实用化具有重要意义。

蛋白质工程可用于改造食品工业中的酶，以提高其稳定性、耐酸碱性和抗氧化能力等。

第五节 微生物工程技术

微生物工程技术是一项古老的生物技术。它最初是应用微生物进行固体培养，将一些植物性原料如麦芽、谷物等加工成酒和调料食品。在 20 世纪 40 年代中后期，抗生素的发现和大规模深层培养技术的问世，赋予了微生物反应技术以新的生命力，使得微生物发酵的品种不断增加，产品深入到人们日常生活的多个方面，特别是食品领域。微生物对食品工业和其他工业的贡献主要体现在以下几方面。

（1）微生物菌体　以廉价的农产品、农产品废料、石化工业废物等为原料，增殖培养细菌、酵母和真菌，然后从培养物中分离出菌体，用作粮食、饲料或其他再加工制品。例如，以食品发酵废液、糖蜜、亚硫酸纸浆废液、甲醇等为原料培养食用、饲用、药用及面包酵母；以稻草、锯屑、木屑为原料培养香菇、平菇、木耳等高级真菌，以酵母菌体为原料生产核苷酸类调味品亦包括在内。

（2）微生物转化产品　利用微生物酶的作用来改变农产、畜产及水产食品的色、香、味等的酿造工业。

（3）微生物代谢产品　利用农产或工业废物，经微生物发酵生成各种有机物，供医药、食品工业使用。

（4）微生物酶　微生物体内或体外酶。

人们可以利用发酵技术大规模生产人类必需的氨基酸和维生素，用于食品和化工原料的有机酸和有机溶剂，刺激生物生长的赤霉素，杀灭线虫和螨类的驱虫素以及甾体物质的转化、疫苗、酶制剂和饲料用的单细胞蛋白等，形成了一个庞大的发酵工业。

一、微生物工程的概念

微生物工程也叫发酵工程，是利用微生物的生长和代谢活动，通过现代化工程技术手段以工业规模生产的技术。其是将传统的发酵技术与基因工程、细胞工程、固相化菌等现代生物技术相结合发展起来的现代发酵技术。发酵工程的内容随着生物技术的发展不断扩大和充实，不仅包括菌体生产和代谢产物的发酵生产，还包括微生物机能的利用等。

二、微生物工程的生产过程

微生物工程的产品一般分为细胞（菌体）、酶类和代谢产物三大类，其中代谢产物占大多数。微生物工程经历了传统发酵技术（主要从事酿酒、制醋等的生产）、近代深层厌氧发酵技术（酒精、丙酮等的生产）、现代代谢控制发酵技术（氨基酸、核苷酸等的生产）和基因工程菌发酵技术（人生长激素、胰岛素、干扰素等产品的生产）几个历史性阶段。随着科技的发展，它涉及的范围还会越来越广泛。

微生物工程主要内容包括工业生产菌种的选育、最佳发酵条件的选择和控制、生化反应器（发酵罐）的设计和产品的分离、提取及精制等过程。

要实行一个发酵过程并得到发酵产品，一定要具备以下几个条件。

① 要有某种合适的微生物；

② 要保证或控制微生物进行代谢的各种条件（培养基组成、温度、溶解氧浓度、pH值等）；

③ 要有进行微生物发酵的设备；

④ 要有将菌体或代谢产物提取出来，精制成产品的方法和设备。

发酵过程是一系列复杂的生化反应过程，在此过程中微生物分泌的酶起着决定性作用，没有酶就没有生命，也就没有发酵现象。

三、与功能食品加工有关的微生物

微生物种类繁多，病毒、立克次体、细菌、放线菌、酵母菌、霉菌、单细胞藻类、原生动物和支原体等都属于微生物范畴。微生物有些是对人体有害的，有些是有益的，在食品生产中，需要杀灭有害微生物，以保证食品的安全卫生，同时利用有益微生物，生产出人们所需的各类食品。目前在食品发酵工业中经常遇到的微生物主要有细菌、放线菌、酵母菌和霉菌等。

1. 细菌

细菌是单细胞的微生物，有球形、杆形和螺旋形三种主要形态。

乳酸菌是一类可发酵利用碳水化合物而产生大量乳酸的细菌，有乳杆菌属、链球菌属、明串珠菌属、双歧杆菌属和片球菌5个属很多个菌种。每个属都有一些菌种用于乳品的发酵生产，而双歧杆菌是目前功能食品生产中最重要的乳酸菌类。

2. 放线菌

放线菌菌体大多由分枝发达的菌丝组成，其细胞结构及成分与细菌相同。放线菌是生产抗生素的主要微生物，据不完全统计，由放线菌产生的抗生素已有4000种以上，在医药、卫生、农业生产、食品加工等方面有广泛应用。

3. 酵母菌

酵母菌是单细胞的真核微生物，其繁殖方式分为有性繁殖和无性繁殖两类，有性繁殖以形成子囊孢子的方式进行，无性繁殖以芽殖为主。酵母菌在酒类生产中发挥着重要作用，此外在甘油、面包酵母、动物饲养用菌体蛋白等的生产中也起着重要作用。

4. 霉菌

霉菌是一类能形成菌丝体的小型丝状真菌的俗称，包括了分类学上很不相同的许多真菌，繁殖主要依靠形成各种孢子的方式进行。

霉菌在自然界中的分布极为广泛，除应用于传统的酿酒、制酱及其他发酵食品外，还在生产有机酸（如柠檬酸）、抗生素、灰黄霉素、酶制剂（如蛋白酶、淀粉酶、纤维素酶）等方面发挥着重要作用。当然，霉菌也有其有害的一面，能引起食物的霉烂变质。

四、微生物工程在功能食品中的应用

古代的酿造技术，如酒、醋、酱油等的生产就是利用微生物的发酵技术，只不过现代微生物技术有了更新的发展和更广泛的应用。微生物工程在功能食品中的应用主要体现在以下几个方面。

1. 微生物菌体的生产和应用

许多微生物菌体可作为功能食品的原料、功能性配料或添加剂。利用细菌、酵母、真菌等的培养增殖，分离菌体、菌丝，可用作食品、饲料或加工成功能食品。

① 对人体健康具有重要作用的乳酸菌及双歧杆菌本身就是微生物，其作为微生态食品在功能食品中的作用已众所周知。

② 各种食用菌，如香菇、灵芝、冬虫夏草等都是真菌的子实体，是一类重要的功能性基料，不仅可用传统工艺进行培养，而且采用了液体发酵法培养，实现了工业化生产，为功能食品生产提供了更充足的原料。例如，具有提高人体免疫能力、抑制肿瘤、抗衰老、抗辐射、降血糖、护肝、抗凝血等作用的真菌多糖就是采用直接从真菌中提取，或采用液态深层发酵取得菌丝体后再提取的方法而制备得到的。

③ 利用酵母菌丝体可生产核苷酸，核苷酸不仅是传统的调味品，而且发现其具有增强免疫功能、抗癌等作用。

④ 酵母是酵母菌的菌丝体，不仅本身可作为食品发酵的菌种，而且是高蛋白原料。单细胞蛋白就是从酵母或细菌等微生物中获取的蛋白质，营养价值很高。用发酵技术生产单细胞蛋白具有原料来源广，不受植物资源、季节和气候条件限制等特点，可在占地有限的设备上生产数量大、质量好的蛋白质。例如，以酵母菌和假丝酵母菌生产的单细胞蛋白，可直接用作人的食品，由于单细胞蛋白氨基酸组成齐全，维生素、矿物质含量丰富，因此常作为营养强化剂而添加到食品中。更重要的是，通过在培养基中添加硒、铬等，还可生产出具有重要功能调节作用的富硒酵母、富铬酵母、富锗酵母等，这几种功能保健物质越来越受到广泛的重视。例如，利用生物技术制备能清除自由基，具有抗衰老功能，还能增加机体排毒功能，保护肝脏的谷胱甘肽（GSH）有两种方法。一种是选育富含 GSH 的高产酵母菌株，再通过提取离心、树脂吸附、酸洗脱、过滤、脱色、浓缩、喷雾干燥制备而得。另一种方法是通过培养富含 GSH 的绿藻，再用与酵母相似的方法提取。

2. 微生物转化产品

利用微生物发酵可改变农产品的色、香、味。除传统的白酒、果酒、啤酒、酱油等产品外，乳酸饮料、乳酪也深受人们喜爱。

3. 微生物代谢产物的应用

通过微生物发酵，微生物代谢可产生许多有用的有机物，在医药、食品、化工中具有广泛用途。通常包括氨基酸、核苷酸、有机酸等初级代谢产物和抗生素、维生素、激素、生物碱、细胞毒素等次级代谢产物，在功能食品生产中具有不可替代的作用。

（1）维生素类 如维生素 B_1、维生素 B_2、维生素 C 都是通过微生物发酵法生产的，是功能食品的重要强化剂。维生素 A 及胡萝卜素的工业化生产途径通常包括天然提取法、化学合成法和生物技术法，目前仍以化学合成法为主。但从发展前景看，利用生物技术途径即通过特定的菌种，如海藻、霉菌、酵母或细菌培养，由此提取分离出胡萝卜素，这是制备胡萝卜素一种较好的实用方法。

（2）谷氨酸、肌苷 它们是营养添加剂。

（3）γ-亚麻酸 近年来，又发现一种不饱和脂肪酸——γ-亚麻酸。自然界中 γ-亚麻酸资源较少，含量也不高，过去从月见草种子中榨取，采用发酵法利用被孢菌、根霉菌、枝霉菌等进行发酵，菌体含油量可达 $40\%\sim50\%$，油中 γ-亚麻酸含量可达 $6\%\sim12\%$。现在的发酵法是利用某些真菌 γ-亚麻酸含量较高的特性，采用生物工程技术先育出菌株，然后以葡萄糖为原料，经斜面、摇瓶、小罐、中罐、大罐等系列无菌培养，获得菌体细胞，再在真空低温不破坏有效成分的条件下干燥得到菌体细胞干粉。这种菌体细胞干粉富含 γ-亚麻酸及亚油酸等不饱和脂肪酸，用超临界 CO_2 作萃取剂，将 γ-亚麻酸萃取出来，就可得到不含任何溶剂残余的 γ-亚麻酸油。该发酵法产量大、周期短，为 γ-亚麻酸提供了充足的来源。

（4）超氧化物歧化酶 超氧化物歧化酶（SOD）作为一种功能性食品基料，其主要作用是调理和预防由于自由基侵害而发生的各种疾病，如可延缓衰老、提高免疫力、增强环境适应力和疾病抵抗力等。目前国内 SOD 制品主要是从动物血液（如猪血、牛血和马血）的红细胞中提取的，受到血源和得率的限制。选育高产菌株以生物技术生产 SOD 则具有可以大规模培养发酵的优势，日本及西方发达国家现如今已能生产 SOD 基因工程菌发酵产品。一些研究表明，用酵母表达生产人的 SOD 可能是最有应用前途的。我国也已进行了构建

SOD 基因工程菌的研究，但这方面的工作有待进一步深入和加强。

（5）食品添加剂　微生物发酵生产的柠檬酸、乳酸、苹果酸等多种有机酸是饮料中不可缺少的酸味剂。一种以微生物发酵法生产的新型甜味剂正在迅速发展，其甜度高、热量低，代替蔗糖有广阔前景。如天冬氨素（天门冬酰苯丙氨酸甲酯）甜味是蔗糖的 200 倍，三氯蔗糖甜味是蔗糖的 600 倍，都可采用发酵法生产，国外已有这种甜味剂的产品问世。某些植物含有天然蛋白质甜味剂，若将甜味剂基因从植物转移到微生物，则可采用发酵法大量生产，在利用基因工程方法方面，国外已构建成生产天然蛋白甜味剂的菌株，其产品甜度是蔗糖的3000 倍。

4. 微生物酶

微生物体内外均含有生物酶，可利用微生物发酵从菌体中提取各种酶，用于食品工业或其他行业。有些酶在动植物体内含量低，提取比较困难，微生物法为这些酶的生产提供了可行的途径。主要的微生物酶有 α-淀粉酶、糖化酶、异淀粉酶、乳糖酶、蛋白酶、脂肪酶、果胶酶、纤维素酶、葡萄糖氧化酶等。

目前，我国发酵技术的总体水平尚不高，主要表现在缺少高性能的发酵菌种，发酵工艺高水平的较少，发酵产物的提取技术落后，发酵设备水平也比较低，厂家多，规模小，效率比较低。因此，许多功能性物料的产量、质量还存在较大差距，不能满足功能食品生产的需求。微生物技术是一项既古老又有发展潜力的生物技术，是现代生物工程的重要组成部分。随着许多微生物新品种的筛选和培育，微生物发酵技术研究的进一步深化和发展，以及新型发酵反应工艺和设备的进一步完善，食品发酵工艺在功能食品生产中的应用将会越来越广，并可能创造出新型的功能食品。

第六节　冷冻干燥技术

冷冻干燥是目前应用很广的低温技术，又称为冷冻升华干燥、真空冷冻干燥等。它是将食物中的水分冻结（低温：$-60 \sim -10℃$）成冰后，在真空（高真空：$6.67 \sim 40Pa$）下使冰直接汽化的干燥方法。其优点在于产品保持了食品原有的物理、化学、生物学性质，以及感官性质不变，复水性好，可长期保藏，且能完整地保存功能食品中的热敏性功能成分的生理活性。

冷冻干燥需要高真空度及低温，因而适用于受热易分解的功能性物料。冷冻干燥的成品呈海绵状，易于溶解，故一些蛋白质类药品和生物制品，如酶、激素、天花粉蛋白、血浆、抗生素、疫苗，以及一些需呈固体而临用前溶解的注射剂多用此法。

一、冷冻干燥过程

冷冻干燥装置系统包括制冷系统、真空系统、加热系统、干燥系统等四部分。制品的冷冻干燥过程包括预冻、升华和再干燥三个阶段。

制品的预冻应将温度降到该溶液的最低共熔点以下，并需保持一段时间，以克服溶液的过冷现象，使制品冻结完全。为使冻干制品粒子均匀细腻，具有较大的比表面积和多孔结构，溶液的冻结宜采用速冻法，即每分钟将其温度降低 $10 \sim 50℃$。但速冻法所得细粒结晶对升华干燥时冰的升华阻力较大。此外，成品的引湿性也较大。小型制品的预冻通常是将干燥箱中的搁板温度降到 $-40℃$ 后将制品放入，然后再继续冷冻一段时间，待制品完全冻结后即可进行升华操作。

在真空环境中加热升华其干燥过程是由周围逐渐向内部中心干燥的，随着干燥层的逐渐增厚，可将其看成是多孔结构，升华热由加热体通过干燥层不断地传给冻结部分，在干燥与冻结交界的升华面上，水分子得到加热后，将脱离升华面，沿着细孔散逸到周围环境中，而周围环境中的气压必须低于升华面上的饱和蒸汽压力，只有这样才能形成一个水分子向外迁移的动力，这就意味着升华干燥必须在真空环境中进行。另外物料处于冻结状态，需维持温度低于三相点，而在真空环境下，此温度易于保持。

另外，升华速率与温度、压力及升华活化能有关，若增加升华热的供给，可以提高升华的速率，但这样会使物品的温度超过升华平衡温度，造成其熔化，这是不允许的，也是真空冷冻干燥中应避免出现的，它直接关系到冻干产品的质量。

冷冻干燥是目前最先进的干燥方式。但是，由于设备投资昂贵、能耗大、干燥能力小，运行成本很高，只能应用于一些高价值、干燥条件要求很严的物品或特殊用途的物品，也用于某些菌种的干燥保存。由于冷冻干燥食品的优异品质，在国外受到广泛欢迎，其仍有较广阔的发展前景。活性酶类食品、免疫球蛋白等，可考虑选择冷冻升华干燥工艺。

二、冷冻干燥的特点

1. 冷冻干燥的优点

① 由于食品的冷冻干燥在低温及高真空度下进行，避免了食品中热敏性成分的破坏和易氧化成分的氧化，所以，冻干食品的营养成分和生理活性成分损失率最低，这是某些功能食品采用冻干食品为基料的主要原因。

② 食品冻结后水变成冰形成了一个稳定的固体骨架，当水分冷冻后直接干燥升华，仍使固体骨架基本维持不变。因此，冻干食品的收缩率远远低于其他干制品，能够保持新鲜食品的形态。

③ 冻干食品由于脱水较彻底，包装适当，不加任何防腐剂，对储存时的环境温度没有特别的要求，即在常温下可安全地储存较长的时间。因此，其储存、销售等经常性费用远远低于冷冻食品。

④ 由于食品冻结后进行升华干燥，食品内细小冰晶在升华后留下大量空穴，呈多孔海绵状，在复水时能迅速渗入并与干物料充分接触，可使冻干食品在几分钟甚至数十秒钟内完全复水，因而最大限度地保留了新鲜食品的色、香、味。所以，冻干食品具有优异的复水性能，是高质量的速食方便食品。

⑤ 食品在冷冻干燥时，由于低温使得各种化学反应速率较低，故食品的各种色素分解造成的褐色、酶及氨基酸引起的褐变几乎不会发生。所以，冻干食品不需添加任何色素，最大限度地保留了食品的原有色泽。

⑥ 由于物料中的水分在预冻结后以冰晶形态存在，原来溶于水中的无机盐被均匀地分配在物料中，而升华时，溶于水中的无机盐就地析出，这样就避免了一般干燥方法因内部水分向表面扩散，所携带的无机盐也移向表面而造成的表面硬化现象。因此，冷冻干燥制品复水后易于恢复其原有的性质和形状。

⑦ 因物料处于冰冻的状态，升华所需的热可采用常温或温度稍高的液体或气体为加热剂，所以热能利用经济。

2. 冷冻干燥的缺点

① 食品的比表面积（表面积与其体积之比）较大，在储存期间食品中的脂肪容易氧化造成脂肪酸败。所以，真空冷冻干燥食品要真空包装，最好充氮包装。

② 食品暴露于空气中容易吸湿吸潮，故包装材料要绝对隔湿防潮。

③ 食品一般所占体积相对较大，不利于包装、运输和销售，所以冻干食品常被压缩之后再包装。

④ 食品因具有多孔海绵状疏松结构，在运输、销售中易破碎及粉末化。所以，对不便压缩包装的冻干食品，应采用有保护作用的包装材料或形式。

⑤ 由于低温干燥操作是在高真空和低温下进行，需要有一整套高真空获得设备和致冷设备，故投资费用和操作费用都很大，因而产品成本高。

真空冷冻干燥技术发展到今天，已在许多领域得到成功应用。但与其他干燥方法相比，其设备投资依然较大，能源消耗及产品成本依然较高，限制了该技术的进一步发展。因此，如何在确保产品质量的同时，实现节能降耗、降低生产成本是真空冷冻干燥技术当前面临的最主要的问题。

三、冷冻干燥技术在功能食品中的应用

冷冻干燥技术广泛应用于生物制品、血液制品以及各种疫苗、药品的研究和生产中。在食品生产中，主要用于宇航、军队、登山、航行、探险等特殊场合的食品及一些高附加值食品的生产，同时在民用食品中也获得越来越多的应用。

许多功能食品功效成分不稳定，用普通干燥法干燥常造成部分破坏或活性降低，最好的干燥方法是冷冻干燥。某些贵重药食两用原料的干燥，如人参、蜂王浆、蜂胶、蚕蛹提取物、花粉制品等用冷冻干燥法脱水，其有效成分可充分得到保护，特别是某些活性物质可以不受损失。功能食品及中药材如山药粉、芦笋粉、保健茶、蜂王精、营养冲剂、活性人参粉、天麻粉等的加工制造也用冷冻干燥法。此外，SOD、谷胱甘肽过氧化物酶以及某些食品生产中常用的酶的干燥，最好用冷冻干燥法，以保持其活性。还有活性干酵母、活性干乳酸菌、活性蛋白、活性肽的干制也在广泛使用冷冻干燥技术。冷冻干燥的水果和蔬菜在国外很受欢迎。例如冻干草莓、香蕉、青梅等，具有保持原有水果风味、色泽以及复原性好等特点，也可用于高档功能食品的配料。

冷冻干燥在功能食品生产中应用越来越广，随着技术的进步和冻干设备制造成本的降低，许多用量较小但作用很大的成分逐渐改为冷冻法干制，使功能食品的功能作用得到进一步提高。

第七节　超微粉碎技术

所谓超微粉碎是指利用机械或流体动力的方法将物料颗粒粉碎至微米甚至纳米级微粉的过程。超微粉碎技术是近年来国际上迅速发展起来的一项新技术。微粉是超微粉碎的最终产品，具有一般颗粒所不具备的一些特殊的理化性质，如良好的溶解性、分散性、吸附性、化学反应活性等。因此超微粉碎技术已广泛应用于化工、医药、食品、农药、化妆品、染料、涂料、电子、航空航天等许多领域。

一、超微粉碎微粉的特征与测定

超微粉碎系统可将物料在常温下于空气中进行粉碎，其粉碎粒度微小，平均粒径可达 $2\mu m$ 以下，物料经超微粉碎后可完整地保持其有效成分，并可显著提高有效成分利用率及人体消化吸收率。该技术不仅适合一般物料的粉碎，而且也适合于含纤维、糖及易吸潮物料的超细化处理。

根据原料和成品颗粒的大小或粒度，粉碎可分为粗粉碎、细粉碎、微粉碎（超细粉碎）

和超微粉碎 4 种类型，见表 7-2。超微粉碎一般是指将 3mm 以上的物料颗粒粉碎至 $10\sim 25\mu m$ 以下的过程。由于颗粒的微细化导致表面积和孔隙率的增加，超微粉体具有独特的物理化学性能，其应用领域十分广泛。食品工业是超微粉碎应用的一大领域，作为一种新型的食品加工方法，已在许多食品加工中得到应用。许多可食动植物，包括微生物等原料都可用超微粉碎技术加工成超微粉，甚至动植物的不可食部分也可通过超微化而被人体吸收。微细化的食品具有很强的表面吸附力和亲和力，因此，其具有很好的固香性、分散性和溶解性，特别容易消化吸收。功能性基料被超微粉碎后，极易被人体吸收，可增强有效成分在体内的吸收。此外超微粉碎可以使有些食品加工过程或工艺产生根本性的变化，如速溶茶生产，传统的方法是通过萃取将茶叶中的有效成分提取出来，然后浓缩、干燥制成粉状速溶茶。现在采用超微粉碎仅需一步工序便可得到茶粉产品，大大简化了生产工艺。

表 7-2　粉碎类型

单位：mm

粉碎类型	原料粒度	成品粒度	粉碎类型	原料粒度	成品粒度
粗粉碎	$10\sim 100$	$5\sim 10$	微粉碎	$5\sim 10$	$<100\mu m$
细粉碎	$5\sim 50$	$0.1\sim 5$	超微粉碎	$0.5\sim 5$	$<10\sim 25\mu m$

粒度是超微粉的一个重要质量指标，因为食品超微粉的特性与粒度有关。

粒度就是粉碎物颗粒大小的尺度。对于球形颗粒来讲，粒度就是颗粒的直径。对非球形颗粒而言，粒度有两种表示方法：①以表面积为基准的名义粒度 D_S；②以体积为基准的名义粒度 D_V。

粒度分布的测定方法有筛分法、显微镜法、沉降法、吸附法、流体透过法、激光粒度测定法等。

二、超微粉碎方式

目前微粒化技术有化学法和机械法两种。化学合成法能够制得微米级、亚微米级甚至纳米级的粉体，但产量低，加工成本高，应用范围窄。机械粉碎法成本低、产量大，是制备超微粉体的主要手段，现已大规模应用于工业生产中。根据粉碎过程中颗粒的受力情况以及机械的运动形式，机械法可分为气流粉碎、媒体搅拌粉碎和冲击粉碎 3 种方法。按设备作用原理则可分为机械式和气流式两大类。机械式又分为雷蒙磨、球磨机、胶体磨和冲击式微粉碎机 4 类。

三、超微粉碎技术在功能食品中的应用

超微粉碎的目的主要是利用微粉的一些特性，如表面积大、表面能大、表面活性高。食品超微粉碎技术的应用是食品加工业的一种新尝试，日本、美国市售的果味凉茶、冻干水果粉、超低温速冻龟鳖粉等都是应用超微粉碎技术加工而成的。我国于 20 世纪 80 年代就将此技术应用于花粉破壁。随后，一些口感好、营养配比合理、易消化吸收的功能食品便应运而生。

1. 超微粉碎技术大大丰富了功能食品的种类

传统的饮茶方法是用开水冲泡茶叶，但是人体并没有完全吸收茶叶中的全部营养成分，一些不溶性或难溶的成分，诸如维生素 A、维生素 K、维生素 E 及绝大部分蛋白质、碳水化合物、胡萝卜素以及部分矿物质等都大量留存于茶渣中，大大地影响了茶叶的营养及保健功能。如果将茶叶在常温、干燥状态下制成茶粉，使粉体的粒径小于 $5\mu m$，则茶叶的全部营养成分易被人体肠胃直接吸收，用水冲饮时成为溶液状，无沉淀。茶叶超微粉不仅冲泡方便，利用率高，还可用于生产茶味冰淇淋、雪糕、茶味糖果、茶味巧克力等，给市场创造新的食品品种。

将功能性基料加工成超微粉添加到各种食品中，可增加食品的营养，增进食品的色香味，改善食品的品质，增添食品的品种。由于食品超微粉的溶解性、分散性好，容易消化吸收，在保健食品的生产中有广阔的应用前景，如超微粉碎技术用于超细珍珠粉及超细花粉的制造。超微粉碎的珍珠粉，氨基酸种类多达 20 余种，其质量优于传统水解工艺生产的珍珠粉；采用超微粉碎生产的超细花粉其破壳（壁）率可达到 100%；超微粉碎还可用于南瓜粉、大蒜粉、芹菜粉、补钙食品、高膳食纤维食品等的加工制造。

2. 超微粉碎技术有利于食物资源的充分利用

小麦麸皮、燕麦皮、玉米皮、玉米胚芽渣、豆皮、米糠、甜菜渣和甘蔗渣等含有丰富的维生素、微量元素等，具有很好的营养价值，但由于常规粉碎的纤维粒度大，影响食品的口感，而使消费者难以接受。通过对纤维的微粒化，能显著地改善纤维食品的口感和吸收性，从而使食物资源得到了充分的利用，而且丰富了食品的营养。一些动植物体的不可食部分如骨、壳（如蛋壳）、虾皮等也可通过超微化而成为易被人体吸收、利用的钙源和甲壳素。各种畜、禽鲜骨中含有丰富的蛋白质和脂肪、磷脂质、磷蛋白，能促进儿童大脑神经的发育，有健脑增智之功效。一般将鲜骨煮、熬之后食用，实际上鲜骨的营养成分没有被人体吸收，造成资源浪费。利用气流式超微粉碎技术将鲜骨多级粉碎加工成超细骨泥或经脱水制成骨粉，既能保持 95% 以上的营养素，而且营养成分又易被人体直接吸收利用，吸收率可达 90% 以上。而果皮、果核经超微粉碎也可转变为食品。

第八节　其他技术

一、分子蒸馏萃取技术

蒸馏是根据不同组分之间沸点的差距分离固体与液体或液体与液体混合物的一种最基本的分离方法。在普通蒸馏过程中，蒸发的温度一般高于被蒸馏组分的沸点。由于物质的沸点是随压力而变化的，所以蒸馏的温度是可以由压力控制的。当分子离开蒸发面后形成蒸汽分子，蒸汽分子在运动中互相碰撞，一部分进入冷凝面中，另一部分返回蒸发面，因此，蒸发的效率有待提高。要避免部分物质在蒸馏过程中因分解而造成损失，可以采用减压蒸馏法。然而，沸点高、对热不稳定、黏度高或容易爆炸的物质，均不宜用一般的减压蒸馏，应进行分子蒸馏。

分子蒸馏的分离作用是利用液体分子受热会从液面逸出，而且不同种类分子逸出后，其分子运动平均自由度不同这一特性来实现的。采用该技术可以从油中分离维生素 A 和维生素 E。该技术也可用于热敏性物料的浓缩和提取，如用于处理蜂蜜、果汁和各种糖液等。

1. 分子蒸馏技术的特点

分子蒸馏技术与普通蒸馏或真空蒸馏技术相比，具有如下一些特点。

（1）蒸馏温度低　常规蒸馏是在物料沸点温度下进行操作的，而分子蒸馏是利用不同种类分子逸出液面后的平均自由程不同的性质来实现分离的，只要冷热两面之间达到足够的温度差，就可在任何温度下进行分离，物料并不需要沸腾，加之分子蒸馏的操作真空度更高，这又进一步降低了操作温度。例如某种液体混合物在真空蒸馏时的操作温度为 260℃，而分子蒸馏仅为 150℃ 左右，由此可见，分子蒸馏技术更有利于节约能源，特别适宜一些高沸点热敏性物料的分离。

（2）蒸馏压力低　常规真空蒸馏装置由于存在填料或塔板的阻力，所以系统很难获得较高的真空度，而由于分子蒸馏装置内部结构比较简单，压降极小，所以极易获得相对较高的真空度，更有利于进行物料的分离。

（3）物料受热时间短　一般的真空蒸馏，被分离组分从沸腾的液面逸出到冷凝馏出，由于所走的路程较长，所以受热的时间较长。分子蒸馏在蒸发过程中，物料被强制形成很薄的液膜，并被定向推动，气态分子从液面逸出到冷凝面冷凝所走的路径要小于其平均自由程，距离较短，所以物料处于气态这一受热状态的时间就短，一般仅为 0.05～15s。特别是轻分子，一经逸出就马上冷凝，受热时间更短，一般为几秒。这样，使物料的热损伤很小，特别是给热敏性物质的净化过程提供了传统蒸馏无法比拟的优越条件。

（4）分离程度高　分子蒸馏常常用来分离常规蒸馏不易分开的物质（不包括同分异构体的分离）。特别适合于不同组分分子平均自由程相差较大的混合物的分离。还可进行多级分子蒸馏，适用于较为复杂的混合物的分离提纯，产率较高，可得到纯净安全的产物。

（5）不可逆性　普通蒸馏的蒸发与冷凝是可逆过程，液相和气相之间呈动态平衡；分子蒸馏过程中从加热面逸出的分子直接飞射到冷凝面上，理论上没有返回到加热面的可能性。所以分子蒸馏是不可逆过程。

（6）环保　分子蒸馏的产物无毒、无害、无污染、无残留，纯净安全。

2. 分子蒸馏技术的基本过程

分子蒸馏过程可以分为以下 5 个步骤。

① 物料在加热表面上形成液膜。通过重力或机械力在蒸发面形成快速移动、厚度均匀的薄膜。

② 分子在液膜表面自由蒸发。分子在高真空和远低于常压沸点的温度下进行蒸发。

③ 分子从加热面向冷凝面的运动。只要分子蒸馏器保证足够高的真空度，使蒸发分子的平均自由程大于或等于加热面和冷凝面之间的距离，则分子向冷凝面的运动和蒸发过程就可以迅速进行。

④ 分子在冷凝面的捕获。只要加热面和冷凝面之间达到足够的温度差，冷凝面的形状合理且光滑，轻组分就会在冷凝面上瞬间冷凝。

⑤ 馏出物和残留物的收集。馏出物在冷凝器底部收集，残留物在加热器底部收集。

在分子蒸馏设备中，蒸发器表面与冷凝器表面之间的距离很短，约 2～5cm，仅为不凝性气体平均自由路程的一半。这不仅满足了分子蒸馏的先决条件，而且有助于缩短物料汽化分子处于沸腾状态的时间，该时间仅为数秒钟。

分子蒸馏设备主要有薄膜式短程蒸发器、离心式分子蒸馏釜、降膜回流式分子蒸馏釜等。现在实验室级的分子蒸馏设备一般是刮板式结构，生产级的分子蒸馏设备一般是离心式结构。

3. 分子蒸馏技术在功能食品中的应用

分子蒸馏是一种新技术，在轻化工、食品、制药等行业中都有应用，由于其分离效率高、物料温度低、受热时间短，因而可避免不稳定组分的破坏。分子蒸馏在功能食品生产中有重要应用前景，特别是对某些功能因子的分离纯化，可获得比常规方法更纯更好的产品，用来制备高档功能食品。

（1）从混合物中分离低含量的成分　随着生活水平的提高，人们对功能食品的需求越来越大。天然维生素主要存在于一些植物组织中，如大豆油、花生油、小麦胚芽油以及油脂加工的脱臭馏分和油渣中。因维生素具有热敏性，沸点很高，用普通的真空精馏很容易使其分解。利用分子蒸馏技术提取维生素 E，浓度达到 30％以上只需两步。

（2）进行天然香料的单离　天然精油中常含有复杂的香料成分，用一般分馏法只能进行大致分离，很难得到纯度很高的单组分产物。利用分子蒸馏工艺，可使某些香料成分单离并达到较高的纯度。某些香料成分可用于功能食品的调香，还有的具有某些保健功能。

（3）用于不同沸点产品的分离　如脂肪酸甘油单酯的分离。脂肪酸甘油单酯是一种优质高效食用乳化剂和表面活性剂，它是由脂肪酸甘油三酯水解而成的。该水解产物由甘油单酯和甘油双酯组成，其中甘油单酯约占 50％。甘油单酯对温度较为敏感，不能用分馏方法提纯，只能用分子蒸馏法分离。采用二级分子蒸馏流程，可得含量大于 90％的甘油单酯产品，收率在 80％以上。此外，链长不等的脂肪酸也可用分子蒸馏法进行分离。

（4）从蒸馏残液中分离微量的挥发性成分　辣椒红色素是从辣椒果皮中提取出的一种优良的天然色素。由于在提取过程中加入了有机溶剂，普通的真空精馏对其进行脱溶剂处理后，辣椒红色素中仍残存 1％～2％的溶剂，不能满足产品的卫生标准。用分子蒸馏技术对辣椒红色素进行处理后，产品中溶剂残留体积分数仅为 $2×10^{-5}$，完全符合质量要求。传统提取类胡萝卜素的方法有皂化萃取、吸附和酯基转移法，但由于有剩余溶剂的存在等问题影响了产品质量。用分子蒸馏从脱蜡的甜橙油中进一步提取得到类胡萝卜素，产品具有很高的色价，而且不含外来的有机溶剂。此外，从乳脂中分离杀菌剂以及香料的脱臭等都可采用二级分子蒸馏装置进行。

（5）不饱和脂肪酸的分离和除臭　二十碳五烯酸（EPA）和二十二碳六烯酸（DHA）具有很高的药用和营养价值，在治疗和防止动脉硬化、老年性痴呆症以及抑制肿瘤等方面都有较好疗效，特别是最近发现二十二碳六烯酸对大脑和视网膜有特殊的疗效。分离 EPA 和 DHA 的方法有高效液相色谱法、尿素配位法、真空精馏法、超临界萃取法和分子蒸馏法等。前两种方法要使用大量的溶剂并产生副产品，又由于 EPA 和 DHA 有多个不饱和双键，而真空精馏法操作温度较高会导致鱼油中不饱和脂肪酸分解、聚合或异构化，因此，分子蒸馏法是分离 EPA 和 DHA 可选用的方法。分子蒸馏技术用于不饱和脂肪酸的除臭，处理后的不饱和脂肪酸完全没有臭味。

分子蒸馏也可用于热敏性物料的浓缩中，如用于处理蜂蜜、果汁和各种糖液等。由于在高真空条件下进行，且沸腾时间短，可避免热敏成分的损失。

二、冷杀菌技术

在食品生产中，无论是普通食品还是功能食品，杀菌工艺都占有极其重要的地位。最大限度地杀灭食品中的有害微生物和能够引起食物成分变质的酶类，才能保证食品的安全性，并保证食品在贮存、运输过程中不会腐败变质。过去，应用加热杀死微生物的原理，发展了各种加热杀菌技术，但是对于热敏感的食品在加热杀菌中会发生负面的影响，因为化学变化会导致营养组分的破坏、损失，或导致不良风味等。为此，人们一方面发展了减少加热损害的杀菌技术，一方面则发展了非加热的冷杀菌技术，如超高压杀菌、微波杀菌、欧姆杀菌、磁力杀菌和辐照保鲜等新的食品杀菌技术。

冷杀菌技术的特点是在杀菌过程中食品温度并不明显升高，这样就有利于保持食品中功能成分的生理活性，也有利于保持食品的色香味及营养成分。特别是对热敏性功能成分的保存更为有利。

1. 超高压杀菌

随着科技的发展，目前在众多的食品加工和贮存方法中，食品超高压处理技术成为一项很有发展前景的食品加工新方法。

（1）超高压杀菌概念　所谓超高压杀菌，就是将食品物料以柔性材料包装后，置于压力在 200MPa 以上的高压装置中经高压处理，使之达到杀菌目的的一种新型杀菌方法。

超高压杀菌的基本原理就是压力对微生物的致死作用。高压可导致微生物的形态结构、生物化学反应、基因机制以及细胞壁膜发生多方面的变化，从而影响微生物原有的生理活动机能，甚至使原有功能被破坏或发生不可逆变化，导致微生物死亡。

超高压处理过程是一个纯物理过程，只有物理变化，没有化学变化，故不会产生副作用，因而它与传统的食品加热处理工艺机理完全不同。高压会生成或破坏非共价键（氢键、离子键和疏水键），使生物高分子物质结构发生变化，相反，传统加热所引起的变性则是共价键的形成或破坏所致，从而导致了风味物质、维生素、色素等的改变（如变味）。因此，高压对形成蛋白质等高分子物质以及维生素、色素和风味物质等低分子物质的共价键无任何影响，故此高压食品很好地保持了原有的营养价值、色泽和天然风味。这些就是超高压技术的意义所在。

（2）超高压处理设备　超高压杀菌在技术和设备上要求很高，一般设备需要耐压 200MPa 以上，高者达 600MPa。材料和设备制造的困难将在相当一段时间内影响其在生产中的大量应用。在食品加工中采用超高压处理技术，关键是要有安全、卫生、操作方便的高压装置。超高压处理装置主要由高压容器、加压装置及其辅助装置构成。按加压方式分，高压处理装置有外部加压式和内部加压式两类。近年来又出现小型的内、外筒双层结构高压装置。按高压容器的放置位置分立式、卧式两种。生产的立式高压处理设备相对卧式占地面积小，但物料的装卸需专门装置。而使用卧式高压处理设备，物料的进出较为方便，但占地面积较大。

（3）超高压技术处理食品的特点　超高压技术进行食品加工具有的独特之处在于它不会使食品的温度升高，而只是作用于非共价键，共价键基本不被破坏，所以对食品原有的色、香、味及营养成分影响较小。与传统的加热处理食品比较，其独具特色的优点如下所述。

① 营养成分高。超高压处理的范围是只对生物高分子物质立体结构中非共价键结合产生影响，因此对食品中维生素等营养成分和风味物质没有任何影响，最大程度地保持了其原有的营养成分，并容易被人体消化吸收。通过对超高压处理的豆浆凝胶特性的研究发现，高压处理会使豆浆中蛋白质颗粒解聚变小，从而更便于人体的消化吸收。超高压处理的草莓酱可保留 95% 的氨基酸，在口感和风味上明显超过加热处理的果酱。

② 产生新的组织结构，不会产生异味。超高压食品在最大程度地保持其原有营养成分不变的同时，能更好地保持食品的自然风味。各理化指标将不同于其他加工方法处理的食品，感官特性有了较大的改善，可以改变食品物质性质，改善食品高分子物质的构象，获得新型物性的食品，特别是蛋白质和淀粉的表面状态与热处理完全不同，这就可以用压力处理出至今尚没有出现的各种新的食品素材。如作用于肉类和水产品，提高了肉制品的嫩度和风味；作用于原料乳，有利于干酪的成熟和干酪的最终风味，还可使干酪的产量增加。

超高压会使食品组分间的美拉德反应速度减缓，多酚反应速度加快；而食品的黏度均匀性及结构等特性变化较为敏感，这将在很大程度上改变食品的口感及感官特性，消除传统的热加工引起共价键的形成或破坏，从而导致了产品的变色、发黄及加热过程中出现的不愉快异味，如加热臭等弊端。

③ 经过超高压处理的食品无"回生"现象。超高压处理后的食品中的淀粉属于压致糊化，不存在热致糊化后的老化、"回生"现象。与此同时，食品中的其他组分的分子在经一

定的高压作用之后，也同样会发生一些不可逆的变化。

④ 利用超高压处理技术，原料的利用率高。超高压处理过程是一个纯物理过程，瞬间压缩，作用均匀，操作安全、耗能低，有利于生态环境的保护和可持续发展战略的推进。该过程从原料到产品的生产周期短，生产工艺简单，污染机会相对减少，生产过程无"三废"，产品的卫生水平高。

超高压技术不仅被应用于各种食品的杀菌，而且在植物蛋白的组织化、淀粉的糊化、肉类品质的改善、动物蛋白的变性处理、乳产品的加工处理以及发酵工业中酒类的催陈等领域均已有了成功而广泛的应用，并以其独特的领先优势在食品各领域中保持着良好的发展势头。

2. 微波杀菌

微波是含有辐射能的电磁波，与其他电磁辐射如光波和无线电波的不同点仅在于波长和频率。微波处于无线电波和红外辐射之间，其波长在 2500 万至 7.5 亿纳米之间，相当于 0.025～0.75m。对应用于食品而言，最终使用的微波频率为 2450MHz 和 915MHz。

（1）微波杀菌概念　微波杀菌就是将食品经微波处理后，使食品中的微生物丧失活力或死亡，从而达到延长保存期的目的。

微波杀菌不仅有热效应，而且有非热效应。一方面，当微波进入食品内部时，食品中的极性分子，如水分子等不断改变极性方向，导致食品的温度急剧升高而达到杀菌的效果。另一方面，微波能的非热效应在杀菌中起到了常规物理杀菌所没有的特殊作用，细菌细胞在一定强度微波场作用下，改变了它们的生物性排列组合状态及运动规律，同时吸收微波能升温，使体内蛋白质同时受到无极性热运动和极性转动两方面的作用，使其空间结构发生变化或破坏，导致蛋白质变性，最终失去生物活性。另外微波还可破坏微生物的生存环境，导致细胞中 DNA 和 RNA 受损，从而中断正常繁殖能力。因此，微波杀菌主要是在微波热效应和非热效应的作用下，使微生物体内的蛋白质和生理活性物质发生变异和破坏，从而导致细胞的死亡。

（2）微波杀菌的特点　微波加热在食品工业中用途广泛、潜力巨大，而且越来越重要。与加热杀菌比较其有以下特点。

① 节能高效、安全无害。常规热力干燥、杀菌往往需要通过环境或传热介质的加热，才能把热量传至食品，而微波加热时，食品直接吸收微波能而发热，设备本身不吸收或只吸收极少能量，故节省能源，一般可节电 30%～50%。微波加热不产生烟尘、有害气体，既不污染食品，也不污染环境。通常微波能是在金属制成的封闭加热室内和波导管中工作，所以能量泄漏极小，大大低于国家标准，十分安全可靠。

② 加热时间短、速度快、食品受热均匀。常规加热需较长时间才能达到所需干燥、杀菌的温度。由于微波能够深入到物料内部而不是靠物体本身的热传导进行加热，所以，微波加热的速度快。微波杀菌一般只需要几秒至几十秒就能达到满意的效果。微波能均匀地穿透食品达几厘米，而不致出现表面褐变或结硬壳现象。

③ 保持食品的营养成分和风味。微波干燥、杀菌是通过热效应和非热效应共同作用的，因而与常规热力加热比较，能在较低的温度就获得所需的干燥、杀菌效果。微波加热温度均匀，产品质量高，不仅能高度保持食品原有的营养成分，而且保持了食品的色、香、味、形。

④ 易于控制、反应灵敏、工艺先进。微波加热控制只需调整微波输出功率，物料的加热情况可以瞬间改变，便于连续生产，实现自动化控制，提高劳动效率，改善劳动条件，也

可节省投资等。

⑤ 微波灭菌比常规灭菌方法更利于保存活性物质。能保证产品中具有生理活性的营养成分和功效成分不被破坏是微波灭菌的一大特点。因此它应用于人参、香菇、猴头、花粉、天麻、蚕蛹及其他功能性基料的干燥和灭菌是非常适宜的。

3. 欧姆杀菌

欧姆杀菌是一种新型热杀菌的加热方法，它借通入的电流使食品内部产生热量而达到杀灭细菌的目的。目前，英国 APU Baker 公司已制造出工业化规模的欧姆加热设备，可使高温瞬间技术推广应用到含颗粒（粒径高达 25mm）食品的加工中。自 1991 年来，英国、日本、法国和美国已将该技术应用于低酸或高酸性食品的加工中。

（1）欧姆杀菌概念 欧姆加热是利用电极，将电流直接导入食品，由食品本身介电性质所产生的热量，直接杀灭食品中的细菌。所用电流为 50～60Hz 的低频交流电，食物的电导率、密度、形状、温度等对欧姆加热都有不同程度的影响。

欧姆加热的热效应与微波加热时相似，无需以物体表面和内部存在的温度差作为传热动力，而是电能贯穿食品体积时按容量转化成热能。但它与微波加热不同之处是：欧姆加热的穿透深度实际上不受物料厚度的影响。它的加热程度决定于食品的电导率的特别均匀性和在加热器中的停留时间的长短等。

（2）欧姆杀菌特点 欧姆杀菌可使颗粒的加热速率与液体的加热速率十分接近，并获得比常规方法更快的颗粒加热速率（1～2℃/s）。因而可缩短加工时间，得到高品质产品。

欧姆杀菌具有许多优点，可产生新鲜、味美的大颗粒产品，并产生高附加值；能加热连续流动的产品而不需要热交换表面；操作平稳、维护简单、易于控制。同时，欧姆杀菌对维生素等的破坏较小。

欧姆杀菌是新技术，在国外尚处于试用阶段，但随着技术的不断完善，不久的将来会应用于我国功能食品的生产中。

4. 辐射杀菌

辐射杀菌技术是利用电离射线所产生的生物效应，使食品的保藏期延长的技术。利用射线照射食品，可以达到杀菌、杀虫、抑制果实发芽、延迟后熟等目的。

（1）辐射杀菌概念 辐射杀菌即利用电磁波中的 X 射线、γ 射线和放射性同位素（如[60]Co）射线杀灭微生物的方法。其基本作用是破坏菌体的脱氧核糖核酸（DNA），同时有杀虫，抑制马铃薯、葱头发芽等作用。采用辐射杀菌应遵照我国辐射食品卫生管理的有关规定，选择适当的照射剂量及时间，以保证辐照食品的安全。

（2）辐射杀菌技术特点 辐射杀菌是一项发展较快的食品保藏新技术和新方法。与传统的方法相比，辐射保鲜有许多优点，主要体现在以下方面。

① 食品在辐射过程中升温甚微，在冷冻状态下也能进行处理，从而可以保持食品的原有的新鲜感官特征。

② 对包装无严格要求，食品可在包装以后不再拆包的情况下接受辐射处理，节省了材料，也避免了再次污染，十分方便。

③ 操作适应范围广，同一射线处理场所可以处理各种形态、类型、体积的食品。

④ 经安全剂量射线照射处理过的食品不会留下任何残留物。

⑤ 加工效率高，射线穿透程度高、均匀，与加热相比较，辐射过程可以精确控制，节约能源，可连续作业，易于实现自动化。

我国食品辐射中心主要利用^{60}Co作为辐射源，主要是利用其衰变过程中放出的γ射线。^{60}Co广泛应用于肉类及其制品、调味品、鱼虾禽肉、谷物、水果蔬菜的辐射保鲜，用于大蒜、洋葱、马铃薯等可抑制其发芽。

（3）辐射杀菌的安全问题　辐射剂量过高、过低都会产生不利影响，过低达不到目的，甚至会促进食品变质；过高，可能会对食品产生生理伤害，引起食品的营养成分，如蛋白质、脂肪、碳水化合物、维生素的分解、破坏，影响产品的品质和口感。

我国对辐射食品管理有严格的规定。第一，并不是所有食品都可以进行辐射处理，必须按照辐射食品管理办法的规定实施。第二，辐射剂量有严格规定，不同食品应按照规定的剂量进行处理。第三，凡经过辐射的食品在包装和标签上必须注明"辐照食品"。由此看来，辐射保鲜与上述杀菌技术不同，不能随意采用。

尽管食品杀菌技术发展迅速，但目前应用最多的还是热杀菌法，各类功能食品应根据具体情况采用适宜的杀菌方法和杀菌设备，以保证产品的安全可靠。

【本章小结】

功能食品是一类特殊食品，其关键生产技术是功能因子的制备，并在食品加工制造过程中最大限度地保留功能因子的活性。把食品生产中的新技术应用到功能食品的生产中，有利于功效成分的充分提取及有效分离，对于食品风味、营养和功效成分的保存及产品纯度的提高都具有十分重要的作用；同时，某些新技术还可生产某些来源稀少的功能性基料，显著提高生产效率，并容易实现生产工艺的自动化。

目前，功能食品生产中可采用的新技术很多，本章重点介绍了几种常用新技术的基本概念、技术特点和应用。膜分离技术在功效成分的提取和制备方面有明显效果；微胶囊技术应用于功能食品，解决了生产过程中的部分难题，使产品由低级向高级转化；超临界二氧化碳萃取溶解能力大，效率高，对提高功效成分的纯度和活性具有重要的作用；利用生物技术可以按照预先的设计，对生物进行控制、改造或模拟，用以开发新的功能产品；冷冻干燥是目前应用很广的低温技术，能最大限度地保持食品原有的物理、化学、生物学以及感官性质，完整地保存功能食品中的热敏性功能成分的生理活性；超微粉碎技术大大丰富了功能食品的种类，有利于食物资源的充分利用。这些新技术的应用有力地促进了功能食品的快速发展。

【复习思考题】

1. 功能食品生产中常用的新技术有哪些？
2. 什么叫膜分离技术？简述超滤、电渗析、反渗透过程及能除去物质的种类。
3. 膜分离技术在功能食品生产中有哪些应用？
4. 什么叫微胶囊技术？功能食品进行微胶囊化有什么好处？
5. 为什么二氧化碳超临界流体能进行物质的萃取？它有哪些特点？
6. 什么叫生物技术？包括哪些内容？当今世界为什么特别重视生物技术的研究和开发？
7. 举例说明四大生物工程在功能食品生产中有哪些实际应用。
8. 现代微生物工程与传统概念的发酵技术有什么区别？
9. 什么是超微粉碎？与食品生产中通常所用的粉碎技术有什么不同？
10. 什么是冷冻干燥？举例说明哪些功能食品生产中用到该技术。
11. 什么是分子蒸馏萃取技术？哪些功能食品适合用该技术进行萃取分离。
12. 功能食品生产中应用的冷杀菌技术有哪些？它们有什么优势？

第八章　功能食品的评价、管理和质量控制

第一节　功能食品的评价

功能食品的评价包括毒理学评价、功能学评价和卫生学评价。卫生学评价报告与普通食品的相同，因此对功能食品的毒理学评价和功能学评价成为对功能食品评价的关键内容。

一、毒理学评价

安全性毒理学试验，是指检验机构按照国家食品药品监督管理局颁布的保健食品安全性毒理学评价程序和检验方法，对申请人送检的样品进行的以验证食用安全性为目的的动物试验，必要时可进行人体试食试验。主要评价食品生产、加工、保藏、运输和销售过程中使用的化学和生物物质以及在这些过程中产生和污染的有害物质、食物新资源及其成分和新资源食品。对于功能食品及功效成分必须进行《食品安全性毒理学评价程序和方法》中规定的第一、二阶段的毒理学试验，并依据评判结果决定是否进行三、四阶段的毒理学试验。若功能食品的原料选自普通食品原料或已批准的药食两用原料则不再进行试验。

1. 食品安全性毒理学评价试验的四个阶段与试验原则

（1）试验的四个阶段

第一阶段：急性毒性试验，包括经口急性毒性（LD_{50}）和联合急性毒性。

第二阶段：遗传毒性试验、传统致畸试验、短期喂养试验。

第三阶段：亚慢性毒性试验（90天喂养试验）、繁殖试验和代谢试验。

第四阶段：慢性毒性实验（包括致癌试验）。

（2）试验原则　功能食品特别是功效成分的毒理学评价可参照下列原则进行。

① 凡属我国创新的物质一般要求进行四个阶段的试验。特别是对其中化学结构提示有慢性毒性、遗传毒性或致癌性可能者或产量大、使用范围广、摄入机会多者，必须进行全部四个阶段的毒性试验。

② 凡属与已知物质（指经过安全性评价并允许使用者）的化学结构基本相同的衍生物或类似物，则根据第一、二、三阶段毒性试验结果判断是否需进行第四阶段的毒性试验。

③ 凡属已知的化学物质，世界卫生组织已公布每人每日容许摄入量（ADI），同时又有资料证明我国产品的质量规格与国外产品一致，则可先进行第一、二阶段毒性试验，若试验结果与国外产品的结果一致，一般不要求进行进一步的毒性试验，否则应进行第三阶段的毒性试验。

④ 食品新资源及其食品原则上应进行第一、二、三个阶段的毒性试验，以及必要的人

群流行病学调查。必要时应进行第四阶段的试验。若根据有关文献资料及成分分析，未发现有或虽有但量甚少，不至构成对健康有害的物质，以及较大数量人群有长期食用历史而未发现有害作用的天然动植物（包括作为调料的天然动植物的粗提制品）可以先进行第一、二阶段的毒性试验，经初步评价后，决定是否需要进行进一步的毒性试验。

⑤ 凡属毒理学资料比较完整，世界卫生组织已公布日允许摄入量或不需规定日允许摄入量者，要求进行急性毒性试验和一项致突变试验，首选 Ames 试验或小鼠骨髓微核试验。

⑥ 凡属有一个国际组织或国家批准使用，但世界卫生组织未公布日许量，或资料不完整者，在进行第一、二阶段毒性试验后作初步评价，以决定是否需进行进一步的毒性试验。

⑦ 对于由天然植物制取的单一组分、高纯度的添加剂，凡属新产品需先进行第一、二、三阶段的毒性试验，凡属国外已批准使用的，则进行第一、二阶段毒性试验。

⑧ 凡属尚无资料可查、国际组织未允许使用的，先进行第一、二阶段毒性试验，经初步评价后，决定是否需进行进一步试验。

2. 食品毒理学评价试验的目的与试验内容

（1）第一阶段的急性毒性试验

① 目的。通过测定获得 LD_{50}（半致死剂量），了解受试物的毒性强度、性质和可能的靶器官，为进一步进行毒性试验的剂量和毒性判定指标的选择提供依据。

② 试验内容。口急性毒性（LD_{50}）试验、联合急性毒性试验。

（2）第二阶段的遗传毒性试验、传统致畸试验、短期喂养试验

① 目的

a. 遗传毒性试验。对受试物的遗传毒性以及是否具有潜在致癌作用进行筛选。

b. 传统致畸试验。了解受试物对胎仔是否具有致畸作用。

c. 短期喂养试验。对只需进行第一、二阶段毒性试验的受试物，在急性毒性试验的基础上，通过短期（30d）喂养试验，进一步了解其毒性作用，并可初步估计最大无作用剂量。

② 试验内容

a. 细菌致突变试验。鼠伤寒沙门菌/哺乳动物微粒体酶试验（Ames 试验）为首选项目，必要时可另选和加选其他试验。

b. 小鼠骨髓微核率测定或骨髓细胞染色体畸变分析。

c. 小鼠精子畸形分析和睾丸染色体畸变分析。

（3）第三阶段　亚慢性毒性试验（90 天喂养试验）、繁殖试验和代谢试验。

① 目的。观察受试物以不同剂量水平经较长期喂养后对动物的毒性作用性质和靶器官，并初步确定最大作用剂量；了解受试物对动物繁殖及对仔代的致畸作用，为慢性毒性和致癌试验的剂量选择提供依据。

② 试验内容

a. 90 天喂养试验。

b. 繁殖试验。

c. 代谢试验。了解受试物在体内的吸收、分布和排泄速度以及蓄积性，寻找可能的靶器官；为选择慢性毒性试验的合适动物种系提供依据；了解有无毒性代谢产物的形成。

（4）第四阶段　慢性毒性试验（包括致癌试验）。其目的是了解经长期接触受试物后出现的毒性作用，尤其是进行性或不可逆的毒性作用以及致癌作用；最后确定最大无作用剂量，为受试物能否应用于食品的最终评价提供依据。

3. 食品毒理学试验结果的判定

（1）急性毒性试验　如 LD_{50} 剂量小于人的可能摄入量的 10 倍，则放弃该受试物用于食品，不再继续其他毒理学试验。如大于 10 倍者，可进入下一阶段毒理学试验。凡 LD_{50} 在人的可能摄入量的 10 倍左右时，应进行重复试验，或用另一种方法进行验证。

（2）遗传毒性试验　根据受试物的化学结构、理化性质以及对遗传物质作用终点的不同，并兼顾体外和体内试验以及体细胞和生殖细胞的原则，在鼠伤寒沙门菌/哺乳动物微粒体酶试验（Ames 试验）、小鼠骨髓微核率测定、骨髓细胞染色体畸变分析、小鼠精子畸形分析和睾丸染色体畸变分析试验中选择四项试验，根据以下原则对结果进行判断。如其中三项试验为阳性，则表示该受试物很可能具有遗传毒性作用和致癌作用，一般应放弃该受试物应用于食品；毋需进行其他项目的毒理学试验。如其中两项试验为阳性，而且短期喂养试验显示该受试物具有显著的毒性作用，一般应放弃该受试物用于食品；如短期喂养试验显示有可疑的毒性作用，则经初步评价后，根据受试物的重要性和可能摄入量等，综合权衡利弊再作出决定。如其中一项试验为阳性，则再选择 V79/HGPRT 基因突变试验、显性致死试验、果蝇伴性隐性致死试验、程序外 DNA 修复合成（UDS）试验中的两项遗传毒性试验。如再选的两项试验均为阳性，则无论短期喂养试验和传统致畸试验是否显示有毒性与致畸作用，均应放弃该受试物用于食品；如有一项为阳性，而在短期喂养试验和传统致畸试验中未见有明显毒性与致畸作用，则可进入第三阶段毒性试验。如四项试验均为阴性，则可进入第三阶段毒性试验。

（3）短期喂养试验　在只要求进行两阶段毒性试验时，若短期喂养试验未发现有明显毒性作用，综合其他各项试验即可作出初步评价；若试验中发现有明显毒性作用，尤其是有剂量-反应关系时，则考虑进一步的毒性试验。

（4）90 天喂养试验、繁殖试验、传统致畸试验　根据三项试验中所采用的最敏感指标所得的最大无作用剂量进行评价，最大无作用剂量小于或等于人的可能摄入量的 100 倍者表示毒性较强，应放弃该受试物用于食品。最大无作用剂量大于 100 倍而小于 300 倍者，应进行毒性试验。大于或等于 300 倍者则不必进行慢性毒性试验，可进行安全性评价。

（5）慢性毒性（包括致癌）试验　根据慢性毒性试验所得的最大无作用剂量进行评价，最大无作用剂量小于或等于人的可能摄入量的 50 倍者，表示毒性较强，应放弃该受试物用于食品。最大无作用剂量大于 50 倍而小于 100 倍者，经安全性评价后，决定该受试物可否用于食品。最大无作用剂量大于或等于 100 倍者，则可考虑允许使用于食品。

新资源食品、复合配方的饮料等在试验中，若试样的最大加入量（一般不超过饲料的 5%）或液体试样最大可能的浓缩物加入量仍不能达到最大无作用剂量为人的可能摄入量的规定倍数时，则可以综合其他的毒性试验结果和实际食用或饮用量进行安全性评价。

4. 保健食品毒理学评价时应考虑的问题

（1）试验指标的统计学意义和生物学意义　在分析试验组与对照组指标统计学上差异的显著性时，应根据其有无剂量-反应关系、同类指标横向比较及与本实验室的历史性对照值范围比较的原则等来综合考虑指标差异有无生物学意义。此外，如在受试物组发现某种肿瘤发生率增高，即使在统计学上与对照组比较差异无显著性，仍要给以关注。

（2）生理作用与毒性作用　对实验中某些指标的异常改变，在结果分析评价时要注意区分是生理学表现还是受试物的毒性作用。

（3）时间-毒性效应关系　对由受试物引起的毒性效应进行分析评价时，要考虑在同一剂量水平下毒性效应随时间的变化情况。

（4）特殊人群和敏感人群　对孕妇、乳母或儿童食用的保健食品，应特别注意其胚胎毒性或生殖发育毒性、神经毒性和免疫毒性。

(5) 推荐摄入量较大的保健食品 应考虑给予受试物量过大时，可能影响营养素摄入量及其生物利用率，从而导致某些毒理学表现，而非受试物的毒性作用所致。

(6) 含乙醇的保健食品 对试验中出现的某些指标的异常改变，在结果分析评价时应注意区分是乙醇本身还是其他成分的作用。

(7) 动物年龄对试验结果的影响 对某些功能类型的保健食品进行安全性评价时，对试验中出现的某些指标的异常改变，要考虑是否因为动物年龄选择不当所致而非受试物的毒性作用，因为幼年动物和老年动物可能对受试物更为敏感。

(8) 安全系数 将动物毒性试验结果外推到人时，鉴于动物、人的种属和个体之间的生物学差异，安全系数通常为100，但可根据受试物的原料来源、理化性质、毒性大小、代谢特点、蓄积性、接触的人群范围、食品中的使用量和人的可能摄入量、使用范围及功能等因素来综合考虑其安全系数的大小。

(9) 人体资料 由于存在着动物与人之间的种属差异，在评价保健食品的安全性时，应尽可能收集人群食用受试物后反应的资料；必要时在确保安全的前提下，可遵照有关规定进行人体试食试验。

(10) 综合评价 在对保健食品进行最后评价时，必须综合考虑受试物的原料来源、理化性质、毒性大小、代谢特点、蓄积性、接触的人群范围、食品中的使用量与使用范围、人的可能摄入量及保健功能等因素，确保其对人体健康的安全性。对于已在食品中应用了相当长时间的物质，对接触人群进行流行病学调查具有重大意义，但往往难以获得剂量-反应关系方面的可靠资料；对于新的受试物质，则只能依靠动物试验和其他试验研究资料。然而，即使有了完整和详尽的动物试验资料和一部分人类接触者的流行病学研究资料，由于人类的种族和个体差异，也很难做出保证每个人都安全的评价。即绝对的安全实际上是不存在的。根据试验资料，进行最终评价时，应全面权衡做出结论。

(11) 保健食品安全性的重新评价 安全性评价的依据不仅是科学试验的结果，而且与当时的科学水平、技术条件以及社会因素均密切有关。因此，随着时间的推移，很可能结论也不同。随着情况的不断改变、科学技术的进步和研究的不断进展，有必要对已通过评价的受试物进行重新评价，做出新的科学结论。

二、功能学评价

对功能食品进行功能学评价是功能食品科学研究的核心内容，主要针对功能食品所宣称的生理功效进行动物学甚至是人体试验。功能学试验，是指检验机构按照国家食品药品监督管理局颁布的或者企业提供的保健食品功能学评价程序和检验方法，对申请人送检的样品进行的以验证保健功能为目的的动物试验和/或人体试食试验。

1. 功能学评价的基本要求

(1) 对受试样品的要求

a. 应提供受试样品的原料组成或尽可能提供受试样品的物理、化学性质（包括化学结构、纯度、稳定性等）的有关资料。

b. 受试样品必须是规格化的定型产品，即符合既定的配方、生产工艺及质量标准。

c. 提供受试样品的安全性毒理学评价的资料以及卫生学检验报告，受试样品必须是已经过食品安全性毒理学评价确认为安全的食品。功能学评价的样品与安全性毒理学评价、卫生学检验的样品必须为同一批次（安全性毒理学评价和功能学评价实验周期超过受试样品保质期的除外）。

d. 应提供功效成分或特征成分、营养成分的名称及含量。

e. 如需提供受试样品违禁药物检测报告时，应提交与功能学评价同一批次样品的违禁药物检测报告。

（2）对实验动物的要求

a. 根据各项实验的具体要求，合理选择实验动物。常用大鼠和小鼠，品系不限，推荐使用近交系动物。

b. 动物的性别、年龄依实验需要进行选择。实验动物的数量要求为小鼠每组 10～15 只（单一性别），大鼠每组 8～12 只（单一性别）。

c. 动物应符合国家对实验动物的有关规定。

（3）对给受试样品剂量及时间的要求

a. 各种动物实验至少应设 3 个剂量组，另设阴性对照组，必要时可设阳性对照组或空白对照组。剂量选择应合理，尽可能找出最低有效剂量。在 3 个剂量组中，其中一个剂量应相当于人体推荐摄入量（折算为每公斤体重的剂量）的 5 倍（大鼠）或 10 倍（小鼠），且最高剂量不得超过人体推荐摄入量的 30 倍（特殊情况除外），受试样品的功能实验剂量必须在毒理学评价确定的安全剂量范围之内。

b. 给受试样品的时间应根据具体实验而定，一般为 30 天。当给予受试样品的时间已达 30 天而实验结果仍为阴性时，则可终止实验。

（4）对受试样品处理的要求

a. 受试样品推荐量较大，超过实验动物的灌胃量、掺入饲料的承受量等情况时，可适当减少受试样品的非功效成分的含量。

b. 对于含乙醇的受试样品，原则上应使用其定型的产品进行功能实验，其三个剂量组的乙醇含量与定型产品相同。如受试样品的推荐量较大，超过实验动物最大灌胃量时，允许将其进行浓缩，但最终的浓缩液体应恢复原乙醇含量，如乙醇含量超过 15%，允许将其含量降至 15%。调整受试样品乙醇含量应使用原产品的酒基。

c. 液体受试样品需要浓缩时，应尽可能选择不破坏其功效成分的方法。一般可选择 60～70℃减压浓缩。浓缩的倍数依具体实验要求而定。

d. 对于以冲泡形式饮用的受试样品（如袋泡剂），可使用该受试样品的水提取物进行功能实验，提取的方式应与产品推荐饮用的方式相同。如产品无特殊推荐饮用方式，则采用下述提取的条件：常压，温度 80～90℃，时间 30～60min，水量为受试样品体积的 10 倍以上，提取 2 次，将其合并浓缩至所需浓度。

（5）对给受试样品方式的要求　必须经口给予受试样品，首选灌胃。如无法灌胃则加入饮水或掺入饲料中，计算受试样品的给予量。

（6）对合理设置对照组的要求　以载体和功效成分（或原料）组成的受试样品，当载体本身可能具有相同功能时，应将该载体作为对照。

（7）人体试食试验规程　评价食品保健作用时要考虑的因素如下所述。

a. 人的可能摄入量。除一般人群的摄入量外，还应考虑特殊的和敏感的人群（如儿童、孕妇及高摄入量人群）。

b. 人体资料。由于存在动物与人之间的种属差异，在将动物试验结果外推到人时，应尽可能收集人群服用受试物的效应资料，若体外或体内动物试验未观察到或不易观察到食品的保健效应或观察到不同效应，而有关资料提示对人有保健作用时，在保证安全的前提下，应进行必要的人体试食试验。

c. 结果的重复性和剂量-反应关系。在将评价程序所列试验的阳性结果用于评价食品的保健作用时，应考虑结果的重复性和剂量-反应关系，并由此找出其最小有作用剂量。

2. 试验项目、试验原则及结果判定

参阅《保健食品检验与评价技术规范（2003 版）》。

第二节　功能食品的管理

一、功能食品的审批

国家食品药品监督管理局主管全国保健食品注册管理工作，负责对保健食品的审批。省、自治区、直辖市食品药品监督管理部门受国家食品药品监督管理局委托，负责对国产保健食品注册申请资料的受理和形式审查，对申请注册的保健食品试验和样品试制的现场进行核查，组织对样品进行检验。

国家食品药品监督管理局确定的检验机构负责申请注册的保健食品的安全性毒理学试验、功能学试验（包括动物试验和/或人体试食试验）、功效成分或标志性成分检测、卫生学试验、稳定性试验等；承担样品检验和复核检验等具体工作。

功能食品的项目审批依据是《中华人民共和国食品卫生法》、《中华人民共和国行政许可法》和国家食品药品监督管理局颁布的《保健食品注册管理办法（试行）》。这里的"保健食品"就是功能性食品，以下均称为"保健食品"。

保健食品产品注册申请包括国产保健食品注册申请和进口保健食品注册申请。国产保健食品注册申请，是指申请人拟在中国境内生产销售保健食品的注册申请。进口保健食品注册申请，是指已在中国境外生产销售 1 年以上的保健食品拟在中国境内上市销售的注册申请。

1. 国产保健食品审批

（1）申请　申请人在申请保健食品注册之前，应当做相应的研究工作。研究工作完成后，申请人应当将样品及其与试验有关的资料提供给国家食品药品监督管理局确定的检验机构进行相关的试验和检测。

拟申请的保健功能在国家食品药品监督管理局公布范围内的，申请人应当向确定的检验机构提供产品研发报告；拟申请的保健功能不在公布范围内的，申请人还应当自行进行动物试验和人体试食试验，并向确定的检验机构提供功能研发报告。

产品研发报告应当包括研发思路、功能筛选过程及预期效果等内容。功能研发报告应当包括功能名称、申请理由、功能学检验及评价方法和检验结果等内容。无法进行动物试验或者人体试食试验的，应当在功能研发报告中说明理由并提供相关的资料。

检验机构收到申请人提供的样品和有关资料后，应当按照国家食品药品监督管理局颁布的保健食品检验与评价技术规范，以及其他有关部门颁布和企业提供的检验方法对样品进行安全性毒理学试验、功能学试验、功效成分或标志性成分检测、卫生学试验、稳定性试验等。申报的功能不在国家食品药品监督管理局公布范围内的，还应当对其功能学检验与评价方法及其试验结果进行验证，并出具试验报告。检验机构出具试验报告后，申请人方可申请保健食品注册。

（2）审核　申请国产保健食品注册，申请人应当按照规定填写《国产保健食品注册申请表》，并将申报资料和样品报送样品试制所在地的省、自治区、直辖市（食品）药品监督管理部门。省、自治区、直辖市（食品）药品监督管理部门应当在收到申报资料和样品后的 5

日内对申报资料的规范性、完整性进行形式审查，并发出受理或者不予受理通知书。

对符合要求的注册申请，省、自治区、直辖市（食品）药品监督管理部门应当在受理申请后的 15 日内对试验和样品试制的现场进行核查，抽取检验用样品，并提出审查意见，与申报资料一并报送国家食品药品监督管理局，同时向确定的检验机构发出检验通知书并提供检验用样品。

申请注册保健食品所需的样品，应当在符合《保健食品良好生产规范》的车间生产，其加工过程必须符合《保健食品良好生产规范》的要求。

收到检验通知书和样品的检验机构，应当在 50 日内对抽取的样品进行样品检验和复核检验，并将检验报告报送国家食品药品监督管理局，同时抄送通知其检验的省、自治区、直辖市（食品）药品监督管理部门和申请人。特殊情况，检验机构不能在规定时限内完成检验工作的，应当及时向国家食品药品监督管理局和省、自治区、直辖市（食品）药品监督管理部门报告并书面说明理由。

（3）批准　国家食品药品监督管理局收到省、自治区、直辖市（食品）药品监督管理部门报送的审查意见、申报资料和样品后，对符合要求的，应当在 80 日内组织食品、营养、医学、药学和其他技术人员对申报资料进行技术审评和行政审查，并作出审查决定。准予注册的，向申请人颁发《国产保健食品批准证书》。审批流程如图 8-1 所示。

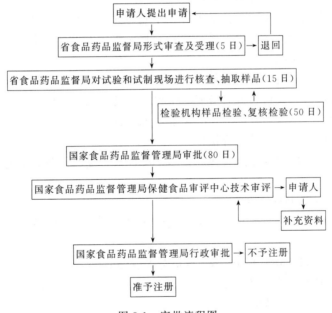

图 8-1　审批流程图

2. 进口保健食品审批

（1）申请　申请进口保健食品注册，申请人应当按照规定填写《进口保健食品注册申请表》，并将申报资料和样品报送国家食品药品监督管理局。

（2）审核　国家食品药品监督管理局应当在收到申报资料和样品后的 5 日内对申报资料的规范性、完整性进行形式审查，并发出受理或者不予受理通知书。对符合要求的注册申请，国家食品药品监督管理局应当在受理申请后的 5 日内向确定的检验机构发出检验通知书并提供检验用样品。根据需要，国家食品药品监督管理局可以对该产品的生产现场和试验现场进行核查。

收到检验通知书和样品的检验机构，应当在 50 日内对样品进行样品检验和复核检验，并将检验报告报送国家食品药品监督管理局，同时抄送申请人。特殊情况，检验机构不能在规定的时限内完成检验工作的，应当及时向国家食品药品监督管理局报告并书面说明理由。

（3）批准　国家食品药品监督管理局应当在受理申请后的 80 日内组织食品、营养、医学、药学和其他技术人员对申报资料进行技术审评和行政审查，并做出审查决定。准予注册的，向申请人颁发《进口保健食品批准证书》。

保健食品批准证书有效期为 5 年。国产保健食品批准文号格式为：国食健字 G＋4 位年代号＋4 位顺序号；进口保健食品批准文号格式为：国食健字 J＋4 位年代号＋4 位顺序号。

二、功能食品的生产经营

1. 生产的审批与组织

在生产保健食品前，食品生产企业必须向所在地的省、自治区、直辖市（食品）药品监督管理部门提出申请，经审查同意并在申请者的卫生许可证上加注"XX 保健食品"的许可项目后方可进行生产。

未经国家食品药品监督管理局审查批准的食品，不得以保健食品名义生产经营；未经省级卫生行政部门审查批准的企业，不得生产保健食品。

保健食品生产者必须按照批准的内容组织生产，不得改变产品的配方、生产工艺、企业产品质量标准以及产品名称、标签、说明书等。

保健食品的生产过程、生产条件必须符合相应的食品生产企业卫生规范或其他有关卫生要求。选用的工艺应能保持产品功效成分的稳定性。加工过程中功效成分不损失、不破坏、不转化和不产生有害的中间体。

应采用定型包装。直接与保健食品接触的包装材料或容器必须符合有关卫生标准或卫生要求。包装材料或容器及其包装方式应有利于保持保健食品功效成分的稳定。

保健食品经营者采购保健食品时，必须索取国家食品药品监督管理局发放的《国产保健食品批准证书》复印件和产品检验合格证。

采购进口保健食品应索取《进口保健食品批准证书》复印件及口岸进口食品卫生监督检验机构的检验合格证。

2. 产品标签、说明书及广告宣传

保健食品标签和说明书必须符合国家有关标准和要求，并标明下列内容。

① 产品名称；

② 主要原（辅）料、功效成分/标志性成分及含量；

③ 保健功能、适宜人群、不适宜人群；

④ 食用量与食用方法、规格；

⑤ 保质期、贮藏方法和注意事项等；

⑥ 保健食品批准文号；

⑦ 保健食品标志；

⑧ 有关标准或要求所规定的其他标签内容。

保健食品命名应当符合下列原则：符合国家有关法律、法规、规章、标准、规范的规定；反映产品的真实属性，简明、易懂，符合中文语言习惯；通用名不得使用已经批准注册的药品名称。

保健食品的名称应当由品牌名、通用名、属性名三部分组成。品牌名、通用名、属性名必须符合下列要求：品牌名可以采用产品的注册商标或其他名称；通用名应当准确、科学，

不得使用明示或者暗示治疗作用以及夸大功能作用的文字；属性名应当表明产品的客观形态，其表述应规范、准确。

保健食品的标签、说明书和广告内容必须真实，符合其产品质量要求。不得有暗示可使疾病痊愈的宣传。严禁利用封建迷信进行保健食品的宣传。

三、功能食品的监督管理

根据《中华人民共和国食品卫生法》以及国家食品药品监督管理局有关规章和标准，各级（食品）药品监督管理部门应加强对保健食品的监督、监测及管理。国家食品药品监督管理局对已经批准生产的保健食品可以组织监督抽查，并向社会公布抽查结果。

国家食品药品监督管理局可根据以下情况确定对已经批准的保健食品进行重新审查。

① 科学发展后，对原来审批的保健食品的功能有认识上的改变；

② 产品的配方、生产工艺，以及保健功能受到可能有改变的质疑；

③ 保健食品监督监测工作的需要。

保健食品生产经营者的一般卫生监督管理，按照《中华人民共和国食品卫生法》及有关规定执行。

四、其他国家对功能食品的管理

目前，国际上功能食品（即保健食品）发展较快的国家主要是美国和日本。与之相比，我国在功能食品的管理法规制订方面还存在一定差距。借鉴其他国家在功能食品管理法规方面的先进性，对完善我国功能食品管理将起到一定的促进作用。

1. 美国上市之后跟踪监管

自 20 世纪 90 年代以来，美国功能食品市场每年快速稳步增长，这与美国制订的有关功能食品的法案有着密切关系。美国对功能食品（包括天然食品、功能食品及膳食补充品）管理采取的是分类管理体制。

1994 年之前，美国还没有关于专门管理功能食品的法律及法规，所有食品均参照联邦食品、药品和化妆品法来管理。1993 年，美国国立卫生研究院提出了《生物营养立法动议》，这一动议为 1994 年 10 月 25 日《膳食补充品健康与教育法案》的出台打下了基础。

《膳食补充品健康与教育法案》对膳食补充品所规定的范围较为宽泛。范围主要包括维生素、矿物质、草药、植物性物质氨基酸、其他可补充到膳食中的膳食物质或浓缩物、代谢产物、组成物、提取物或上述物质的混合物。同时，产品可以是任何形式的，包括片剂、胶囊及粉状物等。我国功能食品进入美国市场，就要按照《膳食补充品健康与教育法案》进行管理。

与我国的审批制不同，美国对功能食品的审批采取的是备案制。也就是允许产品以报备方式宣称对人体生理机能的影响，无需举证。只要在产品包装标示上提供安全性相关资讯即可。

同时，美国《膳食补充品健康与教育法案》还体现了对产品市场监督的连续性。当美国食品药品监督管理局（FDA）对企业销售的功能食品安全性怀疑时，必须出具产品不安全的相关证据。随后，FDA 在听取企业答辩之后，将有关产品安全性的负面证据及企业的申请资料送往法院裁决。

2. 日本产品审批门槛更高

日本是较早开始发展功能食品的国家。自 20 世纪 60 年代，功能食品开始在日本出现后，其发展速度十分迅猛。这与日本对功能食品法规的不断完善有着密切关系。1991 年日本修订了《营养改善法》，在这一法案中，日本将功能食品正式定名为"特定保健用食品"。

与美国不同，日本厚生省提出特定保健用食品的形式，不能采用片剂、胶囊及粉剂，只能采用食品的一般商品形式。同时，要求产品具有预防疾病、延缓衰老等保健功能。还要求要明确食品中各类成分的数量和质量，并提供详细分析方法，也就是要求明确食品成分的构效和量效关系。

与我国相比，日本厚生省依据《营养改善法》对申请特定保健用食品的产品的申报材料要求更为严格。申请企业必须提供医学和营养学的相关资料，可具体说明该产品或其中成分具有增进健康的功效；提供每日有效摄取量的科学资料；提供产品和特殊成分稳定性的资料等。同时，对于一个产品的功能性检测也十分严格，需要两个机构重复进行。

由上可知，日本《营养改善法》使日本将特定保健用食品的管理正式纳入了法制管理轨道，极大推动了整个功能食品的有序、健康发展。

第三节　功能食品的质量控制

1998 年，我国卫生部颁布《保健食品良好生产规范》（GB 17405—1998），对生产功能食品的企业人员、设施、原料、生产过程、成品贮存与运输、品质和卫生管理方面的基本技术要求做出规定。

一、对从业人员的要求

1. 人员层次与结构

功能食品生产企业，必须具有与所生产的功能食品相适应的具有食品科学、预防医学、药学、生物学等相关专业知识的技术人员和具有生产及组织能力的管理人员。专职技术人员的比例应不低于职工总数的 5%。

主管技术的企业负责人必须具有大专以上或相应的学历，并具有功能食品生产及质量、卫生管理的经验。

功能食品生产和品质管理部门的负责人必须是专职人员。应具有与所从事专业相适应的大专以上或相应的学历，有能力对功能食品生产和品质管理中出现的实际问题，做出正确的判断和处理。

功能食品生产企业必须有专职的质检人员。质检人员必须具有中专以上学历；采购人员应掌握鉴别原料是否符合质量、卫生要求的知识和技能。

从业人员上岗前，必须经过卫生法规教育及相应技术培训，企业应建立培训及考核档案。企业负责人及生产、品质管理部门负责人还应接受省级以上卫生监督部门有关功能食品的专业培训，并取得合格证书。

2. 个人卫生要求

从业人员（包括临时工）应接受健康检查，并取得体检合格证者方可参加功能食品生产。从业人员上岗前要先经过卫生培训教育，方可上岗。上岗时，要做好个人卫生，防止污染食品。

二、工厂设计和基础设施

功能食品厂的总体设计、厂房与设施的一般性设计、建筑和卫生设施应符合食品企业通用卫生规范的要求。

1. 工厂设计

凡新建、扩建、改建的工程项目均应按本规范和该类食品厂的卫生规范的有关规定，进行设计和施工。

（1）厂址选择　要选择地势干燥、交通方便、有充足水源的地区。厂区不应设于受污染河流的下游。厂区周围不得有粉尘、有害气体、放射性物质和其他扩散性污染源；不得有昆虫大量孳生的潜在场所，避免危及产品卫生。厂区要远离有害场所。生产区建筑物与外缘公路或道路应有防护地带。其距离可根据各类食品厂的特点由各类食品厂卫生规范另行规定。

（2）布局　要合理布局，划分生产区和生活区，生产区应在生活区的下风向。建筑物、设备布局与工艺流程三者衔接合理，建筑结构完善，并能满足生产工艺和质量卫生要求；原料与半成品和成品、生原料与熟食品均应杜绝交叉污染。

（3）给排水　给排水系统应能适应生产需要，设施应合理有效，经常保持畅通，防止鼠类、昆虫通过排水管道潜入车间，防止水源污染。生产用水必须符合 GB 5749 的规定。污水排放必须符合国家规定的标准，必要时应采取净化设施达标后才可排放。净化和排放设施不得位于生产车间主风向的上方。

2. 设备与设施

（1）设备要求　凡接触食品物料的设备、工具、管道，必须用无毒、无味、抗腐蚀、不吸水、不变形的材料制作。设备、工具、管道表面要清洁，边角圆滑，无死角，不易积垢，便于拆卸、清洗和消毒。设备设置应根据工艺要求，布局合理，上、下工序衔接要紧凑。

（2）设施要求　生产车间地面应使用不渗水、不吸水、无毒、防滑材料（如耐酸砖、水磨石、混凝土等）铺砌，应有适当坡度，在地面最低点设置地漏，以保证不积水。其他厂房也要根据卫生要求进行。地面应平整、无裂隙、略高于道路路面，便于清扫和消毒。

屋顶或天花板应选用不吸水、表面光洁、耐腐蚀、耐温、浅色材料覆涂或装修，要有适当的坡度，在结构上减少凝结水滴落，防止虫害和霉菌孳生，以便洗刷、消毒。

生产车间墙壁要用浅色、不吸水、不渗水、无毒材料覆涂，并用白瓷砖或其他防腐蚀材料装修高度不低于 1.5m 的墙裙。

生产车间、仓库应有良好通风，采用自然通风时通风面积与地面积之比不应小于 1：16；采用机械通风时换气量不应小于每小时换气三次。

洗手设施应分别设置在车间进口处和车间内适当的地点。要配备冷热水混合器，其开关应采用非手动式，龙头设置以每班人数在 200 人以内者，按每 10 人 1 个，200 人以上者每增加 20 人增设 1 个。

必须按照生产工艺和卫生、质量要求划分洁净级别，原则上分为一般生产区、10 万级区。10 万级洁净级区，应安装具有过滤装置的相应的净化空调设施。净化级别必须满足生产功能食品对空气净化的需要。生产片剂、胶囊、丸剂以及不能在最后容器中灭菌的口服液等产品，应当采用 10 万级洁净厂房。

三、生产过程的监控与品质管理

1. 生产过程的监控

（1）原料　功能食品的原料是指与功能（保健）食品功能相关的初始物料。功能食品的辅料是指生产功能（保健）食品时所用的赋形剂及其他附加物料。原料和辅料应当符合国家标准和卫生要求。无国家标准的，应当提供行业标准或者自行制定的质量标准，并提供与该原料和辅料相关的资料。功能食品所使用的原料和辅料应当对人体健康安全无害。有限量要求的物质，其用量不得超过国家有关规定。

国家食品药品监督管理局公布的可用于保健食品的、卫生部公布或者批准可以食用的以及生产普通食品所使用的原料和辅料可以作为保健食品的原料和辅料。申请注册的保健食品所使用的原料和辅料不在此范围内的，应当按照有关规定提供该原料和辅料相应的安全性毒理学评价试验报告及相关的食用安全资料。

功能食品生产所需原料的购入、使用等应制定验收、贮存、使用、检验等制度，并由专人负责。原料必须符合食品卫生要求，原料的品种、来源、规格和质量应与批准的配方及产品企业标准相一致。采购原料必须按有关规定索取有效的检验报告单，属食品新资源的原料需索取国家食品药品监督管理局批准证书。以菌类经人工发酵制得的菌丝体，或菌丝体与发酵产物的混合物及微生态类原料，必须索取菌株鉴定报告、稳定性报告及菌株不含耐药因子的证明资料。以藻类、动物及动物组织器官等为原料的，必须索取品种鉴定报告。从动、植物中提取的单一有效物质或以生物、化学合成物为原料的，应索取该物质的理化性质及含量的检测报告。对于含有兴奋剂或激素的原料，应索取其含量检测报告。经放射性辐射的原料，应索取辐照剂量的有关资料。

原料的运输工具等应符合卫生要求。应根据原料特点，配备相应的保温、冷藏、保鲜、防雨防尘等设施，以保证质量和卫生需要。运输过程不得与有毒、有害物品同车或同一容器混装。

原料购进后对来源、规格、包装情况进行初步检查，按验收制度的规定填写入库账、卡，入库后应向质检部门申请取样检验。

各种原料应按待检、合格、不合格分类存放，并有明显标志；合格备用的原料还应按不同批次分开存放。不得将相互影响风味的原料贮存在同一库内。

对有温度、湿度及特殊要求的原料应按规定条件贮存，一般原料的贮存场所或仓库，地面应平整，便于通风换气，有防鼠、防虫设施。

应制定原料的贮存期，采用先进先出的原则。对不合格或过期原料应加注标志并及早处理。

以菌类经人工发酵制得的菌丝体或以微生态类为原料的产品，应严格控制菌株保存条件，菌种应定期筛选、纯化，必要时进行鉴定，防止杂菌污染、菌种退化和变异产毒。

（2）操作规程　工厂应结合自身产品的生产工艺特点，制定生产工艺规程及岗位操作规程。生产工艺规程需符合功能食品加工过程中功效成分不损失、不破坏、不转化和不产生有害中间体的工艺要求，其内容应包括产品配方、各组分的制备、成品加工过程的主要技术条件及关键工序的质量和卫生监控点，如成品加工过程中的温度、压力、时间、pH、中间产品的质量指标等。岗位操作规程应对各生产主要工序规定具体操作要求，明确各车间、工序和个人的岗位职责。各生产车间的生产技术和管理人员应按照生产过程中各关键工序控制项目及检查要求，对每批次产品从原料配制、中间产品产量、产品质量和卫生指标等情况进行记录。

（3）原辅料的领取和投料　投产前的原料必须进行严格的检查，核对品名、规格、数量，对于霉变、生虫、混有异物、感官性状异常、不符合质量标准要求的原料不得投产使用。凡规定有贮存期限的原料，过期不得使用。液体的原辅料应过滤除去异物；固体原辅料需粉碎、过筛的应粉碎至规定细度。

车间工作人员按生产需要领取原辅料，根据配方正确计算、称量和投料，配方原料的计算、称量及投料须两人复核后记录备查。生产用水的水质必须符合生活饮用水卫生标准的规定，对于特殊规定的工艺用水应按工艺要求进一步纯化处理。

（4）配料和加工　产品配料前，需检查配料罐及容器管道是否清洗干净、是否符合工艺所要求的标准。利用发酵工艺生产用的发酵罐、容器及管道必须彻底清洁、消毒处理后，方能用于生产。每一班次都应做好器具清洁、消毒记录。

生产操作应衔接合理，传递快捷、方便，防止交叉污染。应将原料处理、中间产品加工、包装材料和容器的清洁、消毒、成品包装和检验等工序分开设置。同一车间不得同时生产不同的产品，不同工序的容器应有明显标记，不得混用。

生产操作人员应严格按照一般生产区与洁净区的不同要求，搞好个人卫生。生产人员因调换工作岗位有可能导致产品污染时，必须更换工作服、鞋、帽，重新进行消毒。用于洁净区的工作服、帽、鞋等必须严格清洗、消毒，每日更换，并且只允许在洁净区内穿用，不准带出区外。

原辅料进入生产区，必须经过物料通道进入。凡进入洁净厂房、车间的物料，必须除去外包装。若外包装脱不掉，则要擦洗干净或换成室内包装桶。

配制过程原、辅料必须混合均匀，需要热熔化、热提取或蒸发浓缩的物料必须严格控制加热温度和时间。需要调整含量、pH 等技术参数的中间产品，调整后须经对含量、pH、相对密度、防腐剂等重新测定复核。

各项工艺操作，应在符合工艺要求的良好状态下进行。口服液、饮料等液体产品生产过程需要过滤的，应注意选用无纤维脱落且符合卫生要求的滤材，禁止使用石棉作滤材。胶囊、片剂、冲剂等固体产品，需要干燥的应严格控制烘房（箱）的温度与时间，防止颗粒融熔与变质；粉碎、压片、筛分或整粒设备，应选用符合卫生要求的材料制作，并定期清洗和维护，以避免铁锈及金属污染物的污染。

产品压片、分装胶囊和冲剂、液体产品的灌装等均应在洁净室内进行，应控制操作室的温度、湿度。手工分装胶囊应在具有相应洁净级别的有机玻璃罩内进行，操作台不得低于 0.7m。

配制好的物料须放在清洁的密闭容器中，及时进入灌装、压片和分装胶囊等工序，需贮存的不得超过规定期限。

（5）包装容器的洗涤、灭菌和保洁 应使用符合卫生标准和卫生管理办法规定的允许使用的食品容器、包装材料、洗涤剂、消毒剂。

使用的空胶囊、糖衣等原料必须符合卫生要求，禁止使用非食用色素。

产品包装用各种玻璃瓶（管）、塑料瓶（管）、瓶盖、瓶垫、瓶塞、铝塑包装材料等，凡是直接接触产品的内包装材料均应采取适当方法清洗、干燥和灭菌，灭菌后置于洁净室内冷却备用。贮存时间超过规定期限应重新洗涤、灭菌。

（6）产品杀菌 各类产品的杀菌应选用有效的杀菌或灭菌的设备和方法。对于需要灭菌又不能热压灭菌的产品，可根据不同工艺和食品卫生要求，使用精滤、微波、辐照等方法，以确保灭菌效果。采用辐照灭菌方法时，应严格按照辐照食品卫生管理办法的规定，严格控制辐照吸收剂量和时间。

应对杀菌或灭菌装置内温度的均一性、可重复性等定期做可靠性验证，对温度、压力等检测仪器定期校验。在杀菌或灭菌操作中，应准确记录温度、压力及时间等指标。

（7）产品灌装或装填 每批待灌装或装填产品，应检查其质量是否符合要求，计算产出率，并与实际产出率进行核对。若有明显差异，必须查明原因，在得出合理解释并确认无潜在质量事故后，经品质管理部门批准后方可按正常产品处理。

液体产品灌装，固体产品的造粒、压片及装填应根据相应要求在洁净区内进行。除胶囊外，产品的灌装、装填须使用自动机械装置，不得使用手工操作。

灌装前应检查灌装设备、针头、管道等，是否用新鲜蒸馏水冲洗干净、消毒或灭菌。操作人员必须经常检查灌装及封口后的半成品质量，随时调整灌装（封）机器，保证灌封质量。凡需要灭菌的产品，从灌封到灭菌的时间，应控制在工艺规程要求的时间限度内。

瓶装液体制剂灌封后应进行灯检。每批灯检结束后，必须做好清场工作，剔除品应标明品名、规格和批号，置于清洁容器中交专人负责处理。

（8）包装 功能食品的包装材料和标签应由专人保管，每批产品标签凭指令发放、领用，销毁的包装材料应有记录。经灯检和检验合格的半成品，在印字或贴签过程中，应随时抽查印字或贴签质量。印字要清晰，贴签要贴正、贴牢。

成品包装内，不得夹放与食品无关的物品。产品外包装上，应标明最大承受压力（重量）。

（9）标识 产品标识必须符合功能食品标识规定和食品标签通用标准的要求，产品说明书、标签的印制等应与国家食品药品监督管理局批准的内容相一致。

（10）成品的贮存和运输 贮存与运输的一般性卫生要求应符合食品企业通用卫生规范的要求。成品贮存方式及环境应避光、防雨淋，温度、湿度应控制在适当范围，并避免撞击与振动。

含有生物活性物质的产品应采用相应的冷藏措施，并以冷链方式贮存和运输。非常温下保存的功能食品，如某些微生态类功能食品，应根据产品不同特性，按照要求的温度进行贮运。

仓库应有收、发货检查制度。成品出厂应执行"先产先销"的原则，成品入库应有存量记录。成品出库应有出货记录，内容至少包括批号、出货时间、地点、对象、数量等，以便发现问题及时回收。

2. 产品品质管理

工厂必须设置独立的与生产能力相适应的品质管理机构，直属工厂负责人领导。各车间设专职质检员，各班组设兼职质检员，形成一个完整而有效的品质监控体系，负责生产全过程的品质监督。

（1）品质管理制度的制定与执行 品质管理机构必须制定完善的管理制度，品质管理制度应包括以下内容。

① 原辅料、中间产品、成品以及不合格品的管理制度；

② 原料鉴别与质量检查、中间产品的检查、成品的检验技术规程，如质量规格、检验项目、检验标准、抽样和检验方法等的管理制度；

③ 留样观察制度和实验室管理制度；

④ 生产工艺操作核查制度；

⑤ 清场管理制度；

⑥ 各种原始记录和批生产记录管理制度；

⑦ 档案管理制度。

以上管理制度应切实可行、便于操作和检查。

必须设置与生产产品种类相适应的检验室和化验室，应具备对原料、半成品、成品进行检验所需的房间、仪器、设备及器材，并定期鉴定，使其经常处于良好状态。

（2）原料的品质管理 必须按照国家或有关部门规定设质检人员，逐批次对原料进行鉴别和质量检查，不合格者不得使用。要检查和管理原料的存放场所，存放条件不符合要求的原料不得使用。

（3）制造过程的品质管理 找出制造过程中的危害分析关键控制点，至少要监控下列环节，并做好记录。

① 投料的名称与重量（或体积）；

② 有效成分提取工艺中的温度、压力、时间、pH 等技术参数；

③ 中间产品及成品的产出率及质量规格；

④ 直接接触食品的内包装材料的卫生状况；

⑤ 成品灭菌方法的技术参数。

要对重要的生产设备和计量器具定期检修，用于灭菌设备的温度计、压力计至少半年检修一次，并做检修记录。

应具备对生产环境进行监测的能力，并定期对关键工艺环境的温度、湿度、空气净化度等指标进行监测。应具备对生产用水的监测能力，并定期监测。对品质管理过程中发现的异常情况，应迅速查明原因做好记录，并加以纠正。

（4）成品的品质管理　必须逐批次对成品进行感官卫生及质量指标的检验，不合格者不得出厂。

应具备产品主要功效因子或功效成分的检测能力，并按每次投料所生产的产品的功效因子或主要功效成分进行检测，不合格者不得出厂。

每批产品均应有留样，留样应存放于专设的留样库（或区）内，按品种、批号分类存放，并有明显标志。应定期进行产品的稳定性实验。

必须对产品的包装材料、标志、说明书进行检查，不合格者不得使用。检查和管理成品库房存放条件，不得使用不符合存放条件的库房。

（5）品质管理的其他要求　应对用户提出的质量意见和使用中出现的不良反应详细记录，并做好调查处理工作，并作记录备查。必须建立完整的质量管理档案，设有档案柜和档案管理人员，各种记录分类归档，保存 2～3 年备查。应定期对生产和质量进行全面检查，对生产和管理中的各项操作规程、岗位责任制进行验证。对检查或验证中发现的问题进行调整，定期向卫生行政部门汇报产品的生产质量情况。

（6）卫生管理　工厂应按照食品企业通用卫生规范的要求，做好除虫、有毒有害物处理、污水污物处理、副产品处理等的卫生管理工作。

【本章小结】

功能食品的评价包括毒理学评价、功能学评价和卫生学评价。卫生学评价报告与普通食品相同，因此对功能食品的毒理学评价和功能学评价成为对功能食品评价的关键内容。安全性毒理学试验，是指检验机构按照国家食品药品监督管理局颁布的保健食品安全性毒理学评价程序和检验方法，对申请人送检的样品进行的以验证食用安全性为目的的动物试验，必要时可进行人体试食试验。主要评价食品生产、加工、保藏、运输和销售过程中使用的化学和生物物质以及在这些过程中产生和污染的有害物质、食物新资源及其成分和新资源食品。对于功能食品及功效成分必须进行《食品安全性毒理学评价程序和方法》中规定的第一、二阶段的毒理学试验，并依据评判结果决定是否进行三、四阶段的毒理学试验。若功能食品的原料选自普通食品原料或已批准的药食两用原料则不再进行试验。功能食品的功能学评价是功能食品科学研究的核心内容，主要针对功能食品所宣称的生理功效进行动物学甚至是人体试验。功能学试验，是指检验机构按照国家食品药品监督管理局颁布的《保健食品功能学评价程序与检验方法规范》，对申请人送检的样品进行的以验证保健功能为目的的动物试验和/或人体试食试验。

国家食品药品监督管理局主管全国保健食品注册管理工作，负责对保健食品的审批。省、自治区、直辖市食品药品监督管理部门受国家食品药品监督管理局委托，负责对国产保健食品注册申请资料的受理和形式审查，对申请注册的保健食品试验和样品试制的现场进行核查，组织对样品进行检验。国家食品药品监督管理局确定的检验机构负责申请注册的保健食品的安全性毒理学试验、功能学试验（包括动物试验和/或人体试食试验）、功效成分或标志性成分检测、卫生学试验、稳定性试验等；承担样品检验和复核检验等具体工作。

生产功能食品的企业人员、设施、原料、生产过程、成品贮存与运输、品质和卫生管理方面的基本技术要求应遵照我国卫生部颁布的《保健食品良好生产规范》（GB 17405—1998）执行。

【复习思考题】

1. 功能食品为什么要进行安全毒理学评价？
2. 功能学评价时应考虑哪些原则？
3. 进行动物学试验时对动物的选择要求是什么？
4. 功能食品审批的一般程序是什么？
5. 概要说明我国对功能食品管理的一般原则。
6. 功能食品生产过程的监控包括哪些内容？
7. 简述功能食品产品品质管理包括哪几个方面。
8. 根据本章阐述的功能食品管理的各项规定，谈谈在开发和生产功能食品时应注意的问题。

第九章　功能食品功效成分的检测

学习目标

1. 了解常见活性成分的检测方法。
2. 掌握活性多糖、功能性低聚糖、多不饱和脂肪酸、活性肽与活性蛋白质、维生素、微量元素的测定方法。

随着人们健康意识的提高，功能食品方兴未艾，而功能食品中活性成分的定性定量分析是功能食品生产和管理的重要环节，因此人们对于食品中关键组分关注的重点已从追求大量的传统营养素开始转向微量的活性成分。由于活性成分普遍存在着"微量"和"高效"的问题，应用常规的检测手段已经不能适应微量成分的测定，而现代分析技术的发展将促进这个问题圆满解决。

第一节　活性多糖的测定

多糖类物质是生命代谢不可缺少的重要物质，是由多个单糖或其衍生物聚合而成的大分子活性化合物，自然界中的活性多糖类化合物包括植物多糖、动物多糖以及微生物多糖。目前从天然产物中提取分离出来的活性多糖已达 300 多种，其中以植物多糖和微生物多糖中的水溶性多糖最为重要。

活性多糖有些是以单纯碳水化合物的结构形态存在，有些则以共价键与脂质、肽类或蛋白质结合。自然界中的活性多糖大部分是以共价键与脂质、肽类或蛋白质呈结合态存在的复合物。因此，活性多糖的含量可直接以活性多糖的复合物的含量作为粗多糖含量来表示，也可以用葡聚糖的质量表示样品中粗多糖的含量。

一、粗多糖的测定

1. 原理

相对分子质量大于 10000 的高分子物质经 80％乙醇多次沉淀纯化后，以沉淀来计算样品中粗多糖的含量。

2. 仪器

旋转混匀器；离心机；恒温水浴锅。

3. 试剂

80％乙醇：800mL 无水乙醇加水 200mL。

4. 操作方法

称取混合均匀的固体样品 1.000g，置于经真空干燥并恒重过的 50mL 离心管中，加入80％乙醇 20mL，在旋转混匀器中混匀 5～10min 后，以 3000r/min 离心 5min，弃去上清液。残渣用 80％乙醇反复离心操作 3～4 次。将 50mL 离心管及残渣经真空干燥后，置于干燥器中，冷却至室温后称重。按式(9-1)计算样品中粗多糖的含量。

5. 结果计算

$$W = \frac{m_1 - m_2}{m} \tag{9-1}$$

式中 W ——样品中粗多糖的含量（以葡聚糖计），mg/g；

m_1 ——50mL 离心管及残渣经真空干燥后的质量，mg；

m_2 ——50mL 离心管经真空干燥后的质量，mg；

m ——样品质量，g。

二、碱性酒石酸铜溶液滴定法测定多糖

1. 原理

多糖样品经沸水浴回流提取，醇析后加酸、加热、回流水解成单糖。以次甲基蓝作指示剂，在加热条件下，用标定过的碱性酒石酸铜溶液滴定，根据样品水解液消耗的体积，计算其含量。

2. 仪器

水浴锅；滴定装置；全玻璃标准磨口回流装置。

3. 试剂

（1）碱性酒石酸铜甲液（以下简称甲液） 称取 15g 硫酸铜及 0.05g 次甲基蓝，溶于水并稀释至 1000mL。

（2）碱性酒石酸铜乙液（以下简称乙液） 称取 50g 酒石酸钾钠及 75g 氢氧化钠，溶于水中，再加入 4g 亚铁氰化钾，完全溶解后，用水稀释至 1000mL，贮存于橡胶塞玻璃瓶中。

（3）葡萄糖标准溶液（1mg/mL） 精确称取 1.000g 经 98～100℃ 干燥至恒重的纯葡萄糖，加水溶解后加入 5mL 盐酸，以水稀释并定容至 1000mL。

（4）2mol/L 硫酸溶液

（5）5mol/L 氢氧化钠溶液

4. 操作方法

（1）样品的制备 将样品烘干、研碎，过 40 目筛。取研成粉末的固体样品 10g，加 10 倍量的水，在 100℃ 水浴中煮沸 1h，重复 3 次。提取液过滤，浓缩至 1∶1（g/mL），加 3 倍量的 95% 乙醇置于冰箱中冷藏 24h 使其沉淀；抽滤，将沉淀物按 1∶25 的比例加水溶解，放置后过滤，在滤液中加 95% 乙醇，冷藏后抽滤；将沉淀物用蒸馏水溶解后，加三氯乙酸，使之含量至 15%，离心 25min，取上清液加入 95% 乙醇，使溶液中乙醇浓度达 75%，抽滤；取残留物水溶后，装入透析袋（相对分子质量 10000～70000）内，透析 3 天，透析液冷冻干燥后，得到多糖粗品。

（2）样品预处理 精密称取 3.0g 样品粉末，加水回流 2h，过滤，定容至 200mL，备用。取样品液 5mL，加 20mL 无水乙醇，以 3000r/min 离心 10min，弃去上清液，沉淀加 80% 乙醇 10mL，同样条件下离心 5min，弃去上清液，重复 2 次。用 2mol/L H_2SO_4 溶液 20mL 将醇析物溶解，转移至 200mL 磨口锥形瓶中，回流 2h，冷却后，用 5mol/L NaOH 溶液中和，于 50mL 容量瓶中定容，备用。

（3）标定碱性酒石酸铜溶液 吸取 5.0mL 碱性酒石酸铜甲液及 5.0mL 乙液，置于 150mL 锥形瓶中，加水 10mL，加入玻璃珠 2 粒，从滴定管滴加约 9mL 葡萄糖标准溶液，控制在 2min 内加热至沸，趁热以每两秒 1 滴的速度继续滴加葡萄糖标准溶液，直至溶液蓝色刚好褪去为终点，记录消耗的葡萄糖标准溶液的总体积。同时平行操作 3 份，取其平均值。计算每 10mL（甲液、乙液各 5mL）碱性酒石酸铜溶液相当于葡萄糖的质量。

（4）多糖含量的测定　吸取 5.0mL 碱性酒石酸铜甲液及 5.0mL 乙液，置于 150mL 锥形瓶中，加水 10mL，加入玻璃珠 2 粒，控制在 2min 内加热至沸，趁热以先快后慢的速度从滴定管中滴加样品溶液，并保持沸腾状态，待溶液颜色变浅时，以每秒 1 滴的速度滴定，直至溶液蓝色刚好褪去为终点，记录样品消耗体积。

（5）样品溶液的测定　吸取 5.0mL 碱性酒石酸铜甲液及 5.0mL 乙液，置于 150mL 锥形瓶中，加水 10mL，加入玻璃珠 2 粒，从滴定管中加入比预测体积少 1mL 的样品溶液，控制在 2min 内加热至沸，趁沸继续以每两秒 1 滴的速度滴定，直至蓝色刚好褪去为终点，记录样品溶液消耗的体积。同法平行操作 3 份，得平均消耗体积。

5. 结果计算

按式（9-2）计算样品中多糖的含量。

$$W = \frac{m_1}{m_2 \times \frac{V}{250} \times 1000} \times 100 \tag{9-2}$$

式中　W——样品中还原糖（以葡萄糖计）的质量分数，%；

m_1——10mL 碱性酒石酸铜溶液相当于还原糖（以葡萄糖计）的质量，mg；

m_2——样品的质量，g；

V——测定时平均消耗样品溶液的体积，mL；

250——样品溶液的总体积，mL；

1000——mg 换算成 g 的系数。

6. 注意事项

① 本法用碱性酒石酸铜溶液作为氧化剂。由于硫酸铜与氢氧化钠反应可生成氢氧化铜沉淀，氢氧化铜沉淀可被酒石酸钾钠缓慢还原，析出少量氧化亚铜沉淀，使氧化亚铜计量发生误差，所以甲、乙试剂要分别配制及储存，用时等量混合。

② 为了减少实验误差，在操作时应严格遵守所规定的操作条件，注意热源强度、锥形瓶规格、加热时间、滴定速度的一致性。

③ 本法适用于所有食品中还原糖的测定以及通过酸水解或酶水解转化成还原糖的非还原性糖类物质的测定。

三、枸杞子多糖含量的测定

1. 原理

先用 80% 乙醇提取以除去单糖、低聚糖、苷类及生物碱等干扰成分，然后用蒸馏水提取其中所含的多糖类成分。多糖在硫酸作用下，水解成单糖，并迅速脱水生成糠醛衍生物，与苯酚缩合成有色化合物，用分光光度法测定其枸杞子多糖含量。本法简便、显色稳定、灵敏度高、重现性好。

2. 仪器

721 型（或其他型）分光光度计。

3. 试剂

（1）葡萄糖标准液　精确称取 105℃ 干燥恒重的标准葡萄糖 100mg，置于 100mL 容量瓶中，加蒸馏水溶解并稀释至刻度。

（2）苯酚液　取苯酚 100g，加铝片 0.1g、碳酸氢钠 0.05g，蒸馏收集 182℃ 馏分，称取此馏分 10g，加蒸馏水 150g，置于棕色瓶中备用。

4. 测定步骤

（1）枸杞多糖的提取与精制　称取剪碎的枸杞子100g，60～90℃下经500mL石油醚回流脱脂两次，每次2h，回收石油醚。再用500mL 80%乙醚浸泡过夜，回流提取两次，每次2h。将滤渣加入3000mL蒸馏水中，90℃提取1h，滤液减压浓缩至300mL，用氯仿多次萃取，以除去蛋白质。加1%活性炭脱色，抽滤，滤液加入95%乙醇，使含醇量达80%，静置过夜。过滤，沉淀物用无水乙醇、丙醇和乙醚多次洗涤，真空干燥，即得枸杞多糖。

（2）标准曲线制作　吸取葡萄糖标准液10μL、20μL、40μL、60μL、80μL、100μL，分别置于具塞试管中各加蒸馏水使体积为2.0mL，再加苯酚试液1.0mL，摇匀，迅速滴加浓硫酸5.0mL，摇匀后放置5min，再置于沸水浴中加热15min，取出后冷却至室温。另以蒸馏水2mL，加苯酚和硫酸，同上操作做空白对照。于490nm处测吸光度，绘制标准曲线。

（3）换算因子（F）的测定　精确称取枸杞多糖20mg，置于100mL容量瓶中，加蒸馏水溶解并稀释至刻度（储备液）。吸取储备液200mL，照标准曲线制作的方法测定吸光度，从标准曲线中求出供试液中葡萄糖的含量，按式(9-3)计算。

$$F = \frac{m}{p \times D} \tag{9-3}$$

式中　m——多糖质量，μg；

　　　p——多糖液中葡萄糖的浓度，μg/mL；

　　　D——多糖的稀释倍数；

　　　F——换算因子。

（4）样品溶液的制备　精确称取样品粉末0.2g，置于圆底烧瓶中，加100mL 80%乙醇，回流提取1h，趁热过滤，残渣用10mL 80%乙醇洗涤3次。残渣连同滤纸置于烧瓶中，加蒸馏水100mL，加热提取1h，趁热过滤，残渣用10mL热水洗涤3次，洗液并入滤液，冷却后移入250mL容量瓶中，稀释至刻度，备用。

（5）样品中多糖含量的测定　吸取适量样品液，加蒸馏水至2mL，按标准曲线制作的方法测定吸光度。查标准曲线得样品液中葡萄糖含量（μg/mL）。

5. 结果计算

按式(9-4)计算样品中多糖含量。

$$多糖含量(\%) = \frac{p \times D \times F}{m} \times 100 \tag{9-4}$$

式中　p——样液葡萄糖浓度，μg/mL；

　　　D——样品液稀释倍数；

　　　F——换算因子；

　　　m——样品质量，μg。

第二节　功能性低聚糖的测定

低聚糖是由2～10个单糖经糖苷键连接而成的低度聚合糖。由于人体胃肠道内没有水解这些低聚糖的酶系统，因此它们不被消化吸收而直接进入大肠内，优先被双歧杆菌所利用，是双歧杆菌的有效增殖因子。由于其具有独特的生理功效，故称为功能性低聚糖，通常包括低聚异麦芽糖、低聚果糖、低聚半乳糖、低聚乳果糖、低聚木糖、大豆低聚糖、帕拉金糖等。

一、高效液相色谱法测定低聚木糖

1. 原理

低聚木糖是由 2～8 个木糖以 β-1,4-糖苷键连接而成的低聚糖。它除了具有低热、稳定、无毒等特性外，还具有独特的生理功能。用高效液相色谱分析测定低聚木糖样品中低聚木糖的含量，选用聚丙烯酰胺凝胶柱为分离柱，低聚木糖样品经简单的预处理，用示差折光检测器进行检测。同时取各种低聚木糖标准样品做标准曲线，与所得样品进行比较。该法简便、快速、准确，是较为有效的测定方法。

2. 仪器

高效液相色谱仪（配有示差折光检测器）；旋转薄膜蒸发器。

3. 试剂

（1）标准低聚木糖（二糖、三糖、四糖、五糖、六糖、七糖、八糖）液　配制成 10mg/mL 的标准糖液。

（2）木聚糖酶　酶活力 20000U/g。

（3）水、乙腈　经二次蒸馏，过 0.45μm 微孔滤膜，并经超声波脱气。

4. 操作方法

（1）色谱条件　色谱柱，Aminex HPX-42A 糖柱，7.8mm × 300mm，5μm；柱温，85℃；流动相，乙腈-水（体积比为 65∶35）；流速 0.6mL/min；进样量 20μL。

（2）标准曲线的绘制　取 10mg/mL 的标准糖液 1.0μL、2.0μL、3.0μL、4.0μL、5.0μL 直接进样，即得到下列浓度的糖溶液：10μg/mL、20μg/mL、30μg/mL、40μg/mL、50μg/mL。测量出各组分的色谱峰面积或峰高，以标准糖浓度和对应的峰面积（或峰高）做标准曲线，求回归方程和相关系数。

（3）样品的制备和测定　以低聚木糖样品为原料，采用木聚糖酶定向酶解样品糖液。酶解条件为：低聚木糖浓度 20～50g/L，酶液 1％～10％，在 pH＝4～6、40～50℃ 条件下水解 4～24h。水解液经旋转薄膜蒸发器浓缩 5 倍，得到低聚木糖浓缩液。另外，取少量水解液经适当稀释，用 DNS 法（3,5-二硝基水杨酸法）测定总还原糖浓度。

调节待测样品的 pH 至 6～8，经 0.45μm 滤膜过滤后，取上清液用于色谱分析。

5. 结果分析

由被测组分和外标组分的峰面积比或峰高比来求被测组分的含量。

二、大豆及其制品中大豆低聚糖的测定

1. 概述

大豆低聚糖为功能性低聚糖，广泛存在于各类植物中，以豆科植物含量居多。大豆低聚糖主要成分为棉子糖、水苏糖和蔗糖。棉子糖、水苏糖都是由半乳糖、葡萄糖和果糖组成的支链杂低聚糖。由于人体内缺乏水解棉子糖和水苏糖的水解酶 α-D-半乳糖苷酶，所以它们不被消化吸收直接进入大肠，为双歧杆菌所利用。棉子糖、水苏糖可替代蔗糖应用于食品工业中，是一种安全无毒的天然产品。

2. 仪器

液相色谱仪：配有示差检测器。

3. 试剂

（1）乙腈（色谱纯）

（2）高纯水（二次石英亚沸蒸馏水）

（3）无水乙醇（分析纯）

（4）无水乙醚（分析纯）

（5）蔗糖、棉子糖、水苏糖均为色谱纯

4. 操作方法

（1）色谱条件　大连 NH2 色谱柱，30cm×4.6mm×5μm，柱温 40℃，检测器 45℃，流动相为乙腈＋水（75∶25）；流速为 1.5mL/min。

（2）样品处理

① 预先将大豆粉碎，过 60 目筛，准确称取 5.00g 样品于 250mL 锥形瓶中用无水乙醚脱脂，挥去乙醚。加 75％乙醇溶液 50mL，充分混匀，置恒温水浴中（70℃）保温 1h，取出经 3000r/min 离心 5min，保留上清液，再用相同的方法重复提取 2 次，合并上清液。将上清液浓缩至 10mL 左右，再定容至 25mL。取定容液经 3000r/min 离心 10min，过 0.45μm 滤膜后，进行 HPLC 分析。

② 豆粉。准确称取样品 5.00g 于 250mL 锥形瓶中，以下操作同①。

③ 豆奶。精确量取样液 10.0mL 于 100mL 锥形瓶中，加入 30mL 无水乙醇，成 75％乙醇溶液，充分混匀，以下操作同①。

（3）标准曲线的绘制　棉子糖及水苏糖标准溶液：精密称取棉子糖 0.0400g、水苏糖 0.0600g，用水溶解并定容至 1.00mL，将此液逐级稀释成下列浓度（mg/mL）：棉子糖为 2.0、4.0、8.0、10.0；水苏糖为 3.0、6.0、9.0、12.0。测量出各组分的色谱峰面积或峰高，以标准糖浓度和对应的峰面积（或峰高）做标准曲线，求回归方程和相关系数。

5. 结果计算

见式(9-5)。

$$X = \frac{A \times c_i \times V}{A_i \times m \times 1/2} \tag{9-5}$$

式中　X——样品中某低聚糖的含量，mg/kg；

A——样品的峰面积，mV·s；

A_i——低聚糖组分 i 的色谱峰面积，mV·s；

c_i——某低聚糖标准溶液的浓度，mg/mL；

m——某低聚糖的质量，kg；

V——样品溶液体积，mL。

第三节　多不饱和脂肪酸的测定

多不饱和脂肪酸（PUFA）是指含有两个或两个以上双键且碳链长为 18～22 个碳原子的直链脂肪酸。天然存在的不饱和脂肪酸和多不饱和脂肪酸的种类繁多，其中亚油酸、亚麻酸和花生四烯酸为必需脂肪酸。亚油酸在人体内不能自行合成而必须从食物中摄取，其他两种可在体内由亚油酸部分转化，转化率受多种因素的限制。

一、气相色谱法测定多不饱和脂肪酸

1. 原理

目前，受到人们普遍关注的多不饱和脂肪酸主要有 γ-亚麻酸（GLA）、二十碳五烯酸（EPA）及二十二碳六烯酸（DHA）。采用盐酸水解法来提取其油脂，并用 $CHCl_3$-KOH-CH_3OH 一步提取、甲酯化方法，运用毛细管气相色谱分析，以外标法定量测定甲酯化样品中多不饱和脂肪酸的含量。

2. 仪器

气相色谱仪：配有氢火焰离子化检测器（FID）、数据处理机或色谱工作站；大振幅恒温摇床。

3. 试剂

(1) γ-亚麻酸（GLA）甲酯标准品　美国 Sigma 公司；

(2) 二十碳五烯酸（EPA）甲酯标准品　美国 Sigma 公司；

(3) 二十二碳六烯酸（DHA）甲酯标准品　美国 Sigma 公司；

(4) 混合试剂　石油醚（30～60℃)-苯（体积比为 1：1)；

(5) 氯仿

4. 操作方法

(1) 色谱条件　色谱柱，HP-IN-NOWAX 交联聚乙二醇毛细管柱，0.25mm×30m，0.25μm；二阶程序升温：150℃→200℃（△＝15℃/min，升至 200℃后持续 15min)→240℃（△＝2℃/min，升至 240℃后持续 2min)；进样口温度，260℃；检测器，氢火焰离子化检测器（FID)；检测器温度，260℃；氢气流速，30mL/min；空气流速，150mL/min；氮气流速，30mL/min；柱流速，1mL/min；尾吹气流速，29mL/min；分流比，100：1；进样量，1μL。

(2) 标准曲线绘制　分别以 GLA 甲酯、EPA 甲酯及 DHA 甲酯标准溶液的气相色谱峰面积对其浓度（μg/mL）作图。求出 3 种脂肪酸甲酯标准品的线性回归方程及相关系数。

(3) 样品的制备

① 直接酯化法。将含有多不饱和脂肪酸的样品干燥，称取 1g 样品于具塞试管中，加入 4mL $CHCl_3$ 和 2mL 0.5mol/L $KOH-CH_3OH$，剧烈振荡 2min；并于 50℃水浴保持 10min（充氮气保护)，剧烈振荡 2min；加入 3.6mL 双蒸水，再剧烈振荡 1min。过滤，静置分层，取下层 $CHCl_3$ 相用于色谱分析。

② 酸水解法。取一定量样品，样品可以是湿样品或脂肪，以 0.4mol/L 盐酸水解所得油脂 30～100mg 于 25mL 具塞试管中，加入 2mL 混合试剂，轻摇使溶解后加入 2mL 0.5mol/L $KOH-CH_3OH$ 于室温酯化 10～15min 后水洗，静置分层后取上层有机相用于色谱分析。

5. 结果计算

由标准曲线计算样品中 EPA、DHA 和 GLA 的含量，见式(9-6)。

$$W = \frac{Vc}{m} \tag{9-6}$$

式中　W——样品中 EPA、DHA 或 GLA 的含量，μg/g；

　　　V——样品溶液的最终定容体积，mL；

　　　c——测定液中 EPA、DHA 或 GLA 的浓度（从标准曲线上查得)，μg/mL；

　　　m——样品质量，g。

6. 注意事项

① 由于多不饱和脂肪酸极易被空气所氧化，一般都要对其充氮气或加入抗氧化剂保护。

② 在测定油脂中多不饱和脂肪酸的含量时，需将油脂抽提出来。经典的方法是取

干燥研磨的样品于索氏脂肪提取器中以非极性有机溶剂抽提，而采用魏氏盐酸水解法来提取其油脂，样品无需干燥，所需时间较短，且油脂提取率较高，适合于微生物油脂的提取。

二、气相色谱法测定亚油酸

1. 原理

含亚油酸的油脂以碱水解制得亚油酸钠，再进行甲酯化处理，以气相色谱法测定亚油酸甲酯，用石英玻璃色谱柱，以丁二酸二乙醇酯（DEGS）为固定液，涂布浓度10％，柱长3m，柱温185℃，以外标法定量。

2. 仪器

配有氢火焰离子化检测器的气相色谱仪；分析天平（感量为0.01mg）。

3. 试剂

（1）三氟化硼甲醇溶液

（2）亚油酸对照品 美国Sigma公司，含量＞99.0％。

4. 操作方法

（1）色谱条件 色谱柱，石英玻璃柱，以丁二酸二乙醇酯（DEGS）为固定液，涂布浓度10％，柱长3m，柱内径3mm；柱温，185℃；汽化室温度，240℃；检测器温度，230℃；载气流速，60mL/min；氢气流速，50mL/min；空气流速，500mL/min。

（2）标准溶液的制备 精密称取亚油酸标准品40mg，置于10mL具塞刻度试管中，加三氟化硼甲醇溶液1mL，在60℃水浴中酯化5min，放冷。精密加入正己烷2mL，振摇，加入饱和氯化钠溶液2mL，摇匀，分层后取上层液作为对照标准溶液，此溶液的浓度为20mg/mL。

（3）样品的制备 取含亚油酸的油脂样品约50mg（以红花籽油为例），精密称量，置于10mL具塞刻度试管中，加0.5mol/L氢氧化钾甲醇溶液2mL，在60℃水浴中皂化15min。待油珠溶解，放冷，加三氟化硼甲醇溶液2mL，在60℃水浴中酯化5min，放冷。精密加入正己烷2mL，振摇，加入饱和氯化钠溶液2mL，摇匀，分层后取上层液作为供试样品溶液，直接进行气相色谱分析。

5. 结果计算

采用外标法计算亚油酸（亚油酸甲酯）的含量（W），见式(9-7)。

$$W = \frac{FA_1V}{V_1m} \times 100\%$$ (9-7)

其中

$$F = \frac{c_0V_0}{A_0}$$

式中 A_0——标准品的峰面积；

V_0——标准品的进样量，μL；

c_0——标准品的浓度，mg/mL；

F——校正因子；

W——样品中亚油酸的含量，％；

A_1——样品的峰面积；

V——样品的总体积，mL；

V_1——样品的进样量，μL；

m——样品的称样量，mg。

第四节　活性肽与活性蛋白质的测定

活性肽和活性蛋白质专指那些有特殊生理功能的肽与蛋白质，主要有谷胱甘肽、降血压肽、促进钙吸收肽、易吸收肽、免疫球蛋白及抑制胆固醇蛋白质等。它们的特殊生理功能包括清除自由基、降低血压和提高免疫力等，而普通的肽与蛋白质没有这方面的功能。

一、免疫球蛋白（IgG）的测定方法（单向免疫扩散法）

免疫球蛋白对增强机体的免疫抗病能力早已为人知。近年来，随着 IgG 应用于功能食品的研究，发现 IgG 在调节动物体的生理功能，如改善胃肠道功能（调节肠道菌群）、促进生长发育等方面起重要作用。目前国内外测定 IgG 的方法有电泳法、免疫荧光技术、放射免疫法、高效液相色谱法等。本节介绍的单向免疫扩散法是一种经典方法，设备简单，方法易于推广。

1. 原理

在含有抗体的琼脂板的小孔中加入抗原溶液，经过扩散后，在小孔周围形成抗原抗体沉淀环，此沉淀环面积与小孔中的抗原量成正比。测定样品中 IgG 时，琼脂板中可加入适量的兔抗牛 IgG 抗血清，琼脂板各小孔中分别加入一系列的已知 IgG 含量的对照标准品及适量稀释的待测 IgG 乳粉样品，经过 24h 扩散后，测量各沉淀环直径。以 IgG 标准品系列浓度为横坐标，沉淀环直径的平方为纵坐标绘制标准曲线。根据待测 IgG 样品形成的沉淀环直径，在标准曲线上查到对应的 IgG 浓度即可计算其含量。

2. 仪器

（1）琼脂模板　由两块 7.5cm×18cm 玻璃板中间隔放一块有机玻璃 U 形板（厚0.22cm，各边宽 1cm，底边长 18cm，两边长 7.5cm）构成，用弹簧夹紧。

（2）打孔器　ϕ2.5mm。

（3）湿盒　有盖搪瓷盘，盘底铺垫纱布 3～4 层，用 0.5％苯酚溶液浸湿纱布。

（4）微量进样器

（5）水浴锅

3. 试剂

（1）pH6.8 磷酸盐缓冲液　称取分析纯的磷酸氢二钾 6.8g 和氢氧化钠 0.94g，加蒸馏水溶解并稀释至 1L，混匀。

（2）优质琼脂

（3）兔抗牛 IgG 抗血清（生化试剂）　效价为 1：32。

（4）牛 IgG 对照标准品（生化试剂）　Sigma 公司提供。

4. 测定步骤

（1）抗体琼脂板的制备　在 pH6.8 磷酸盐缓冲液中加入 1.0％琼脂，加热熔化，冷却到 55℃，并在 55℃水浴中保温，然后加入兔抗牛 IgG 抗血清（效价为 1：32，添加量为体积的 1/80），迅速混合后倒入琼脂模板内。待琼脂凝固后（需 10～15min），将上面的玻璃板小心移去，再取出 U 形板，用打孔器每隔 1.5cm 打一个孔，并取出孔内琼脂板。

（2）标准曲线的绘制　取牛 IgG 对照标准品，以 pH6.8 磷酸盐缓冲液溶解，分别稀释配成浓度为 0.05mg/mL、0.10mg/mL、0.20mg/mL、0.40mg/mL、0.80mg/mL、1.00mg/mL 的系列标准溶液。然后，将上述对照标准溶液分别加入抗体琼脂板的小孔中，

每小孔 $5\mu L$（双样）。加样后将琼脂板放入湿盒中，在 $37℃$ 放置 $24h$，取出，准确测量沉淀环直径。以牛 IgG 浓度为横坐标，沉淀环直径平方为纵坐标绘制标准曲线。

（3）样品中 IgG 含量的测定　根据样品中 IgG 含量高低称取适量样品，用 pH6.8 磷酸盐缓冲液溶解并适当稀释，然后按标准曲线操作步骤在抗体琼脂板小孔中加样，扩散，测量沉淀环直径，根据标准曲线查得样品中相应 IgG 浓度，并计算样品 IgG 含量。

注：观察结果时，可于暗室内，以台灯斜照琼脂板，背后用黑纸作背景，琼脂板玻璃面朝向观察者，将透明厘米尺紧贴玻璃板，测量沉淀环的直径。

二、直接定磷法测定酪蛋白磷酸肽

1. 原理

酪蛋白磷酸肽（case in phosphopeptide，CPP）是酪蛋白经适当的蛋白酶消化所得到的一系列含有磷酸丝氨酸簇-SerP-SerP-SerP-Glu-Glu-的短肽。经消化后有机磷分解并氧化成无机磷酸，可用钼蓝比色法测定酪蛋白磷酸肽的含量。

2. 仪器

消化炉；分光光度计。

3. 试剂

（1）三氯乙酸

（2）浓硫酸

（3）钼酸铵

（4）催化剂 $CuSO_4 \cdot 5H_2O$-K_2SO_4　质量比 $1:4$。

（5）定磷试剂　$3mol/L\ H_2SO_4$-2.5%钼酸铵-水-10%维生素 C（体积比为 $1:1:2:1$）。

4. 操作方法

（1）样品的处理　准确称取样品 50mg 溶于 50mg 蒸馏水中。吸取 1mL 样品溶液加入 1mL 40%三氯乙酸溶液，充分混合，以 $4000r/min$ 离心 20min，弃去上清液。将沉淀置于消化管中，加入 1mL $18mol/L$ 浓硫酸溶液及约 50mg 催化剂进行消化。

（2）标准曲线的绘制　将标准无机磷稀释成不同梯度与定磷试剂反应，做出无机磷含量与吸光度关系的标准曲线。

（3）显色测定　取 2 支试管，分别加入稀释的消化液 1mL、蒸馏水 2mL、定磷试剂 3mL，在 $45℃$ 保温 20min，用分光光度计测定 A_{660nm}。

5. 结果计算

将测定的 A_{660nm} 与磷溶液标准曲线对照，按式（9-8）求出样品中酪蛋白磷酸肽的含量。

$$W = \omega \times \frac{100}{2.82} \qquad (9\text{-}8)$$

式中　W——酪蛋白磷酸肽的含量，$\%$；

　　　ω——样品的定磷结果，$\%$；

　　2.82——酪蛋白磷酸肽的含磷量为 2.82%。

6. 注意事项

① 定磷试剂放入棕色瓶避光于冰箱中保存，现配现用。

② 直接定磷法测定酪蛋白磷酸肽操作简单，重复性强，适于生产控制，但是此法给定的酪蛋白磷酸肽相对分子质量 3300 过于武断，测定的准确度较低。

③ 该方法必须有去除无机磷和非蛋白含磷物的实验，否则不能用于测定酪蛋白磷酸肽的含量。

第五节　维生素的测定

维生素是动物和人为了维持生命活动所必需的且需要量极少的有机化合物。它们不能在体内合成，或者所合成的量难以满足机体的需要，所以必须由食物供给。目前被列为维生素的物质大约有 30 种以上，其中已知与人体健康有关的有 20 多种。

一、三氯化锑比色法测定维生素 D

1. 原理

维生素 D 与三氯化锑在氯仿中共存产生橙黄色，并于 500nm 波长处有一个最大的吸收峰。呈色的强度与维生素 D 的含量成正比，故可以比色定量。加入乙酰氯可以消除温度、湿度等因素的干扰。维生素 D 和维生素 A 共存时，需先用柱色谱分离，去除维生素 A，再比色测定。

2. 仪器

紫外分光光度计。

3. 试剂

（1）三氯化锑

（2）氯仿

（3）三氯化锑-氯仿溶液　取一定量的重结晶三氯化锑，加入其 5 倍体积的氯仿，振摇；

（4）三氯化锑-氯仿-乙酰氯溶液　取上述三氯化锑-氯仿溶液加入为其体积 3％的乙酰氯，摇匀；

（5）乙醚

（6）乙醇

（7）石油醚　沸程 30～60℃；

（8）维生素 D_2 标准溶液　维生素 D_2（骨化醇）1.00g 相当于 40000000IU。称取 0.25g 骨化醇，用氯仿稀释至 100mL，此液每毫升含 100000IU 维生素 D_2；临用时可用氯仿配制成 1～100IU/mL 的标准使用液；

（9）聚乙二醇（PEG）500

（10）白色硅藻土 Celite545（在柱色谱中作载体用）

（11）氨水

（12）无水硫酸钠

（13）0.5mol/L 氢氧化钾溶液

（14）氧化铝　中性，色谱用。

4. 操作方法

（1）样品的制备　准确称取 10.00g 样品，置于烧杯中，加入 40mL 水搅匀，移入 250mL 分液漏斗中，分别加入氨水 5mL、乙醇 35mL，摇匀，然后加乙醚进行抽提，每次使用的乙醚量为 40mL，共抽提 3 次。收集乙醚层，每次用水 100mL 洗涤乙醚层共 3 次。水层再用 30mL 乙醚进行提取 1 次，合并所用乙醚。在索氏抽提器中蒸发除去乙醚或在氮气流下蒸发除去乙醚。待瓶内乙醚蒸发除尽后，加入 30mL 80％的氢氧化钾溶液、40mL 乙醇和

0.8g焦性没食子酸，在（83±1）℃的水浴中进行皂化30min。冷却后移入250mL分液漏斗中，加入60mL水后，用40mL乙醚共抽提3次，合并乙醚抽提液，并用水洗至中性。按上述方法采用索氏抽提器或在氮气流下除去乙醚，待瓶内乙醚蒸发后，用5mL石油醚溶解瓶中内容物并且移入刻度试管中。

当维生素D和维生素A共存时，必须先进行纯化以分离维生素A。若无维生素A等干扰物存在时，可直接测定。

（2）纯化

① 分离柱的制备。称取15.0g Celite545，移入250mL碘量瓶中，加入80mL石油醚，振摇2min，再加入10mL聚乙二醇500 60g，强烈振摇10min，使其黏合均匀。将上述黏合物加入到内径为22mm的玻璃色谱柱内（色谱柱具有活塞和砂芯板），在黏合物下端加入1.0g左右的无水硫酸钠，在黏合物上端加入5g中性氧化铝后，再加入少量的无水硫酸钠。轻轻转动色谱柱，使柱内黏合物的高度保持在12cm左右。

② 纯化。装填柱后先用30mL左右的石油醚进行淋洗，然后将上述提取样液倒入柱内，再用石油醚继续淋洗，弃去最初收集的10mL，再用200mL容量瓶收集淋洗液至刻度，淋洗液流速保持2~3mL/min。将淋洗液放入250mL分液漏斗中，加入过量的蒸馏水，猛烈振摇，分层后弃去水层，再加入过量的水重复振摇1次弃去水层（水洗主要是去除残留的聚乙二醇，因它会与三氯化锑作用造成浑浊，影响测定）。将上述石油醚层通过无水硫酸钠脱水，移入锥形瓶或脂肪瓶中，在水浴上浓缩至约5mL，再在水浴上用水泵减压至刚好干燥，立即加入5mL氯仿于10mL具塞的量筒内，摇匀，备用。

（3）测定

① 标准曲线的绘制。分别吸取维生素D标准使用液（浓度按样品中维生素D含量的高低而定）0mL、1.0mL、2.0mL、3.0mL、4.0mL、5.0mL于10mL容量瓶中，用氯仿定容，摇匀。分别吸取上述标准溶液各1mL于1cm比色皿中，置于紫外分光光度计的比色槽内，立即加入三氯化锑-氯仿-乙酰氯溶液3mL，于500nm波长处，在2min内进行比色测定。根据测得的各标准溶液的吸光度，绘制标准曲线。

② 样品测定。吸取上述已经纯化的样品溶液1mL于比色皿中，以下操作同标准曲线的绘制。根据所测定样品溶液的吸光度，从标准曲线中查出其相应的含量。

5. 结果计算

根据所取样液相当于标准曲线中相应的维生素D的含量，计算出单位质量样品中维生素D的含量。

二、荧光分光光度法测定维生素C

1. 原理

维生素C（抗坏血酸）在氧化剂存在下，被氧化成脱氢抗坏血酸，氧化型的抗坏血酸与邻苯二胺作用生成荧光化合物，此荧光化合物的激发波长是350nm，发射波长在433nm，其荧光强度与抗坏血酸的含量成正比。由样品的荧光强度减去空白，再与抗坏血酸标准样品的荧光强度相比较，即可计算出样品中抗坏血酸的含量。

若样品中含有丙酮酸时，也能与邻苯二胺生成一种荧光化合物。

当加入硼酸后，硼酸与脱氢抗坏血酸形成的螯合物不能与邻苯二胺生成荧光化合物；而硼酸与丙酮酸并不作用，丙酮酸仍可以发生上述反应，因此，加入硼酸后再测出的荧光读数即是空白的荧光读数。

2. 仪器

组织捣碎机；离心机；荧光分光光度计。

3. 试剂

（1）0.02mol/L 氢氧化钠

（2）百里酚蓝指示剂

（3）0.03mol/L 硫酸　取 0.83mL 浓硫酸用水稀释至 1L；

（4）乙酸钠溶液　取 500g 乙酸钠稀释至 1L；

（5）硼酸-乙酸钠溶液　称取硼酸 9g，加入 35mL 乙酸钠，用水稀释至 1000mL（使用前配制）；

（6）邻苯二胺溶液　称取 20mg 邻苯二胺盐酸盐溶于 100mL 水中（使用前配制）；

（7）偏磷酸-冰醋酸标准溶液　称取 15g 偏磷酸，加入 40mL 冰醋酸，加水稀释至 500mL，过滤后，储存于冰箱中；

（8）抗坏血酸标准溶液　准确称取 50mg 抗坏血酸溶于偏磷酸-冰醋酸溶液中，定容至 50mL 容量瓶中，此标准溶液每毫升含 1mg 的抗坏血酸；吸取上述溶液 5mL，再用偏磷酸-冰醋酸溶液定容至 50mL，此溶液每毫升含 0.1mg 的抗坏血酸；

（9）溴

（10）活性炭处理　取 50g 活性炭加入 250mL 10％盐酸，加热至沸，减压过滤，用蒸馏水冲洗活性炭，至检查滤液中无铁离子为止，再于 110～120℃烘干备用；

（11）偏磷酸-冰醋酸-硫酸溶液　称取 15g 偏磷酸，加入 40mL 冰醋酸，用 0.03mol/L 硫酸稀释至 500mL。

4. 操作方法

（1）标准曲线的绘制

① 准确吸取 0.1mg/mL 的抗坏血酸标准溶液 50mL，移入锥形瓶中，在通风橱中加入 2～3 滴溴，轻摇变微黄色，再通入空气将多余的溴排出，使溶液仍为无色。若以活性炭作氧化剂时，可在锥形瓶中加入 1～2g 已经处理好的活性炭，振摇 1min 后，过滤，滤液按下述步骤操作。

② 取两个 10mL 棕色容量瓶，各瓶中准确加入刚处理过的标准溶液 5mL，其中一个加入 4mL 乙酸钠溶液，用水定容至刻度，此溶液作为"标准溶液"，浓度为 2.5mg/mL；另一个容量瓶中加入 4mL 硼酸-乙酸钠溶液，用水定容至刻度，此溶液作为"标准空白"。

③ 取 10 支试管置于试管架上，每一个浓度的标准溶液作两个试管。分别吸取 2.5mg/mL 抗坏血酸的标准溶液 0.5mL、1.0mL、1.5mL 和 2.0mL（相当于 1.25mg、2.5mg、3.75mg 和 5mg 的抗坏血酸）移入各试管中，分别加水至总体积为 2.0mL，另吸取标准空白溶液 2.0mL，移入两试管中。

④ 避光反应。在暗室或避光条件下，迅速而准确地向各试管加入 5mL 邻苯二胺溶液，加塞振摇 1～2min，在暗室中避光反应 35min。

⑤ 荧光测定。在以 350nm 为激发波长、433nm 为发射波长的条件下，记录"标准溶液"各浓度的荧光强度（以峰高表示）和标准空白的荧光强度。"标准溶液"荧光强度减去标准空白荧光强度得相对荧光强度。以相对荧光强度作纵坐标，标准溶液浓度作横坐标绘制标准曲线。

（2）样品的处理和测定

① 样品的处理。称取均匀样品 10g（视样品中抗坏血酸的含量而定，其含量在 1mg 左右），先取少量试样加入 1 滴百里酚蓝，若显红色（pH＝1.2），即用偏磷酸-冰醋酸溶液定

容至 100mL；若显黄色（pH＝2.8），即可用偏磷酸-冰醋酸-硫酸溶液定容至 100mL，定容后过滤备用。

② 氧化。将全部过滤液倒入锥形瓶中，加入 1～2g 活性炭，振摇 1～2min，过滤。或在通风橱内加入 2～3 滴溴液，振摇，再通入空气将多余的溴排出。

③ 取两个 100mL 棕色容量瓶（如果样品中抗坏血酸的含量高，可使用 50mL 或 10mL 棕色容量瓶，下述样液及试剂也相应地减少）。各吸取 20mL 氧化处理过的样液，其中一个加入 40mL 乙酸钠，用水定容至刻度，作为"样品溶液"；另一个加入 40mL 硼酸-乙酸钠溶液用水定容至刻度，作为"样品空白"。

④ 取四支试管，其中两支各加入 2mL "样品溶液"，另两支各加入 2mL "样品空白"。以下操作按（1）中④、⑤部分同样操作，得出样品的相对荧光强度，从标准曲线上查出样品溶液中相对应的抗坏血酸浓度。

5. 结果计算

抗坏血酸的含量按式(9-9) 计算。

$$抗坏血酸的含量（\mu g/g）＝\frac{cV}{m}×\frac{100}{20} \tag{9-9}$$

式中　c ——根据样品的相对荧光强度在标准曲线上查出的含量，$\mu g/mL$；

　　　V ——样品的定容体积，mL；

　　　m ——实际样品的质量，g；

　100/20——该方法中样品的稀释倍数。

6. 注意事项

① 根据文献介绍，测定抗坏血酸含量所用的氧化剂有活性炭、吲哚酚、溴等。该法采用活性炭和溴作氧化剂。

② 活性炭加入量要合适，量过多，对抗坏血酸有吸附作用，使结果偏低。

③ 活性炭、白陶土具有脱色作用，溴不具备这种性能。

④ 邻苯二胺溶液在空气中颜色变暗，影响显色，所以临用前配制。

⑤ 影响荧光强度的因素有很多，各次测定条件很难完全一致。因此，标准曲线的绘制实验最好与样品的测定同时做。

第六节　微量元素的测定

一、原子吸收分光光度法测定铬

1. 原理

用硫酸和过氧化氢分解样品中的有机物质，在加入氨水时加入高锰酸钾溶液使样液呈紫红色，然后在 pH＝4.8～5.0 的乙酸盐缓冲溶液中用二乙基二硫代氨基甲酸钠和甲基异丁酮萃取铬，直接用原子吸收分光光度法测定。

2. 仪器

原子吸收分光光度计（配有铬空心阴极灯）；石英坩埚或瓷坩埚；灰化炉。

3. 试剂

（1）硫酸、氨水、甲基异丁酮

（2）30％过氧化氢

（3）1mol/L 乙酸钠缓冲溶液 称取 41g 乙酸钠溶解于 400mL 水中，加冰醋酸调节至 pH＝5.0，用水稀释至 500mL；

（4）1％二乙基二硫代氨基甲酸钠溶液 当天配制；

（5）0.3％高锰酸钾溶液

（6）铬标准溶液 称取经 110℃ 干燥过的重铬酸钾 0.1414g 溶于水中，稀释至 500mL，摇匀；此溶液为 0.1mg/mL 的铬标准溶液，使用时用水配制为 1μg/mL 的铬标准溶液。

4. 操作方法

（1）测定条件 吸收波长 357.9nm；灯电流 5mA；狭缝宽度 0.1nm；空气流速 4.5L/min；乙炔流速 2.3～2.8L/min。

（2）标准曲线的绘制 取 6 只 100mL 的烧杯，每只烧杯中加入适量的水和 5mL 浓硫酸，分别加 1μg/mL 的铬标准溶液 0mL、5.0mL、10.0mL、15.0mL、20.0mL，用氨水或稀硫酸调节至 pH＝5 左右，加入乙酸钠缓冲溶液，定量地将溶液移入 100mL 容量瓶中，加入 2mL 1％二乙基二硫代氨基甲酸钠溶液，用水稀释至 60mL，混匀，准确地加入 5mL 甲基异丁酮，剧烈摇动 2min，静置分层后，加水使有机相上升到容量瓶颈部。用原子吸收分光光度计测得各浓度铬的吸光度并减去空白的吸光度后，绘制标准曲线。

（3）样品的处理和测定 称取样品匀浆 10.0g，移入凯氏烧瓶中，加入玻璃珠 3～4 粒，加入 10mL 浓硫酸，摇匀，加入 3mL 过氧化氢，待剧烈反应停止后，置于煤气灯或电炉上加热至沸腾，并不断地滴加过氧化氢溶液，直至溶液澄清无色为止，同时做空白实验。将样液定量地移入 100mL 烧杯中，加入适量氨水和过量硫酸，在煤气灯上小火加热，滴加高锰酸钾溶液，使样液呈现紫红色，煮沸 5min 后不褪色为止。用氨水或稀硫酸调节至 pH＝5 左右，加入乙酸钠缓冲溶液，定量地将溶液移入 100mL 容量瓶中，加入 2mL 1％二乙基二硫代氨基甲酸钠溶液，用水稀释至 60mL，混匀，准确地加入 5mL 甲基异丁酮，剧烈摇动 2min，静置分层后，加水使有机相上升到容量瓶颈部。按上述原子吸收分光光度计测定条件吸取样液萃取液，得到铬的吸光度，并从标准曲线中查出铬的含量。

5. 结果计算

铬含量按式(9-10) 计算。

$$铬含量(mg/kg)=\frac{c}{m} \tag{9-10}$$

式中 c——测定样品相当于铬的标准量，μg；

m——所取样液中样品的质量，g。

二、双硫腙比色法测定锌

1. 原理

在 pH＝4.5～5.0 时锌离子与双硫腙反应生成红色络合物，此络合物溶于四氯化碳等有机试剂中。在加入硫代硫酸钠、盐酸羟胺溶液和控制 pH 值的条件下，可防止其他金属离子的干扰。

2. 仪器

石英坩埚或瓷坩埚；灰化炉；分光光度计。

3. 试剂

（1）1：1 盐酸溶液、1：1 氨水溶液

（2）25％硫代硫酸钠溶液 配制后用双硫腙提纯；

（3）0.002％双硫腙四氯化碳溶液 称取 0.02g 经过提纯的双硫腙，溶于四氯化碳中，过滤，用四氯化碳稀释至 100mL；此溶液含量为 0.02％，临用时可稀释为 0.002％的双硫

腙四氯化碳溶液;

（4）溴甲酚绿指示剂　称取 0.5g 溴甲酚绿溶于 2.65mL 0.1mol/L 氢氧化钠溶液中，并用水稀释至 100mL;

（5）乙酸钠缓冲溶液（pH＝4.75 左右）　混合等量的乙酸钠溶液（溶解 68g 乙酸钠，用水稀释至 250mL）和 2mol/L 乙酸溶液，混合后用双硫腙提纯;

（6）20％盐酸羟胺溶液　配制后用双硫腙提纯;

（7）锌标准溶液　取锌粒 0.1000g 溶于 10mL 2mol/L 盐酸溶液中，加水稀释至 1L;此溶液中锌的浓度为 0.1mg/mL，临用时稀释成锌浓度为 1μg/mL 的标准溶液。

4. 操作方法

（1）标准曲线的绘制　准确吸取 1μg/mL 的锌标准溶液 0mL、2.0mL、4.0mL、6.0mL、8.0mL、10.0mL，分别移入 125mL 分液漏斗中，加水至总体积 25mL，加溴甲酚绿指示剂 2 滴，滴加 1:1 氨水或 1:1 盐酸调节溶液由黄绿色变成显著蓝色，加入乙酸钠缓冲液 5mL（此时溶液的 pH＝4.75），加入硫代硫酸钠溶液 1mL、盐酸羟胺溶液 1mL，摇匀后准确加入 0.002％双硫腙四氯化碳溶液 25mL，振摇 2min，静置分层。四氯化碳层经脱脂棉花过滤于干的比色皿中，用分光光度计在 530nm 波长处测定吸光度，绘制标准曲线。

（2）样品的处理　称取搅拌均匀的样品 20.0g 于 500mL 凯氏烧瓶中，加入浓硫酸 10mL、浓硝酸 20mL，先以小火加热，待剧烈作用停止后，加大火力并不断滴加浓硝酸直至溶液透明不再转黑为止。每当消化溶液颜色变深时，立即添加硝酸，否则溶液难以消化完全。待溶液不再转黑后，继续加热数分钟至有浓白烟逸出，冷却后加入 10mL 水，继续加热至冒白烟为止，冷却。将内容物移入 100mL 容量瓶内，并以水稀释至刻度，摇匀，备用。

（3）样品的测定　准确吸取相当于 1g 或 0.5g 样品的溶液，移入 125mL 分液漏斗中，用水稀释至 25mL，以下操作同（1）。根据样液测得的吸光度，从标准曲线查出锌的含量。

5. 结果计算

锌含量按式(9-11)计算。

$$锌含量(mg/kg) = \frac{c}{m} \times 1000 \tag{9-11}$$

式中　c——从标准曲线中查得的锌的标准量，mg;

m——吸取的样品溶液中样品的质量，g。

6. 注意事项

① 该法灵敏度较高，必须严格控制 pH 值;同时所用水应为去离子水，系经阴阳离子交换树脂纯化;器皿也要十分清洁。

② 由于锌标准曲线的重现性差，故在测定每份样品时，应平行测定 1～2 份标准锌溶液进行校正，或者不做标准曲线，而根据吸光度值进行计算。

③ 试剂用双硫腙提纯即用双硫腙四氯化碳溶液洗去杂质，再用四氯化碳洗去双硫腙。

第七节　其他生物活性物质的测定

一、绞股蓝皂苷的测定

1. 原理

绞股蓝又名七叶胆、甘茶蔓，为葫芦科绞股蓝属植物。绞股蓝的化学成分至今已得到

84 种皂苷（gynosaponin，Gyp）。研究结果表明，绞股蓝有下列药理作用：抗肿瘤，延长细胞寿命；抗疲劳，增强机体功能；抗溃疡；防治糖皮质激素的副作用；治疗偏头痛；有显著的镇静、催眠和抗紧张作用；对脂质代谢失调有明显的改善和调节作用。

绞股蓝皂苷的基本化学结构是四环三萜的达玛烷型结构，糖基为低聚糖。其中 4 种皂苷与人参皂苷 Rb₁、Rb₃、Rd、Rf₂ 完全相同。能与香草醛冰醋酸溶液和高氯酸于 60℃水浴中加温产生紫红色，在 545nm 波长处有最大吸收，可进行定量比色测定。其最低检出限为 $8\mu g$。

2．仪器

分光光度计；回流提取器。

3．试剂

（1）D₁₀₁ 大孔吸附树脂

（2）色谱用氧化铝

（3）无水乙醇

（4）高氯酸溶液

（5）冰醋酸溶液

（6）5％香草醛冰醋酸溶液

（7）绞股蓝皂苷标准品　以甲醇为溶剂，配成 1mg/mL 的标准使用液。

4．操作方法

（1）装柱　将 D₁₀₁ 大孔吸附树脂用丙酮浸泡过夜（15～18h），水浴回流 8h，过滤（或抽滤），用蒸馏水洗至溶液加 2 倍体积的水不产生浑浊为止；浸泡在水中，再进行装柱，并在柱顶加少量氧化铝，制成预处理柱，备用。

（2）标准曲线的绘制　分别精密吸取绞股蓝皂苷标准液 $0\mu L$、$20\mu L$、$40\mu L$、$60\mu L$、$80\mu L$ 于 10mL 具塞试管中，在水浴上挥干溶剂，精密加入 5％香草醛冰醋酸溶液 0.5mL、高氯酸 1.5mL，混匀。于 60℃水浴上加热 15～20min，在冰水浴中冷却，加入 5.0mL 冰醋酸，摇匀。以相应的试剂为空白，于 545nm 波长处比色测吸光度。

（3）样品的处理

① 绞股蓝皂苷提取原粉的处理。准确称取 0.02g 样品，加甲醇溶解并定容至 10mL 供检。

② 绞股蓝提取浓汁的处理。准确取样 0.5g 于水浴上蒸干，加甲醇溶解并定容至 10mL 供检。

③ 绞股蓝饮料的处理。准确吸取样液 20mL 于小烧杯中，置于水浴上低温加热 15min，赶去 CO_2 后，倾入 D₁₀₁ 大孔吸附树脂柱（带活塞的 1.5mm×15cm 柱内装 D₁₀₁ 大孔吸附树脂约 5g）中，以 1mL/min 的流速加热水 40～50mL 过柱，用 70％的乙醇 60mL 以 0.5mL/min 流速淋洗树脂柱，弃去初始的 2mL 流出液，然后收集洗脱液，置 60℃水浴上蒸干，用甲醇溶解残渣并定容至 2mL 供检。

④ 绞股蓝速溶茶的处理。准确称取样品 1.00g 加 10mL 水溶解后，按照③的处理方法倾入 D₁₀₁ 大孔吸附树脂柱中进行操作即得。

⑤ 绞股蓝胶丸或软胶囊的处理。准确称取胶丸内容物 1.00g 于 50mL 锥形瓶中，加海砂 0.5～1g，加甲醇 10mL 提取 3～4 次至溶剂无色为止。合并甲醇提取液，置 60℃水浴中挥干溶剂，加水溶解残渣，转入分液漏斗中，加乙醚 10mL 提取 3 次，弃乙醚，分取水溶液过 D₁₀₁ 大孔吸附树脂柱（装大孔吸附树脂于 10mL 注射器中，约 4cm 高，上加 1cm 中性氧

化铝）。用水 30mL 洗柱，弃水液，用 50％的甲醇洗脱，收集洗脱液 60mL，置 60℃水浴上挥干，加甲醇溶解残渣并定容至 2mL 供检。

⑥ 保健食品胶囊内容物或茶叶的处理。准确称取研细的样品 0.50g 于锥形瓶中，加甲醇 30mL，置 60℃水浴中回流 4h，过滤。残渣用少量甲醇洗 2～3 次，提取液回收甲醇，残渣加水 20mL 溶解，转入分液漏斗中，加乙醚 20mL 萃取 2 次，合并醚液，加少量水提取 1 次，弃醚液。水液并入原样液中，水液定容至 25mL。吸取 2.5mL 样品处理液过 D_{101} 大孔吸附树脂柱，按⑤操作方法进行，收集 50％的甲醇洗脱液 60～80mL，置 60℃水浴上挥干，用甲醇溶解残渣并定容至 2mL 供检。

（4）样品的测定　精密吸取供试品溶液 100μL。置于具塞试管中，按上述方法测出吸光度，从标准曲线上读出供试品溶液中绞股蓝皂苷的含量。

5. 结果计算

样品中绞股蓝皂苷的含量按式（9-12）计算。

$$W = \frac{A}{m \times \dfrac{V_2}{V_1} \times 1000} \tag{9-12}$$

式中　W——样品中绞股蓝皂苷的含量，mg/g；

A——样品中相当于绞股蓝皂苷的含量，μg；

m——样品的质量，g；

V_1——样品稀释后的总体积，mL；

V_2——测定时取样液的体积，mL。

6. 注意事项

预处理柱装填时考虑到处理后的 D_{101} 大孔吸附树脂不能脱水，否则会影响吸附效果；装填时应用滴管将处理后的浸在水中的树脂慢慢吸入柱内，并不断用水冲洗；装填好的预处理柱应紧密，无气泡。淋洗液体积和流速也是提纯的关键之一，淋洗液用量太大，流速太慢，费时，而且达不到提纯效果。

二、高效液相色谱法测定番茄红素

番茄红素（lycopene）是一种脂溶性天然色素，是类胡萝卜素的一种。目前已经证实，番茄红素可以防止前列腺癌、乳腺癌及消化道（包括结肠、直肠及胃）癌等的发生，并可以降低皮肤癌、膀胱癌等的发病率。

1. 原理

采用直接对试样进行提取的方法，再通过色谱柱把其中的番茄红素与其他杂质分离后测定。

2. 仪器

高效液相色谱仪：配有紫外-可见分光检测器；超声波清洗器；台式离心机；紫外分光光度计；SHZ-C 型循环水式多用真空泵；MCL-3 型微波化学实验仪；电子天平；80-2 离心沉淀器等。

3. 试剂

（1）二氯甲烷（色谱纯）

（2）四氢呋喃（色谱纯）

（3）乙腈（色谱纯）

（4）三氯甲烷（色谱纯）

（5）无水硫酸钠（分析纯）

4. 操作方法

（1）标准溶液配制　将番茄红素标样用流动相配制成一定浓度梯度的标准溶液，临用前配制。

（2）样品制备　称取番茄丁样品约 50g，捣碎后准确称取一定量于碘量瓶中，用流动相反复提取，然后萃取上层有机相，定容到 100mL 棕色容量瓶中，整个操作过程应避光。

（3）分析测定　移取等量样品注入 HPLC 系统，色谱条件：色谱柱 Symmetry Shield TMRP18（5μm，4.6mm×250mm）；流速 0.9mL/min；检测波长 472nm；柱温 25℃；进样量 20μL；乙腈-四氢呋喃-二氯甲烷体积比为 85：3.4：1.6 为流动相。

（4）样品中番茄红素含量的测定　称取一定量的试样，放入具塞的锥形瓶中，加入 20mL 氯仿，振荡，在超声清洗器中提取 15min，静置。最后取上层液进液相色谱仪分析，得番茄红素色谱图，以峰面积进行定量分析。

三、牛磺酸的测定

牛磺酸（taurine）是名贵中药牛黄的重要成分之一，具有广泛的医疗和营养保健作用。临床上主要用于治疗感冒、发热、神经痛、扁桃体炎、支气管炎、风湿性关节炎、各类眼疾及药物中毒等。牛磺酸颗粒具有消炎、解热、镇痛作用，采用牛磺酸与 2,4-二硝基氟苯定量反应生成稳定的 2,4-二硝基苯牛磺酸，以高效液相色谱法测定 2,4-二硝基苯牛磺酸的含量，从而间接测定牛磺酸的含量。

1. 仪器

Waters-2695 高效液相色谱仪；Waters-2487 紫外检测器；Empower 色谱工作站（美国 Waters 公司）。

2. 试剂

（1）牛磺酸对照品　含量 99.5%；

（2）牛磺酸颗粒样品　华中科技大学同济医学院附属协和医院药剂科自制；

（3）乙腈　色谱纯。

3. 操作方法

（1）色谱条件　试验用十八烷基硅烷键合硅胶为填充剂；以磷酸盐缓冲液（pH 7.0）-乙腈-水（70：20：10）为流动相；检测波长为 360nm；柱温为 40℃。

（2）对照品溶液的制备　精密称取经 105℃ 干燥至恒重的牛磺酸对照品适量，加水溶解并稀释制成每毫升中约含 1mg 牛磺酸的对照品溶液。

（3）供试品溶液的制备　精密称取牛磺酸颗粒适量（约相当于牛磺酸 25mg），置于 25mL 量瓶中，加水溶解并稀释至刻度，摇匀，滤过，取过滤液作为供试品溶液。

（4）空白溶液的制备　按照牛磺酸颗粒的处方比例称取约相当于牛磺酸 25mg 的辅料适量，置于 25mL 量瓶中，加水溶解并稀释至刻度，摇匀，滤过，取过滤液作为空白溶液。

（5）测定方法　精密量取对照品、供试品及空白溶液各 1mL，分别置于 10mL 棕色量瓶中，依次加入 0.5mol/L 的碳酸氢钠溶液（取碳酸氢钠 12g，用水溶解并稀释至 250mL，用 0.1mol/L 氢氧化钠溶液调节 pH 9.0）1mL、1% 的 2,4-二硝基氟苯乙腈溶液 0.5mL，摇匀，置 60℃ 水浴中避光加热 1h 后取出，放冷至室温加磷酸盐缓冲液稀释至刻度，摇匀。用 0.45μm 微孔滤膜过滤，取 20μL 过滤液注入液相色谱仪，记录色谱图，按外标法以峰面积计算，即得。结果表明，牛磺酸衍生物的保留时间约为 5.6min，2,4-二硝基氟苯的保留时间约为 4.5min，空白溶液在牛磺酸衍生物相应位置无色谱峰出现，不干扰牛磺酸的含量测定。

（6）样品含量测定　取牛磺酸颗粒样品，按（5）项下的方法分别进行测定，按外标法以峰面积计算，即得。

四、气相色谱法测定大蒜素

大蒜素的化学名为二烯丙基三硫化物，别名为大蒜新素，分子式为 $C_6H_{10}S_3$。大蒜素具有抗菌、抗病毒、降血脂、抗肿瘤、提高机体免疫功能、降血糖、解毒等功效。

1. 原理

大蒜素是大蒜挥发油的主要成分。正是因为大蒜素具有沸点低、易挥发的性质，所以适合用气相色谱法进行其含量的测定，而且气相色谱法的选择性好、灵敏度高、方法可靠。

2. 仪器

气相色谱仪：配有氢火焰离子化检测器（FID）、数据处理机或色谱工作站。

3. 试剂

（1）乙酸乙酯（分析纯）

（2）大蒜素标准品（上海禾丰药厂）

（3）大蒜素标准品溶液的配制　精密吸取大蒜素标准品 0.1～10mL 于棕色容量瓶中，加乙酸乙酯至刻度，摇匀，使大蒜素含量为 15mg/mL，作为标准品备用。

4. 操作方法

（1）色谱条件　色谱柱 10% PEG 20M（2m）柱；柱温 135℃ 保持 5min，然后以 4℃/min 升至 145℃ 保持 8min；检测器，FID；载气（N_2）流速，40mL/min；H_2 流速，50mL/min；空气流速，500mL/min；灵敏度，2；衰减，3。

（2）测定方法　吸取大蒜素标准品溶液 0.3mL 进样，记录标准品的色谱图和峰面积。吸取大蒜酒 1mL 进样，记录大蒜酒中大蒜素的色谱峰和峰面积。

5. 结果计算

用归一化法计算大蒜酒中大蒜素的含量，见式(9-13)。

$$M_X = M_r \times \frac{A_X}{A_r} \tag{9-13}$$

式中　M_X——大蒜酒中大蒜素的含量，mg；

M_r——标准品中大蒜素的含量，mg；

A_X——大蒜酒中大蒜素的峰面积；

A_r——标准品中大蒜素的峰面积。

【本章小结】

食品中活性成分的测定方法有多种，本章主要介绍了常见功能食品中活性成分的种类及测定方法，其中详细介绍了活性多糖的测定，用分光光度法测定枸杞子多糖的原理及方法，高效液相色谱法测定低聚木糖的原理与方法，气相色谱法测定多不饱和脂肪酸的原理与方法，单向免疫扩散法测定 IgG 的原理与方法，三氯化锑比色法测定维生素 D 的原理与方法，荧光分光光度法测定维生素 C 的原理与方法，原子吸收分光光度法测定铬的原理与方法，以及绞股蓝皂苷、番茄红素、牛磺酸、大蒜素含量的测定方法等。

【复习思考题】

1. 活性多糖的生理功能有哪些？碱性酒石酸铜溶液滴定法测定多糖的原理是什么？
2. 简述用分光光度法测定枸杞子多糖的原理及方法。
3. 简述高效液相色谱法测定低聚木糖的原理与方法。
4. 简述气相色谱法测定多不饱和脂肪酸的原理与方法。
5. 简述单向免疫扩散法测定 IgG 的原理与方法。
6. 简述三氯化锑比色法测定维生素 D 的原理与方法。
7. 简述荧光分光光度法测定维生素 C 的原理与方法。
8. 简述原子吸收分光光度法测定铬的原理与方法。
9. 绞股蓝皂苷、番茄红素、牛磺酸、大蒜素含量的测定方法有哪些？

附　录

附录一　药食同源物品性状

【1】丁香

[常用异名]　丁子香、公丁香、雄丁香、百里馨。

[来源]　为桃金娘科植物丁香的干燥花蕾。

[药性]　味辛，性温。归脾、胃、肾经。

[功能]　温中降逆，散寒止痛，暖肾助阳。

[药理作用]　有健脾胃、镇痛、抗缺氧、抗凝血、抗突变、抗菌、消炎作用。

【2】八角茴香

[常用异名]　大茴香、八角、八角香、五香八角、大料。

[来源]　为八角科植物八角茴香的干燥成熟果实。

[药性]　味辛、甘，性温。归肝、肾、脾经。

[功能]　暖肝温肾，行气止痛，开胃消食。

[药理作用]　能促进肠胃蠕动，缓解腹部疼痛；有抑菌、祛痰作用。

【3】刀豆

[常用异名]　刀豆子、白凤豆、大刀豆、刀巴豆、马刀豆。

[来源]　为豆科植物刀豆的种子。

[药性]　味甘，性温。归脾、胃、肾经。

[功能]　温中下气，益肾补元。

[药理作用]　有免疫调节、抗肿瘤、抗病毒作用。

【4】小茴香

[常用异名]　茴香子、土茴香、野茴香、谷茴香、香子。

[来源]　为伞形科植物茴香的果实。

[药性]　味辛，性温。归肝、肾、脾、胃经。

[功能]　温中散寒，行气止痛。

[药理作用]　对肠胃蠕动有促进作用；有利胆、抗炎、镇痛、抗肿瘤、耐缺氧作用。

【5】小蓟

[常用异名]　猫蓟、刺蓟、刺蓟菜、刺角菜、千针草、山牛蒡、山萝卜、马刺草。

[来源]　为菊科植物刺儿菜的全草及根。

[药性]　味甘，性凉。归肝、脾经。

[功能]　凉血止血，清热解毒，散瘀消痈。

[药理作用]　有抗菌消炎、止血的作用。

【6】山药

[常用异名]　山芋、薯药、怀山药、野山豆、野白薯、扇子薯、佛掌薯、白药子。

[来源]　为薯蓣科植物薯蓣的块根。

[药性]　味甘，性平。归肺、脾、肾经。

[功能]　益气养阴，补脾肺肾。

[药理作用]　有滋补、助消化作用；有降血糖和抗衰老作用；有止咳、祛痰作用。

【7】山楂

[常用异名]　赤瓜实、赤枣子、棠棣子、棠梨子、山里红果。

[来源]　为蔷薇科植物小乔木山楂的成熟果实。

[药性]　味酸、甘，性微温。归脾、胃经。

[功能]　消食化积，活血散瘀。

[药理作用]　有降血脂、降血压作用；有增加胃消化酶的分泌，促进消化的作用。

【8】马齿苋

[常用异名]　马齿草、马齿菜、长命菜、耐旱菜、猪母菜。

[来源]　为苋科植物马齿苋的茎叶。

[药性]　味酸，性寒。归大肠、肝经。

[功能]　清热解毒利湿，凉血止血。

[药理作用]　有清热明目、解毒功效；有抗菌、止泻作用。

【9】乌梢蛇

[常用异名]　乌蛇、黑花蛇、乌风蛇、黑梢蛇、黑乌梢。

[来源]　为游蛇科动物乌梢蛇的干燥体。

[药性]　味甘，性平。归肝经。

[功能]　祛风通络，定惊止痉。

[药理作用]　有抗炎、镇痛、镇静作用。

【10】乌梅

[常用异名]　梅实、杏梅、熏梅、酸梅。

[来源]　为蔷薇科植物乔木梅的近成熟果实。

[药性]　味酸，性平。归肝、脾、肺、大肠经。

[功能]　敛肺止咳，涩肠止泻，止血，生津，安蛔。

[药理作用]　有抗氧化、抑菌、驱蛔、脱敏作用；

有增食欲、促消化作用。

【11】木瓜

[常用异名]　木瓜实、铁脚梨、秋木瓜、酸木瓜。

[来源]　为蔷薇科植物皱皮木瓜的果实。

[药性]　味酸，性温。归肝、脾经。

[功能]　和胃化湿，平肝舒筋。

[药理作用]　有抗菌、调节免疫、抗肿瘤、保肝、消食作用。

【12】火麻仁

[常用异名]　麻子仁、大麻子、麻仁、大麻仁、火麻子。

[来源]　为桑科植物大麻的种仁。

[药性]　味甘，性平。归脾、胃、大肠经。

[功能]　润燥滑肠，利水通淋，活血。

[药理作用]　有通便、降压、调整血脂作用。

【13】代代花

[常用异名]　玳玳花、枳壳花、酸橙花。

[来源]　为芸香科植物代代花的花蕾。

[药性]　味甘、微苦，性平。归肝、胃经。

[功能]　理气，宽胸，开胃。

[药理作用]　有健胃消食、疏肝作用。

【14】玉竹

[常用异名]　萎蕤、竹根七、玉竹参、尾参。

[来源]　为百合科植物玉竹的根茎。

[药性]　味甘，性平。归胃、肺经。

[功能]　滋阴润肺，养胃生津。

[药理作用]　有强心、降血脂、降血糖、抗氧化、免疫调节作用。

【15】甘草

[常用异名]　美草、蜜草、粉草、甜草。

[来源]　为豆科植物甘草的根及根茎。

[药性]　味甘，性平。归脾、胃、肺、心经。

[功能]　益气补中，润肺止咳，泻火解毒，缓急止痛，调和药性。

[药理作用]　有镇咳祛痰、镇静、抗炎、抗菌、抗过敏、解痉、解毒、免疫调节作用。

【16】白芷

[常用异名]　香白芷、白茝。

[来源]　为伞形科植物祁白芷或杭白芷的根。

[药性]　味辛，性温。归肺、脾、胃经。

[功能]　散风除湿，通窍止痛，消痈排脓。

[药理作用]　有解热、抗炎、抗菌、镇痛作用。

【17】白果

[常用异名]　灵眼、佛指柑、鸭脚子。

[来源]　为银杏科植物乔木银杏的种子。

[药性]　味甘、苦、涩，性平。归肺、肾经。

[功能]　敛肺定喘，止带缩尿。

[药理作用]　有祛痰、解痉、扩张冠状动脉、抗菌、抗过敏、抗衰老作用。

【18】白扁豆

[常用异名]　小刀豆、沿篱豆、峨眉豆、眉豆。

[来源]　为豆科植物扁豆的白色成熟种子。

[药性]　味甘，性平。归脾、胃经。

[功能]　健脾，化湿，消暑，解毒。

[药理作用]　有健胃、止泻、抗菌、抗病毒、免疫调节作用。

【19】白扁豆花

[常用异名]　南豆花（别）。

[来源]　为豆科植物扁豆的花。

[药性]　味甘，性平。归脾、胃经。

[功能]　解暑化湿，健脾和中。

[药理作用]　有抗菌、消肿、健胃、止泻作用。

【20】龙眼肉

[常用异名]　龙眼、比目、荔枝奴、桂圆、龙眼干、桂圆肉。

[来源]　为无患子科植物龙眼树的假种皮。

[药性]　味甘，性温。归心、脾经。

[功能]　补心脾，益气血，安心神。

[药理作用]　有滋补强壮、抗应激作用。

【21】决明子

[常用异名]　草决明、马蹄决明、还瞳子、假绿豆、马蹄子、羊角豆、羊尾豆。

[来源]　豆科植物决明的成熟种子。

[药性]　味甘、苦、咸，性微寒。归肝、肾、大肠经。

[功能]　祛风散热，清肝明目，润肠通便。

[药理作用]　有抑菌、泻下、保肝、降压、降血脂、免疫调节等作用。

【22】百合

[常用异名]　白百合、蒜脑薯。

[来源]　为百合科植物百合的鳞茎。

[药性]　味甘、微苦，性微寒。归心、肺经。

[功能]　养阴润肺，清心安神。

[药理作用]　有润肺止咳、抗哮喘作用；有强壮、耐缺氧、镇静安神、抗过敏作用。

【23】肉豆蔻

[常用异名]　豆蔻、肉果、玉果。

[来源]　为肉豆蔻植物乔木肉豆蔻的种仁。

[药性]　味辛，性温。归脾、胃、大肠经。

[功能]　温中行气，涩肠止泻。

[药理作用]　有健胃、抗菌、止痢作用。

【24】肉桂

[常用异名]　牡桂、紫桂、大桂、桂皮、筒桂、

玉桂。

［来源］ 为樟科植物肉桂的干皮、枝皮。

［药性］ 味辛、甘，性热。归肾、脾、心、肝经。

［功能］ 补火助阳，引火归元，散寒止痛，温经通脉。

［药理作用］ 有镇静、镇痛、强心、解表、抗菌等作用。

【25】余甘子

［常用异名］ 余甘、油甘子、土橄榄、菴摩勒。

［来源］ 为大戟科植物余甘子的果实。

［药性］ 味苦、甘、酸，性凉。归肝、肺、脾、胃经。

［功能］ 清热解毒，润肺化痰，生津止咳。

［药理作用］ 有抑菌、降血脂、抗诱变作用。

【26】佛手

［常用异名］ 佛手柑、手柑、蜜萝柑、福寿柑、五指柑。

［来源］ 为芸香科柑橘属植物佛手柑的果实。

［药性］ 味辛、苦，性温。归肝、胃、肺经。

［功能］ 疏肝行气，和中化痰。

［药理作用］ 有抗炎、镇静、平喘祛痰、肠胃解痉作用。

【27】杏仁（甜、苦）

［常用异名］ 杏核仁、杏子、木落子、苦杏仁、杏梅仁。

［来源］ 为蔷薇科植物杏的种子。

［药性］ 味苦，性微温。归肺、大肠经。

［功能］ 降气化痰，止咳平喘，润肠通便。

［药理作用］ 有抗炎、镇痛、镇咳、平喘、抗突变、抗肿瘤作用。

【28】沙棘

［常用异名］ 醋柳果、酸刺子、沙枣。

［来源］ 为胡颓子科植物沙棘的果实。

［药性］ 味酸、涩，性温。归肺、肝、胃经。

［功能］ 止咳化痰，健胃消食，活血散瘀。

［药理作用］ 有免疫调节、抗肿瘤、强心、保肝、抗氧化、抗过敏等作用。

【29】牡蛎

［常用异名］ 蛎蛤、牡蛤、蛎房、蠔壳、海蛎子壳、海蛎子皮。

［来源］ 为牡蛎科动物长牡蛎、近江牡蛎等的贝壳。

［药性］ 味咸、涩，性微寒。归肝、心、肾经。

［功能］ 益阴潜阳，重镇安神，收敛固涩，软坚散结。

［药理作用］ 有抑制肿瘤、制酸止痛、止盗汗作用。

【30】芡实

［常用异名］ 鸡头实、雁喙实、水鸡头、鸡头果、鸡头米、鸡头子、鸡头苞、刺莲蓬实。

［来源］ 为睡莲科水生植物芡的种仁。

［药性］ 味甘，性平。归脾、肾经。

［功能］ 益肾固精，补脾止泻，祛湿止带。

［药理作用］ 有止泻、补肾作用。

【31】花椒

［常用异名］ 大椒、秦椒、蜀椒、南椒、巴椒、汗椒、汉椒、川椒。

［来源］ 为芸香科植物花椒的果皮。

［药性］ 味辛，性热。归脾、胃、肺、肾经。

［功能］ 温中散寒，止痛，燥湿，杀虫。

［药理作用］ 有镇痛、抗菌、健胃抗溃疡作用。

【32】赤小豆

［常用异名］ 赤豆、红豆、红小豆、朱赤豆、金红小豆、朱小豆、米赤豆。

［来源］ 为豆科植物赤小豆的种子。

［药性］ 味甘、酸，性平。归脾、心、小肠经。

［功能］ 利水消肿，清利湿热，解毒排脓。

［药理作用］ 有清湿、利尿、消肿作用。

【33】阿胶

［常用异名］ 傅致胶、盆覆胶、驴皮胶。

［来源］ 为马科动物驴的皮去毛后熬制而成的胶块。

［药性］ 味甘，性平。归肝、肺、肾经。

［功能］ 补血，止血，滋阴，润燥。

［药理作用］ 有补血、强壮、免疫调节、抗辐射、改善肾功能作用。

【34】鸡内金

［常用异名］ 鸡肫内黄皮、鸡肫皮、鸡黄皮、鸡食皮。

［来源］ 雉科动物鸡的干燥沙囊内壁。

［药性］ 味甘，性平。归脾、胃、膀胱经。

［功能］ 健脾消食，消癥化石，涩精止遗，敛疮生肌。

［药理作用］ 有助消化、化坚消石的作用，可用于泌尿系统结石及胆结石。

【35】麦芽

［常用异名］ 大麦毛、大麦芽。

［来源］ 为禾本科大麦属植物大麦发芽的颖果。

［药性］ 味甘，性微温。归脾、胃经。

［功能］ 消食开胃，和中，回乳。

［药理作用］ 有健胃消食、降血糖作用。

【36】昆布

［常用异名］ 海带、海带菜、海白菜、海昆布。

[来源] 为海带科植物昆布或翅藻科植物鹅掌菜等的叶状体。

[药性] 味咸,性寒。归肝、胃、肾经。

[功能] 消痰软坚,利水消肿。

[药理作用] 有免疫调节、抗肿瘤、调节血糖、调节血压作用。

【37】枣(大枣、酸枣、黑枣)

[常用异名] 红枣、干枣、美枣。

[来源] 为鼠李科植物枣树的果实。

[药性] 味甘,性温。归心、脾、胃经。

[功能] 补气健脾,养血安神,调和营卫,缓和药性。

[药理作用] 有镇静、保肝、增肌力、抗癌、抗变态反应等作用。

【38】罗汉果

[常用异名] 拉汗果、光果木鳖、假苦瓜。

[来源] 为葫芦科植物罗汉果的果实。

[药性] 味甘,性凉。归肺、脾经。

[功能] 清肺利咽,化痰止咳,润肠通便。

[药理作用] 有止咳、祛痰、润喉、调节免疫功能作用。

【39】郁李仁

[常用异名] 郁子、郁里仁、李仁肉。

[来源] 为蔷薇科植物欧李或郁李等的种子。

[药性] 味辛、苦、甘,性平。归脾、大肠、小肠经。

[功能] 润燥滑肠,下气利水。

[药理作用] 有促肠蠕动、镇痛、利尿作用。

【40】金银花

[常用异名] 忍冬花、银花、金花、金藤花、双花、双苞花、二花、二宝花。

[来源] 为忍冬科植物忍冬的花蕾或带有初开的花蕾。

[药性] 味甘,性寒。归肺、胃经。

[功能] 清热解毒。

[药理作用] 有抗炎、抑菌、解热、免疫调节、降血脂等作用。

【41】青果

[常用异名] 橄榄、橄榄子、甘榄、黄榄。

[来源] 为橄榄科植物橄榄的果实。

[药性] 味甘、酸、涩,性平。归肺、胃经。

[功能] 清肺利咽,生津止咳。

[药理作用] 有健胃、保肝、消炎作用。

【42】鱼腥草

[常用异名] 菹草、菹子、紫背鱼腥草、紫蕺、鱼鳞珍珠草、猪姆耳、秋打尾、狗子耳。

[来源] 为三白草科植物蕺菜的带根全草。

[药性] 味辛,性微寒。归肺、膀胱、大肠经。

[功能] 清热解毒,排脓消痈,利尿通淋。

[药理作用] 有抗菌、抗病毒、免疫调节、利尿作用。

【43】姜(生姜、干姜)

生姜

[常用异名] 生犍、母姜。

[来源] 为姜科植物姜的新鲜根茎。

[药性] 味辛,性温。归肺、胃、脾经。

[功能] 发表散寒,温中止呕,温肺化痰,解毒。

[药理作用] 有健胃、保肝、镇静镇痛、抗炎、利胆、强心等作用。

干姜

[常用异名] 白姜、均姜。

[来源] 为姜科植物姜的干燥根茎。

[药性] 味辛,性热。归脾、胃、心、肺经。

[功能] 温中散寒,回阳通脉,温肺化饮。

[药理作用] 有健脾胃、抗炎、镇静镇痛、耐缺氧作用。

【44】枳椇子

[常用异名] 木蜜、树蜜、拐枣、鸡爪子、龙爪、碧久子、金钩钩、酸枣、鸡爪果、枳枣。

[来源] 鼠李科植物枳椇的成熟种子。

[药性] 味甘,性平。归肺、脾、胃经。

[功能] 清热除烦,生津止渴,通利小便,解酒毒,活血舒筋。

[药理作用] 有利尿消肿、解酒毒作用。

【45】枸杞子

[常用异名] 枸杞红实、狗奶子、枸杞果、血枸子、枸杞豆、血杞子。

[来源] 为茄科植物枸杞的成熟果实。

[药性] 味甘,性平。归肝、肾、肺经。

[功能] 滋肝,补肾,润肺。

[药理作用] 有增强免疫、抗肿瘤、延缓衰老、造血、降血脂、降血压、降血糖、保肝作用。

【46】栀子

[常用异名] 木丹、山栀子、黄栀子。

[来源] 为茜草科植物栀子的干燥成熟果实。

[药性] 味苦,性寒。归心、肝、肺、胃经。

[功能] 泻火除烦,清热利湿,凉血解毒。

[药理作用] 有保肝、利胆、降压、强心、抗菌消炎作用。

【47】砂仁

[常用异名] 春砂仁、缩砂仁、缩砂蜜。

[来源] 为姜科植物阳春砂仁等的成熟果实或

种子。

[药性] 味辛,性温。归脾、胃经。

[功能] 行气化湿,醒脾和胃,安胎。

[药理作用] 有健脾胃、抗血小板凝集作用。

【48】胖大海

[常用异名] 安南子、大洞果、通大海、大海子、大海榄。

[来源] 为梧桐科植物胖大海的干燥成熟种子。

[药性] 味甘、淡,性凉。归肺、大肠经。

[功能] 清热润肺,利咽,清肠通便。

[药理作用] 有抗病毒、抗炎、镇痛、利尿、降压和泻下作用。

【49】茯苓

[常用异名] 茯菟、茯灵、松腴、云苓、松苓、花薯、松薯、松木薯。

[来源] 为多孔菌种植物茯苓的干燥菌核。

[药性] 味甘、淡,性平。归心、肺、脾、肾经。

[功能] 利水渗湿,健脾和中,宁心安神。

[药理作用] 有免疫调节、抗肿瘤、强心、保肝、利尿、镇静作用。

【50】香橼

[常用异名] 钩橼子、香橼柑。

[来源] 为芸香科植物香橼的成熟果实。

[药性] 味苦、酸,性温。归肝、肺、脾经。

[功能] 疏肝理气,宽胸化痰。

[药理作用] 有健胃、祛痰作用。

【51】香薷

[常用异名] 香菜、香菜、香茸、香戎、紫花香菜、蜜蜂草。

[来源] 为唇形科植物海州香薷的带花全草。

[药性] 味辛,性微温。归肺、胃经。

[功能] 发汗解暑,行水散湿,温胃调中。

[药理作用] 有健胃、散水肿作用。

【52】桃仁

[常用异名] 桃核仁(别)。

[来源] 为蔷薇科植物桃或山桃的种仁。

[药性] 味苦、甘,性平。归心、肝、大肠经。

[功能] 活血化瘀,润肠通便。

[药理作用] 有抗炎、镇痛、抗过敏、抗氧化、免疫调节、保肝等作用。

【53】桑叶

[常用异名] 铁扇子、蚕叶、家桑。

[来源] 为桑科植物桑的叶。

[药性] 味苦、甘,性寒。归肺、肝经。

[功能] 疏散风热,清肺润燥,清肝明目,凉血止血。

[药理作用] 有抗菌和降血糖作用。

【54】桑椹

[常用异名] 葚、桑实、黑葚、桑枣、桑甚子、桑果、桑粒。

[来源] 为桑科植物桑的成熟果。

[药性] 味甘、酸,性寒。归肝、肾经。

[功能] 滋阴养血,生津,润肠。

[药理作用] 有免疫调节、补益肝肾作用。

【55】桔梗

[常用异名] 梗草、苦梗、苦桔梗、苦菜根、大药。

[来源] 为桔梗科植物桔梗的根。

[药性] 味辛、苦,性平。归肺经。

[功能] 宣肺化痰,利咽,排脓。

[药理作用] 有镇咳、祛痰、抗炎、免疫调节、抗溃疡、解热、镇痛、降血糖、降胆固醇、抗肿瘤作用。

【56】益智仁

[常用异名] 益智子、益智、摘苈子。

[来源] 为姜科植物益智的果实。

[药性] 味辛,性温。归脾、胃、肾经。

[功能] 温脾止泻摄涎,暖肾固精缩尿。

[药理作用] 有暖脾胃、强心、益肾作用。

【57】荷叶

[常用异名] 蕸。

[来源] 为睡莲科植物莲的叶。

[药性] 味苦、涩,性平。归心、肝、脾经。

[功能] 清热解毒,升发清阳,散瘀止血。

[药理作用] 有健脾胃、解痉、降血脂、降血压作用。

【58】莱菔子

[常用异名] 芦菔子、萝卜子。

[来源] 为十字花科植物萝卜的种子。

[药性] 味辛、甘,性平。归脾、胃、肺、大肠经。

[功能] 消食导滞,降气化痰。

[药理作用] 有抗菌、降压、健胃、解毒等作用。

【59】莲子

[常用异名] 蓬实、莲实、莲蓬子、莲肉。

[来源] 为睡莲科植物莲的成熟种子。

[药性] 味甘、涩,性平。归脾、肾、心经。

[功能] 补脾止泻,益肾固精,养心安神。

[药理作用] 有健脾胃、益肾、镇静、降压、强心作用。

【60】高良姜

[常用异名] 良姜、蛮姜、小良姜、海良姜。

[来源]　为姜科植物高良姜的根茎。

[药性]　味辛，性温。归脾、胃经。

[功能]　温中散寒，行气止痛。

[药理作用]　有健胃、抗菌、抗炎、镇痛作用。

【61】淡竹叶

[常用异名]　竹叶门冬青、山鸡米、竹叶麦冬、野麦冬、淡竹米。

[来源]　为禾本科植物淡竹叶的全草。

[药性]　味甘、淡，性寒。归心、小肠、肺经。

[功能]　清热除烦，利尿通淋。

[药理作用]　有解热、利尿、抗肿瘤、抗菌、升高血糖作用。

【62】淡豆豉

[常用异名]　香豉、淡豉、大豆豉。

[来源]　为豆科植物大豆成熟种子经发酵加工而成。

[药性]　味苦，性寒。归肺、胃经。

[功能]　解表，宣郁，除烦。

[药理作用]　有健胃、解热作用。

【63】菊花

[常用异名]　甘菊、真菊、金蕊、家菊、象菊、馒头号菊、甜菊花、药菊。

[来源]　为菊科植物菊的头状花序。

[药性]　味辛、甘、苦，性微寒。归肺、肝经。

[功能]　疏风清热，平肝明目，解毒消肿。

[药理作用]　有保肝、解热、抗菌、强心、降压作用。

【64】菊苣

[常用异名]　卡斯尼。

[来源]　为菊科植物菊苣的全草。

[药性]　味微苦、咸，性凉。归肝、胃经。

[功能]　清肝利胆，健胃消食，利尿消肿。

[药理作用]　有抗菌、健胃、强心作用。

【65】黄芥子

[常用异名]　芥子、芥菜子。

[来源]　十字花科植物芥菜的种子。

[药性]　味辛，性温。归肺经。

[功能]　温中散寒，下气豁痰，利窍通络。

[药理作用]　有温肺祛痰、利气散结、通络止痛作用。

【66】黄精

[常用异名]　龙衔、太阳草、野生姜、山生姜、土灵芝、老虎姜、鸡头参。

[来源]　为百合科植物黄精的根茎。

[药性]　味甘，性平。归脾、肺、肾经。

[功能]　养阴润肺，补脾益气，滋肾填精。

[药理作用]　有降血压、降血脂、降血糖、强心、抗菌、抗衰老、免疫调节作用。

【67】紫苏叶

[常用异名]　苏叶、皱紫苏、赤苏。

[来源]　为唇形科植物紫苏的叶。

[药性]　味辛，性温。归肺、脾经。

[功能]　发表散寒，理气，安胎，解鱼蟹毒。

[药理作用]　有镇咳祛痰、促消化、抗菌、镇静、止血、抗氧化作用。

【68】紫苏籽

[常用异名]　苏子、黑苏子、野麻子、铁苏子。

[来源]　唇形科植物紫苏的果实。

[药性]　味辛，性温。归肺、大肠经。

[功能]　降气，消痰，平喘，润肠。

[药理作用]　有祛痰、通便作用。

【69】葛根

[常用异名]　干葛、甘葛、粉葛、葛麻茹、葛子根、黄葛藤根、葛条根。

[来源]　为豆科葛属植物野葛或甘葛藤的块根。

[药性]　味甘、辛，性平。归脾、胃经。

[功能]　发表解肌，透疹，解热生津，升阳止泻。

[药理作用]　有解热、强心、降压、降血脂作用。

【70】黑芝麻

[常用异名]　黑脂麻、胡麻、油麻、乌麻子。

[来源]　为胡麻科植物芝麻的黑色种子。

[药性]　味甘，性平。归肝、脾、肾经。

[功能]　补益肝肾，养血益精，润肠通便。

[药理作用]　有降血糖、延缓衰老作用。

【71】黑胡椒

[常用异名]　浮椒、玉椒。

[来源]　胡椒科植物胡椒的未成熟果实。

[药性]　味辛，性热。归胃、大肠经。

[功能]　温中散寒，下气消食。

[药理作用]　有祛风健脾、抗惊厥、抗炎作用。

【72】槐米

[常用异名]　槐花米。

[来源]　豆科植物槐的花未开时采收的花蕾。

[药性]　味微苦，性凉。归肝、大肠经。

[功能]　凉血止血，清肝泻火。

[药理作用]　有降血脂、抗炎、解痉、抗溃疡的作用。

【73】槐花

[常用异名]　槐蕊。

[来源]　豆科植物槐的花初开放时采收的花朵。

[药性]　味苦，性微寒。归肝、大肠经。

[功能]　凉血止血，清肝泻热。

[药理作用] 有降血脂、抗菌、抗炎、解痉、抗溃疡作用。

【74】蒲公英

[常用异名] 蒲公草、黄花郎、婆婆丁、黄花地丁、蒲公地丁、蒲公丁、狗乳草、奶汁草。

[来源] 为菊科植物蒲公英的带根全草。

[药性] 味苦、甘，性寒。归肝、胃经。

[功能] 清热解毒，消痈散结。

[药理作用] 有抗菌、护肝解毒、抗炎、抗肿瘤作用。

【75】蜂蜜

[常用异名] 食蜜、白蜜、白沙蜜、蜜糖。

[来源] 蜂蜜科昆虫中华蜜蜂所酿的蜂糖。

[药性] 味甘，性平（炼后微温）。归脾、肺、大肠经。

[功能] 补虚缓急，润肺止咳，润肠通便，解毒疗疮。

[药理作用] 有增强免疫功能、抗肿瘤、降血糖、降血压、通便、解毒作用。

【76】榧子

[常用异名] 榧实、黑子、玉山果、野杉子、赤果、香榧、玉榧。

[来源] 为红豆杉科植物榧的种仁。

[药性] 味甘、涩，性平。归大肠、胃、肺经。

[功能] 杀虫，消积，润燥。

[药理作用] 有治疗肠道寄生虫病、润肺滑肠作用。

【77】酸枣仁

[常用异名] 枣仁、酸枣核。

[来源] 为鼠李科植物酸枣的种子。

[药性] 味甘，性平。归心、肝经。

[功能] 宁心安神，养肝，敛汗。

[药理作用] 有镇静催眠、镇痛、抗惊、强心、耐缺氧作用。

【78】鲜白茅根

[常用异名] 茅根、茅草根、甜草根、地筋。

[来源] 禾本科植物白茅的根茎。

[药性] 味甘，性寒。归肺、胃、膀胱经。

[功能] 凉血止血，清热利尿，生津止渴。

[药理作用] 有免疫调节、止血、抗菌、利尿作用。

【79】鲜芦根

[常用异名] 苇根、芦柴根、芦头。

[来源] 禾本科植物芦苇的根茎。

[药性] 味甘，性寒。归肺、胃经。

[功能] 清热生津止渴，降逆除烦止呕，利尿通

淋，解毒透疹。

[药理作用] 本品有免疫调节、治肺脓疡、和胃止呕作用。

【80】蝮蛇

[常用异名] 土虺蛇、地扁蛇、土球子、反鼻蛇。

[来源] 蝮蛇科蝮蛇去除内脏的全体。

[药性] 味甘，性温。归肝、心经。

[功能] 祛风，通络，止痛，解毒。

[药理作用] 有抗炎、镇痛、降血脂、祛风、攻毒作用。

【81】橘皮

[常用异名] 陈皮、贵老、黄橘皮、红皮。

[来源] 为芸香科植物橘的果皮。

[药性] 味辛、苦，性温。归脾、肺经。

[功能] 行气健脾，降逆止呕，燥湿化痰。

[药理作用] 有抗菌、消炎、止咳、镇痛作用。

【82】橘红

[常用异名] 芸红、芸皮。

[来源] 为芸香科植物橘的果皮的外层红色部分。

[药性] 味辛、苦，性温。归肺、脾经。

[功能] 散寒燥湿，理气化痰，宽中健胃。

[药理作用] 有健脾、止咳作用。

【83】薄荷

[常用异名] 南薄荷、番荷菜、升阳菜、土薄荷、仁丹草。

[来源] 为唇形科植物薄荷的全草或叶。

[药性] 味辛，性凉。归肺、肝经。

[功能] 疏散风热，清利头目，利咽透疹，疏肝解郁。

[药理作用] 有护肝利胆、抗菌、抗病毒、兴奋神经等作用。

【84】薏苡仁

[常用异名] 薏珠子、回回米、薏米、米仁、薏仁、苡仁、苡米、菩提珠。

[来源] 为禾本科植物薏苡的种仁。

[药性] 味甘、淡，性微寒。归脾、胃、肺经。

[功能] 利水渗湿，健脾益胃，除痹舒筋，排脓消肿。

[药理作用] 有免疫调节、抗癌、降血糖、镇痛、抗炎、解热作用。

【85】薤白

[常用异名] 薤根、野蒜、小独蒜、薤白头。

[来源] 为百合科植物小根蒜的鳞茎。

[药性] 味辛、苦，性温。归肺、心、胃、大肠经。

[功能] 理气宽胸，通阳散结。

［药理作用］　有抗氧化、降血脂、强心、抗菌作用。

【86】覆盆子

［常用异名］　覆盆、小托盘、乌藨子、牛奶果。

［来源］　为蔷薇科植物掌叶覆盆子的果实。

［药性］　味甘、酸，性微温。归肝、肾经。

［功能］　补肝益肾，固精缩尿，明目。

［药理作用］　有抑菌、保肝益肾作用。

【87】藿香

［常用异名］　土藿香、川藿香、苏藿香、排香草。

［来源］　为唇形科植物藿香的全草。

［药性］　味辛，性微温。归脾、胃、肺经。

［功能］　芳香化湿，和胃止呕，祛暑解表。

［药理作用］　有抑菌、抗病毒作用。

附录二　保健（功能）食品政策法规标准

保健（功能）食品通用标准（GB 16740—1997）

General Standard for Health (Functional) Foods

（国家技术监督局）

1. 范围　本标准规定了保健（功能）食品的定义、产品分类、基本原则、技术要求、试验方法和标签要求。

本标准适用于在中华人民共和国境内生产和销售的保健（功能）食品。

2. 引用标准　下列标准所包含的条文，通过在本标准中引用而构成本标准的条文。在标准出版时，所示版本均为有效。所有标准都会被修订。使用本标准的各方应探讨使用下列标准最新版本的可能性。

GB 2760—1996　食品添加剂使用卫生标准

GB 4789.2—94　食品卫生微生物学检验　菌落总数测定

GB 4789.3—94　食品卫生微生物学检验　大肠菌群测定

GB 4789.4—94　食品卫生微生物学检验　沙门氏菌检验

GB 4789.5—94　食品卫生微生物学检验　志贺氏菌检验

GB 4789.10—94　食品卫生微生物学检验　金黄色葡萄球菌检验

GB 4789.11—94　食品卫生微生物学检验　溶血性链球菌检验

GB 4789.15—94　食品卫生微生物学检验　霉菌和酵母计数

GB/T 5009.11—1996　食品中总砷的测定方法

GB/T 5009.12—1996　食品中铅的测定方法

GB/T 5009.17—1996　食品中总汞的测定方法

GB 7718—94　食品标签通用标准

GB 13432—92　特殊营养食品标签

GB 14880—94　食品营养强化剂使用卫生标准

GB 14881—94　食品企业通用卫生规范

GB 14882—94　食品中放射物质限制浓度标准

GB 15266—94　运动饮料

3. 定义　本标准采用下列定义。

3.1 保健（功能）食品 [Health (Functional) Foods]　保健（功能）食品是食品的一个种类，具有一般食品的共性，能调节人体的机能，适于特定人群食用，但不以治疗疾病为目的。

3.2 功效成分（Functional Composition）　能通过激活酶的活性或其他途径，调节人体机能的物质。目前主要包括：多糖类，如膳食纤维、香菇多糖等；功能性甜味料（剂）类，如单糖、低聚糖、多元糖醇等；功能性油脂（脂肪酸）类，如多不饱和脂肪酸、磷脂、胆碱等；自由基清除剂类，如超氧化物歧化酶（SOD）、谷胱甘肽过氧化酶等；维生素类，如维生素 A、维生素 E、维生素 C 等；肽与蛋白质类，如谷胱甘肽、免疫球蛋白等；活性菌类，如乳酸菌、双歧杆菌等；微量元素类，如硒、锌等；其他还有二十八烷醇、植物甾醇、皂甙（苷）等。

4. 产品分类

按调节人体机能的作用分为：调节免疫功能食品、延缓衰老食品、改善记忆食品、促进生长发育食品、抗疲劳食品、减肥食品、耐缺氧食品、抗辐射食品、抗突变食品、抑制肿瘤食品、调节血脂食品、改善性功能食品、调节血糖食品等。

5. 基本原则

5.1 保健（功能）食品应保证对人体不产生任何急性、亚急性或慢性危害。

5.2 保健（功能）食品应通过科学实验（功效成分定性、定量分析；动物或人群功能试验），证实确有有效的功效成分和有明显、稳定的调节人体机能的作用；或通过动物（人群）试验，确有明显、稳定的调节人体机能的作用。

5.3 保健（功能）食品的配方、生产工艺应有科学依据。

5.4 生产保健（功能）食品的企业，应符合 GB 14881—94 的规定；并应逐步健全质量保证体系。

6. 技术要求

6.1 原料和辅料

6.1.1 原料和辅料 应符合相应国家标准或行业标准的规定，或有关规定。

6.1.2 食品添加剂 应符合相应食品添加剂国家标准或行业标准的规定。

6.1.3 农药、兽药及生物毒素残留限量 应符合相应国家标准的规定。

6.1.4 放射性物质限量 应符合 GB 14882—94 的规定。

6.2 外观和感官特性 保健（功能）食品应具有类属食品应有的基本形态、色泽、气味、滋味、质地。不得有令人厌恶的气味和滋味。

6.3 功能要求 保健（功能）食品至少应具有调节人体机能作用的某一种功能。

6.4 理化要求

6.4.1 净含量 单件定量包装产品的净含量与其标签标注的质量、体积之差不得超过表 1 规定的负偏差。

表 1 单件定量包装产品净含量允许负偏差

净含量 Q	负偏差		净含量 Q	负偏差	
	Q 的百分比	g 或 mL		Q 的百分比	g 或 mL
5～50g 5～50mL	9	—	300～500g 300～500mL	3	—
50～100g 50～100mL	—	4.5	500g～1kg 500mL～1L	—	15
100～200g 100～200mL	4.5	—	1～10kg 1～10L	1.5	—
200～300g 200～300mL	—	9			

6.4.2 功效成分 保健（功能）食品一般应含有与功能相对应的功效成分及功效成分的最低有效含量。必要时应控制有效成分的最高限量。

6.4.3 营养素 保健（功能）食品除符合 6.4.2 的规定外，还应含有类属食品应有的营养素。

6.4.4 食品添加剂和食品营养强化剂的添加量 食品添加剂和食品营养强化剂的添加量，应符合 GB 2760—1996 和 GB 14880—94 的规定。供婴幼儿、孕（产）妇食用的保健（功能）食品不得含有兴奋剂和激素。供运动员食用的保健（功能）食品不得含有 GB 15266—94 规定的禁用药品。

6.5 卫生要求

6.5.1 有害金属及有害物质的限量应符合类属产品国家卫生标准的规定。无与之对应的类属产品，铅、砷、汞的限量应符合表 2 的规定。

表 2　铅、砷、汞的限量

项　目		限　量	
		一般产品	个 别 产 品
铅/(mg/kg)	≤	0.5	一般胶囊产品 1.5；以藻类和茶类为原料的固体饮料和胶囊产品 2.0
砷/(mg/kg)	≤	0.3	以藻类和茶类为原料的固体饮料和所有胶囊产品 1.0
汞/(mg/kg)	≤	—	以藻类和茶类为原料的固体饮料和所有胶囊产品 0.3

6.5.2　微生物限量应符合类属产品国家卫生标准的规定。无与之对应的类属产品，微生物限量应按其产品形态符合表 3 的规定。

表 3　微生物的限量

项　目		限　量			
		液 态 产 品		固态或半固态产品	
		蛋白质等于或大于 1.0%	蛋白质小于 1.0%	蛋白质等于或大于 4.0%	蛋白质小于 4.0%
菌落总数/(cfu/g 或 mL)	≤	1000	100	30000	1000
大肠菌群/(MPN/100g 或 100mL)	≤	40	6	90	40
霉菌/(cfu/g 或 mL)	≤	10	10	25	25
酵母/(cfu/g 或 mL)	≤	10	10	25	25
致病菌(指肠道致病菌和致病性球菌)		不得检出			

7. 试验方法

7.1　营养素和功效成分　按相应的国家、行业标准规定的方法，或权威机构认可的方法测定。

7.2　兴奋剂和激素　按相应的国家、行业标准规定的方法，或权威机构认可的方法测定。

7.3　铅　按 GB/T 5009.12—1996 规定的方法测定。

7.4　砷　按 GB/T 5009.11—1996 规定的方法测定。

7.5　汞　按 GB/T 5009.17—1996 规定的方法测定。

7.6　菌落总数　按 GB 4789.2—94 规定的方法检验。

7.7　大肠菌群　按 GB 4789.3—94 规定的方法检验。

7.8　霉菌和酵母　按 GB 4789.15—94 规定的方法检验。

7.9　致病菌　按 GB 4789.4—94、GB 4789.5—94、GB 4789.10—94 和 GB 4789.11—94 规定的方法检验。

8. 标签　国产和进口保健（功能）食品销售包装的标签应标注以下内容。

8.1　保健（功能）食品名称

8.1.1　按 GB 7718—94 中 5.1 和 8.4 的规定，使用表明食品真实属性的保健（功能）食品的准确名称。使用"新创名称"、"奇特名称"、"牌号名称"或"商标名称"时，应同时使用表明食品真实属性的准确名称，或经批准认可、表明功能作用的名称，如延缓衰老食品、减肥食品、抗疲劳食品等。

8.1.2　不得以药品名称或类似药品的名称命名产品，并不得只标注外文缩写名称、代号名称或汉语拼音名称。

8.2　配料表（配料）按 GB 7718—94 中 5.2 的规定，标明保健（功能）食品的配料。食品添加剂和食品营养强化剂应按 GB 2760—1996 和 GB 14880—94 的规定，标明具体名称。

8.3　功效成分和营养成分表

8.3.1　列表标明每 100g 或 100mL 保健（功能）食品中起主导作用和辅助作用的功效成分含量（g、mg、μg 或国际单位）。

8.3.2　含有活性生物体（如活性乳酸菌等）的保健（功能）食品，应标明每 100g 或 100mL 各种活性生物体的数量。

8.3.3 现代科学技术难以确定功效成分的产品，应标明起主导作用和辅助作用的原料名称及加入量。

8.3.4 按 GB 13432—92 附录 A 的规定，列表标明营养成分（营养素）的含量。

8.4 保健功能　标明的保健功能应与批准确认的功能相一致；不得描述、介绍或暗示产品的"治疗"疾病作用。

8.5 净含量及固形物含量　按 GB 7718—94 中 5.3 的规定，标明净含量及固形物含量。

8.6 制造者的名称和地址

8.6.1 标明保健（功能）食品制造、包装或分装单位经依法登记注册的名称和地址。

8.6.2 进口保健（功能）食品可以免除 8.6.1 的内容，但应标明原产国或地区（指香港、澳门、台湾）名称，以及总经销或代理商在国内依法登记注册的名称和地址。

8.7 生产日期、保质期或/和保存期

8.7.1 按年、月、日顺序标明保健（功能）食品的生产日期。

8.7.2 按 GB 7718—94 中 5.5.1.2 的规定，标明保健（功能）食品的保质期或/和保存期。

8.8 贮藏方法（条件）　如果保健（功能）食品的保质期或保存期与贮藏方法（条件）有关，必须标明贮藏要求。

8.9 食用方法

8.9.1 标明产品的食用对象，即适于的特定人群。

8.9.2 按 GB 7718—94 中 7.2 的规定标明食用方法。每日或每次的适宜食用量，应按产品适于的特定人群分别标注。

8.10 产品标准号和审批文号　标明产品的国家标准、行业标准或企业标准的代号和顺序号，以及审批文号。进口保健（功能）食品可以免除产品标准号。

8.11 特殊标注内容　含有兴奋剂或激素的产品，应标明兴奋剂、激素的准确名称和含量。

保健食品良好生产规范（GB 17405—1998）

Good Manufacture Practice for Health Food
（中华人民共和国卫生部）

前　言

本标准在编写过程中，部分采用了《中国药品生产质量管理规范》（1992 年修订版）关于洁净厂房方面的内容。在编写格式和内容方面，参照了世界卫生组织（WHO）的《药品生产质量管理规范》。在一般性建筑设计及卫生要求方面，参照 GB 14881—1994《食品企业通用卫生规范》。

由于该规范属于食品生产的范畴，因此，在从业人员、建筑设施及文件保留方面的要求低于药品生产质量管理规范，但高于《食品厂通用卫生规范》。

本标准制定中充分参考了危害分析关键控制点（HACCP）原则，在一些关键的环节上提出了具体要求。

本标准由中华人民共和国卫生部提出。

本标准由卫生部食品卫生监督检验所负责起草；由福建省食品卫生监督检验所、广东省食品卫生监督检验所、辽宁省食品卫生监督检验所、沈阳市卫生防疫站、天津市卫生防病中心、福建福龙生物制品有限公司参加起草。

本标准主要起草人：包大跃、李泰然、林升清、张永慧、史根生、萧东生、刘长会、刘洪德、郑鹏然、盛伟。

本标准由卫生部委托卫生部食品卫生监督检验所负责解释。

1　范围

本标准规定了对生产具有特定保健功能食品企业的人员、设计与设施、原料、生产过程、成品贮存与运输以及品质和卫生管理方面的基本技术要求。

本标准适用于所有保健食品生产企业。

2　引用标准

下列标准所包含的条文，通过在本标准中引用而构成为本标准的条文。本标准出版时，所示版本均为

有效。所有标准都会被修订,使用本标准的各方应探讨使用下列标准最新版本的可能性。

GB J73—84   洁净厂房设计规范

GB 5749—85   生活饮用水卫生标准

GB 7718—94   食品标签通用标准

GB 14881—94   食品企业通用卫生规范

3   定义

本标准采用下列定义。

3.1   原料   保健食品生产过程中使用的所有投入物,包括加工助剂和食品添加剂。

3.2   中间产品   需进一步加工的物质或混合物。

3.3   产品   形成定型包装后的待销售成品。

3.4   批号   用于识别"批"的一组数字或字母加数字。用之可以追溯和审查该批保健食品的生产历史。

4   人员

4.1   保健食品生产企业必须具有与所生产的保健食品相适应的具有医药学(或生物学、食品科学)等相关专业知识的技术人员和具有生产及组织能力的管理人员。专职技术人员的比例应不低于职工总数的5%。

4.2   主管技术的企业负责人必须具有大专以上或相应的学历,并具有保健食品生产及质量、卫生管理的经验。

4.3   保健食品生产和品质管理部门的负责人必须是专职人员,应具有与所从事专业相适应的大专以上或相应的学历,能够按本规范的要求组织生产或进行品质管理,有能力对保健食品生产和品质管理中出现的实际问题作出正确的判断和处理。

4.4   保健食品生产企业必须有专职的质检人员。质检人员必须具有中专以上学历;采购人员应掌握鉴别原料是否符合质量、卫生要求的知识和技能。

4.5   从业人员上岗前必须经过卫生法规教育及相应技术培训,企业应建立培训及考核档案,企业负责人及生产、品质管理部门负责人还应接受省级以上卫生监督部门有关保健食品的专业培训,并取得合格证书。

4.6   从业人员必须进行健康检查,取得健康证后方可上岗,以后每年须进行一次健康检查。

4.7   从业人员必须按 GB 14881《食品企业通用卫生规范》的要求做好个人卫生。

5   设计与设施

5.1   设计   保健食品厂的总体设计、厂房与设施的一般性设计、建筑和卫生设施应符合 GB 14881《食品企业通用卫生规范》的要求。

5.2   厂房与厂房设施

5.2.1   厂房应按生产工艺流程及所要求的洁净级别进行合理布局,同一厂房和邻近厂房进行的各项生产操作不得相互妨碍。

5.2.2   必须按照生产工艺和卫生、质量要求,划分洁净级别,原则上分为一般生产区、10万级区。10万级洁净级区应安装具有过滤装置的相应的净化空调设施。厂房洁净级别及换气次数见表1。

表1   厂房洁净级别及换气次数

洁净级别	尘埃数/m²		活微生物/m²	换气次数/h
	≥0.5μm	≥5μm		
10000级	≤350000	≤2000	≤100	≥20次
100000级	≤3500000	≤20000	≤500	≥15次

5.2.3   洁净厂房的设计和安装应符合 GB J73 的要求。

5.2.4   净化级别必须满足生产加工保健食品对空气净化的需要。生产片剂、胶囊、丸剂以及不能在最后容器中灭菌的口服液等产品应当采用十万级洁净厂房。

5.2.5   厂房、设备布局与工艺流程三者应衔接合理,建筑结构完善,并能满足生产工艺和质量、卫生的要求;厂房应有足够的空间和场所,以安置设备、物料;用于中间产品、待包装品的贮存间应与生产要求相适应。

5.2.6   洁净厂房的温度和相对湿度应与生产工艺要求相适应。

5.2.7   洁净厂房内安装的下水道、洗手及其他卫生清洁设施不得对保健食品的生产带来污染。

5.2.8 洁净级别不同的厂房之间、厂房与通道之间应有缓冲设施。应分别设置与洁净级别相适应的人员和物料通道。

5.2.9 原料的前处理（如提取、浓缩等）应在与其生产规模和工艺要求相适应的场所进行，并装备有必要的通风、除尘、降温设施。原料的前处理不得与成品生产使用同一生产厂房。

5.2.10 保健食品生产应设有备料室，备料室的洁净级别应与生产工艺要求一致。

5.2.11 洁净厂房的空气净化设施、设备应定期检修，检修过程中应采取适当措施，不得对保健食品的生产造成污染。

5.2.12 生产发酵产品应具备专用发酵车间，并应有与发酵、喷雾相应的专用设备。

5.2.13 凡与原料、中间产品直接接触的生产用工具、设备应使用符合产品质量和卫生要求的材质。

6 原料

6.1 保健食品生产所需要的原料的购入、使用等应制定验收、贮存、使用、检验等制度，并由专人负责。

6.2 原料必须符合食品卫生要求。原料的品种、来源、规格、质量应与批准的配方及产品企业标准相一致。

6.3 采购原料必须按有关规定索取有效的检验报告单；属食品新资源的原料需索取卫生部批准证书（复印件）。

6.4 以菌类经人工发酵制得的菌丝体或菌丝体与发酵产物的混合物及微生态类原料必须索取菌株鉴定报告、稳定性报告及菌株不含耐药因子的证明资料。

6.5 以藻类、动物及动物组织器官等为原料的，必须索取品种鉴定报告。从动、植物中提取的单一有效物质或以生物、化学合成物为原料的，应索取该物质的理化性质及含量的检测报告。

6.6 含有兴奋剂或激素的原料，应索取其含量检测报告；经放射性辐射的原料，应索取辐照剂量的有关资料。

6.7 原料的运输工具等应符合卫生要求。应根据原料特点，配备相应的保温、冷藏、保鲜、防雨防尘等设施，以保证质量和卫生需要。运输过程不得与有毒、有害物品同车或同一容器混装。

6.8 原料购进后对来源、规格、包装情况进行初步检查，按验收制度的规定填写入库账、卡，入库后应向质检部门申请取样检验。

6.9 各种原料应按待检、合格、不合格分区离地存放，并有明显标志；合格备用的还应按不同批次分开存放，同一库内不得储存相互影响风味的原料。

6.10 对有温度、湿度及特殊要求的原料应按规定条件储存；一般原料的储存场所或仓库，应地面平整，便于通风换气，有防鼠、防虫设施。

6.11 应制定原料的储存期，采用先进先出的原则。对不合格或过期原料应加注标志并及早处理。

6.12 以菌类经人工发酵制得的菌丝体或以微生态类为原料的应严格控制菌株保存条件，菌种应定期筛选、纯化，必要时进行鉴定，防止杂菌污染、菌种退化和变异产毒。

7 生产过程

7.1 制定生产操作规程

7.1.1 工厂应根据本规范要求并结合自身产品的生产工艺特点，制定生产工艺规程及岗位操作规程。

生产工艺规程需符合保健食品加工过程中功效成分不损失、不破坏、不转化和不产生有害中间体的工艺要求，其内容应包括产品配方、各组分的制备、成品加工过程的主要技术条件及关键工序的质量和卫生监控点，如：成品加工过程中的温度、压力、时间、pH 值、中间产品的质量指标等。

岗位操作规程应对各生产主要工序规定具体操作要求，明确各车间、工序和个人的岗位职责。

7.1.2 各生产车间的生产技术和管理人员，应按照生产过程中各关键工序控制项目及检查要求，对每一批次产品从原料配制、中间产品产量、产品质量和卫生指标等情况进行记录。

7.2 原辅料的领取和投料

7.2.1 投产前的原料必须进行严格的检查，核对品名、规格、数量，对于霉变、生虫、混有异物或其他感官性状异常、不符合质量标准要求的，不得投产使用。凡规定有储存期限的原料，过期不得使用。液体的原辅料应过滤除去异物；固体原辅料需粉碎、过筛的应粉碎至规定细度。

7.2.2 车间按生产需要领取原辅料，根据配方正确计算、称量和投料，配方原料的计算、称量及投料须经二人复核后，记录备查。

7.2.3 生产用水的水质必须符合 GB 5749 的规定，对于特殊规定的工艺用水，应按工艺要求进一步纯化处理。

7.3 配料与加工

7.3.1 产品配料前需检查配料锅及容器管道是否清洗干净、符合工艺所要求的标准。利用发酵工艺生产用的发酵罐、容器及管道必须彻底清洁、消毒处理后，方能用于生产。每一班次都应做好器具清洁、消毒记录。

7.3.2 生产操作应衔接合理，传递快捷、方便，防止交叉污染。应将原料处理、中间产品加工、包装材料和容器的清洁、消毒、成品包装和检验等工序分开设置。同一车间不得同时生产不同的产品；不同工序的容器应有明显标记，不得混用。

7.3.3 生产操作人员应严格按照一般生产区与洁净区的不同要求，搞好个人卫生。因调换工作岗位有可能导致产品污染时，必须更换工作服、鞋、帽，重新进行消毒。用于洁净区的工作服、鞋、帽等必须严格清洗、消毒，每日更换，并且只允许在洁净区内穿用，不准带出区外。

7.3.4 原辅料进入生产区，必须经过物料通道进入。凡进入洁净厂房、车间的物料必须除去外包装，若外包装脱不掉则要擦洗干净或换成室内包装桶。

7.3.5 配制过程原、辅料必须混合均匀，物料需要热熔、热取或浓缩（蒸发）的必须严格控制加热温度和时间。中间产品需要调整含量、pH 值等技术参数的，调整后须经对含量、pH 值、相对密度、防腐剂等重新测定复核。

7.3.6 各项工艺操作应在符合工艺要求的良好状态下进行。口服液、饮料等液体产品生产过程需要过滤的，应注意选用无纤维脱落且符合卫生要求的滤材，禁止使用石棉作滤材。胶囊、片剂、冲剂等固体产品需要干燥的应严格控制烘房（箱）的温度与时间，防止颗粒融熔与变质；捣碎、压片、过筛或整粒设备应选用符合卫生要求的材料制作，并定期清洗和维护，以避免铁锈及金属污染物的污染。

7.3.7 产品压片、分装胶囊和冲剂、液体产品的灌装等均应在洁净室内进行，应控制操作室的温度、湿度。手工分装胶囊应在具有相应洁净级别的有机玻璃罩内进行，操作台不得低于 0.7m。

7.3.8 配制好的物料须放在清洁的密闭容器中，及时进入灌装、压片或分装胶囊等工序，需储存的不得超过规定期限。

7.4 包装容器的洗涤、灭菌和保洁

7.4.1 应使用符合卫生标准和卫生管理办法规定允许使用的食品容器、包装材料、洗涤剂、消毒剂。

7.4.2 使用的空胶囊、糖衣等原料必须符合卫生要求，禁止使用非食用色素。

7.4.3 产品包装用各种玻璃瓶（管）、塑料瓶（管）、瓶盖、瓶垫、瓶塞、铝塑包装材料等，凡是直接接触产品的内包装材料均应采取适当方法清洗、干燥和灭菌，灭菌后应置于洁净室内冷却备用。贮存时间超过规定期限应重新洗涤、灭菌。

7.5 产品杀菌

7.5.1 各类产品的杀菌应选用有效的杀菌或灭菌设备和方法。对于需要灭菌又不能热压灭菌的产品，可根据不同工艺和食品卫生要求，使用精滤、微波、辐照等方法，以确保灭菌效果。采用辐照灭菌方法时，应严格按照《辐照食品卫生管理办法》的规定，严格控制辐照吸收剂量和时间。

7.5.2 应对杀菌或灭菌装置内温度的均一性、可重复性等定期做可靠性验证，对温度、压力等检测仪器定期校验。在杀菌或灭菌操作中应准确记录温度、压力及时间等指标。

7.6 产品灌装或装填

7.6.1 每批待灌装或装填产品应检查其质量是否符合要求，计算产出率，并与实际产出率进行核对。若有明显差异，必须查明原因，在得出合理解释并确认无潜在质量事故后，经品质管理部门批准方可按正常产品处理。

7.6.2 液体产品灌装，固体产品的造粒、压片及装填应根据相应要求在洁净区内进行。除胶囊外，产品的灌装、装填须使用自动机械装置，不得使用手工操作。

7.6.3 灌装前应检查灌装设备、针头、管道等是否用新鲜蒸馏水冲洗干净、消毒或灭菌。

7.6.4 操作人员必须经常检查灌装及封口后的半成品质量，随时调整灌装（封）机器，保证灌封质量。

7.6.5 凡需要灭菌的产品，从灌封到灭菌的时间应控制在工艺规程要求的时间限度内。

7.6.6 口服安瓿制剂及直形玻璃瓶等瓶装液体制剂灌封后应进行灯检。每批灯检结束，必须做好清场工作，剔除品应标明品名、规格、批号，置于清洁容器中交专人负责处理。

7.7　包装

7.7.1 保健食品的包装材料和标签应由专人保管，每批产品标签凭指令发放、领用，销毁的包装材料应有记录。

7.7.2 经灯检及检验合格的半成品在印字或贴签过程中，应随时抽查印字或贴签质量。印字要清晰；贴签要贴正、贴牢。

7.7.3 成品包装内不得夹放与食品无关的物品。

7.7.4 产品外包装上应标明最大承受压力（重量）。

7.8　标识

7.8.1 产品标识必须符合《保健食品标识规定》和 GB 7718 的要求。

7.8.2 保健食品产品说明书、标签的印制，应与卫生部批准的内容相一致。

8　成品贮存与运输

8.1 贮存与运输的一般性卫生要求应符合 GB 14881 的要求。

8.2 成品贮存方式及环境应避光、防雨淋，温度、湿度应控制在适当范围，并避免撞击与振动。

8.3 含有生物活性物质的产品应采用相应的冷藏措施，并以冷链方式贮存和运输。

8.4 非常温下保存的保健食品（如某些微生态类保健食品），应根据产品不同特性，按照要求的温度进行贮运。

8.5 仓库应有收、发货检查制度。成品出厂应执行"先产先销"的原则。

8.6 成品入库应有存量记录；成品出库应有出货记录，内容至少包括批号、出货时间、地点、对象、数量等，以便发现问题及时回收。

9　品质管理

9.1 工厂必须设置独立的与生产能力相适应的品质管理机构，直属工厂负责人领导。各车间设专职质检员，各班组设兼职质检员，形成一个完整而有效的品质监控体系，负责生产全过程的品质监督。

9.2　品质管理制度的制定与执行

9.2.1 品质管理机构必须制定完善的管理制度，品质管理制度应包括以下内容。

ⓐ 原辅料、中间产品、成品以及不合格品的管理制度；

ⓑ 原料鉴别与质量检查、中间产品的检查、成品的检验技术规程，如质量规格、检验项目、检验标准、抽样和检验方法等的管理制度；

ⓒ 留样观察制度和实验室管理制度；

ⓓ 生产工艺操作核查制度；

ⓔ 清场管理制度；

ⓕ 各种原始记录和批生产记录管理制度；

ⓖ 档案管理制度。

9.2.2 以上管理制度应切实可行、便于操作和检查。

9.3 必须设置与生产产品种类相适应的检验室和化验室，应具备对原料、半成品、成品进行检验所需的房间、仪器、设备及器材，并定期鉴定，使其经常处于良好状态。

9.4　原料的品质管理

9.4.1 必须按照国家或有关部门规定设质检人员，逐批次对原料进行鉴别和质量检查，不合格者不得使用。

9.4.2 要检查和管理原料的存放场所，存放条件不符合要求的场所不得使用。

9.5　加工过程的品质管理

9.5.1 找出加工过程中的质量、卫生关键控制点，至少要监控下列环节，并做好记录。

9.5.1.1 投料的名称与重量（或体积）。

9.5.1.2 有效成分提取工艺中的温度、压力、时间、pH 等技术参数。

9.5.1.3 中间产品的产出率及质量规格。

9.5.1.4 成品的产出率及质量规格。

9.5.1.5 直接接触食品的内包装材料卫生状况。

9.5.1.6 成品灭菌方法的技术参数。

9.5.2 要对重要的生产设备和计量器具定期检修，用于灭菌设备的温度计、压力计至少半年检修一次，并做检修记录。

9.5.3 应具备对生产环境进行监测的能力，并定期对关键工艺环境的温度、湿度、空气净化度等指标进行监测。

9.5.4 应具备对生产用水的监测能力，并定期监测。

9.5.5 对品质管理过程中发现的异常情况，应迅速查明原因、做好记录，并加以纠正。

9.6 成品的品质管理

9.6.1 必须逐批次对成品进行感官、卫生及质量指标的检验，不合格者不得出厂。

9.6.2 应具备产品主要功效因子或功效成分的检测能力，并按每次投料所生产的产品的功效因子或主要功效成分进行检测，不合格者不得出厂。

9.6.3 每批产品均应有留样，留样应存放于专设的留样库（或区）内，按品种、批号分类存放，并有明显标志。

9.6.4 应定期做产品稳定性实验。

9.6.5 必须对产品的包装材料、标志、说明书进行检查，不合格者不得使用。

9.6.6 检查和管理成品库房存放条件，不符合存放条件的库房不得使用。

9.7 品质管理的其他要求

9.7.1 应对用户提出的质量意见和使用中出现的不良反应详细记录，并做好调查处理工作，并作记录备查。

9.7.2 必须建立完整的质量管理档案，设有档案柜和档案管理人员，各种记录分类归档，保存 2～3 年备查。

9.7.3 应定期对生产和质量进行全面检查，对生产和管理中的各项操作规程、岗位责任制进行验证。对检查或验证中发现的问题进行调整，定期向卫生行政部门汇报产品的生产质量情况。

10 卫生管理

工厂应按照 GB 14881 的要求，做好除虫、灭害、有毒有害物处理、饲养动物、污水污物处理、副产品处理等的卫生管理工作。

卫生部关于进一步规范保健食品原料管理的通知

（卫法监发〔2002〕51 号）

各省、自治区、直辖市卫生厅局、卫生部卫生监督中心：

为进一步规范保健食品原料管理，根据《中华人民共和国食品卫生法》，现印发《既是食品又是药品的物品名单》、《可用于保健食品的物品名单》和《保健食品禁用物品名单》（见附件），并规定如下：

一、申报保健食品中涉及的物品（或原料）是我国新研制、新发现、新引进的无食用习惯或仅在个别地区有食用习惯的，按照《新资源食品卫生管理办法》的有关规定执行。

二、申报保健食品中涉及食品添加剂的，按照《食品添加剂卫生管理办法》的有关规定执行。

三、申报保健食品中涉及真菌、益生菌等物品（或原料）的，按照我部印发的《卫生部关于印发真菌类和益生菌类保健食品评审规定的通知》（卫法监发〔2001〕84 号）执行。

四、申报保健食品中涉及国家保护动植物等物品（或原料）的，按照我部印发的《卫生部关于限制以野生动植物及其产品为原料生产保健食品的通知》（卫法监发〔2001〕160 号）、《卫生部关于限制以甘草、麻黄草、苁蓉和雪莲及其产品为原料生产保健食品的通知》（卫法监发〔2001〕188 号）、《卫生部关于不再审批以熊胆粉和肌酸为原料生产的保健食品的通告》（卫法监发〔2001〕267 号）等文件执行。

五、申报保健食品中含有动植物物品（或原料）的，动植物物品（或原料）总个数不得超过 14 个。如使用附件 1 之外的动植物物品（或原料），个数不得超过 4 个；使用附件 1 和附件 2 之外的动植物物品（或原料），个数不得超过 1 个，且该物品（或原料）应参照《食品安全性毒理学评价程序》（GB 15193.1—94）中对食品新资源和新资源食品的有关要求进行安全性毒理学评价。

以普通食品作为原料生产保健食品的，不受本条规定的限制。

六、以往公布的与本通知规定不一致的，以本通知为准。

附件：1. 既是食品又是药品的物品名单

2. 可用于保健食品的物品名单

3. 保健食品禁用物品名单

二〇〇二年二月二十八日

附件 1　既是食品又是药品的物品名单（按笔画顺序排列）

丁香、八角茴香、刀豆、小茴香、小蓟、山药、山楂、马齿苋、乌梢蛇、乌梅、木瓜、火麻仁、代代花、玉竹、甘草、白芷、白果、白扁豆、白扁豆花、龙眼肉（桂圆）、决明子、百合、肉豆蔻、肉桂、余甘子、佛手、杏仁（甜、苦）、沙棘、牡蛎、芡实、花椒、赤小豆、阿胶、鸡内金、麦芽、昆布、枣（大枣、酸枣、黑枣）、罗汉果、郁李仁、金银花、青果、鱼腥草、姜（生姜、干姜）、枳椇子、枸杞子、栀子、砂仁、胖大海、茯苓、香橼、香薷、桃仁、桑叶、桑椹、桔红、桔梗、益智仁、荷叶、莱菔子、莲子、高良姜、淡竹叶、淡豆豉、菊花、菊苣、黄芥子、黄精、紫苏、紫苏籽、葛根、黑芝麻、黑胡椒、槐米、槐花、蒲公英、蜂蜜、榧子、酸枣仁、鲜白茅根、鲜芦根、蝮蛇、橘皮、薄荷、薏苡仁、薤白、覆盆子、藿香。

附件 2　可用于保健食品的物品名单（按笔画顺序排列）

人参、人参叶、人参果、三七、土茯苓、大蓟、女贞子、山茱萸、川牛膝、川贝母、川芎、马鹿胎、马鹿茸、马鹿骨、丹参、五加皮、五味子、升麻、天门冬、天麻、太子参、巴戟天、木香、木贼、牛蒡子、牛蒡根、车前子、车前草、北沙参、平贝母、玄参、生地黄、生何首乌、白及、白术、白芍、白豆蔻、石决明、石斛（需提供可使用证明）、地骨皮、当归、竹茹、红花、红景天、西洋参、吴茱萸、怀牛膝、杜仲、杜仲叶、沙苑子、牡丹皮、芦荟、苍术、补骨脂、诃子、赤芍、远志、麦门冬、龟甲、佩兰、侧柏叶、制大黄、制何首乌、刺五加、刺玫果、泽兰、泽泻、玫瑰花、玫瑰茄、知母、罗布麻、苦丁茶、金荞麦、金樱子、青皮、厚朴、厚朴花、姜黄、枳壳、枳实、柏子仁、珍珠、绞股蓝、胡芦巴、茜草、荜茇、韭菜子、首乌藤、香附、骨碎补、党参、桑白皮、桑枝、浙贝母、益母草、积雪草、淫羊藿、菟丝子、野菊花、银杏叶、黄芪、湖北贝母、番泻叶、蛤蚧、越橘、槐实、蒲黄、蒺藜、蜂胶、酸角、墨旱莲、熟大黄、熟地黄、鳖甲。

附件 3　保健食品禁用物品名单（按笔画顺序排列）

八角莲、八里麻、千金子、土青木香、山莨菪、川乌、广防己、马桑叶、马钱子、六角莲、天仙子、巴豆、水银、长春花、甘遂、生天南星、生半夏、生白附子、生狼毒、白降丹、石蒜、关木通、农吉痢、夹竹桃、朱砂、米壳（罂粟壳）、红升丹、红豆杉、红茴香、红粉、羊角拗、羊踯躅、丽江山慈姑、京大戟、昆明山海棠、河豚、闹羊花、青娘虫、鱼藤、洋地黄、洋金花、牵牛子、砒石（白砒、红砒、砒霜）、草乌、香加皮（杠柳皮）、骆驼蓬、鬼臼、莽草、铁棒槌、铃兰、雪上一枝蒿、黄花夹竹桃、斑蝥、硫黄、雄黄、雷公藤、颠茄、藜芦、蟾酥。

益生菌类保健食品申报与审评规定（试行）

（国食药监注〔2005〕202 号）

第一条　为规范益生菌类保健食品审评工作，确保益生菌类保健食品的食用安全，根据《中华人民共和国食品卫生法》、《保健食品注册管理办法（试行）》，制定本规定。

第二条　益生菌类保健食品系指能够促进肠道菌群生态平衡，对人体起有益作用的微生态产品。

第三条　益生菌菌种必须是人体正常菌群的成员，可利用其活菌、死菌及其代谢产物。益生菌类保健食品必须安全可靠，即食用安全，无不良反应；生产用菌种的生物学、遗传学、功效学特性明确和稳定。

第四条 可用于保健食品的益生菌菌种名单由国家食品药品监督管理局公布。

第五条 国家食品药品监督管理局对保健食品的益生菌菌种鉴定单位进行确定，确定的菌种鉴定单位的名单由国家食品药品监督管理局公布。益生菌类保健食品的菌种鉴定工作应在国家食品药品监督管理局确定的鉴定单位进行。

第六条 申请益生菌类保健食品，除按保健食品注册管理有关规定提交申报资料外，还应提供以下资料：

（一）产品配方及配方依据中应包括确定的菌种属名、种名及菌株号。菌种的属名、种名应有对应的拉丁学名。

（二）菌种的培养条件（培养基、培养温度等）。

（三）菌种来源及国内外安全食用资料。

（四）国家食品药品监督管理局确定的鉴定机构出具的菌种鉴定报告。

（五）菌种的安全性评价资料（包括毒力试验）。

（六）菌种的保藏方法。

（七）对经过驯化、诱变的菌种，应提供驯化、诱变的方法及驯化剂、诱变剂等资料。

（八）以死菌和/或其代谢产物为主要功能因子的保健食品应提供功能因子或特征成分的名称和检测方法。

（九）生产的技术规范和技术保证。

（十）生产条件符合《保健食品生产良好规范》的证明文件。

（十一）使用《可用于保健食品的益生菌菌种名单》之外的益生菌菌种的，还应当提供菌种具有功效作用的研究报告、相关文献资料和菌种及其代谢产物不产生任何有毒有害作用的资料。

第七条 申请人购买活菌种冻干粉直接生产保健食品，生产加工工艺只是混合、灌装过程，本规定第六条的资料也可由活菌种冻干粉原料供应商提供复印件（加盖原料供应商公章），并提供购销凭证。

第八条 申请注册的用于益生菌类保健食品生产的菌种应满足以下条件：

（一）保健食品生产用菌种应采用种子批系统。原始种子批应验明其记录、历史、来源和生物学特性。从原始种子批传代、扩增后保存的为主种子批。从主种子传代、扩增后保存的为工作种子批。工作种子批的生物学特性应与原始种子批一致，每批主种子批和工作种子批均应按规程要求保管、检定和使用。在适宜的培养基上主种子传代不超过10代，工作种子传代不超过5代。

（二）试制单位应有专门的部门和人员管理生产菌种，建立菌种档案资料，内容包括菌种的来源、历史、筛选、检定、保存方法、数量、开启使用等完整的记录。

（三）菌种及其代谢产物必须无毒无害，不得在生产用培养基内加入有毒有害物质和致敏性物质。

（四）从活菌类益生菌保健食品中应能分离出与报批和标识菌种一致的活菌。

第九条 益生菌类保健食品样品试制的场所应具备以下条件：

（一）符合《保健食品生产良好规范》（GMP）的要求，并建立危害分析关键控制点（HACCP）质量保证体系。

（二）具备中试生产规模，即每日至少可生产500L的能力，并以中试产品报批。

（三）必须有专门的厂房或车间、有专用的生产设备和设施；必须配备益生菌实验室，菌种必须有专人管理，应由具有中级以上技术职称的细菌专业的技术人员负责；制定相应的详细技术规范和技术保证。

第十条 生产用菌种及生产工艺不得变更。

第十一条 不提倡以液态形式生产益生菌类保健食品活菌产品。

第十二条 活菌类益生菌保健食品在其保质期内活菌数目不得少于106cfu/mL（g）。

第十三条 益生菌类保健食品如需在特殊条件下保存，应在标签和说明书中标示。

第十四条 所用益生菌菌种在其发酵过程中，除培养基外，不得加入具有功效成分的动植物及其他物质。

第十五条 经过基因修饰的菌种不得用于保健食品。

第十六条 本规定由国家食品药品监督管理局负责解释。

第十七条 本规定自二○○五年七月一日起实施。以往发布的规定，与本规定不符的，以本规定为准。

可用于保健食品的益生菌菌种名单

两歧双歧杆菌	*Bifidobacterium bifidum*
婴儿双歧杆菌	*Bifidobacterium infantis*
长双歧杆菌	*Bifidobacterium longum*
短双歧杆菌	*Bifidobacterium breve*
青春双歧杆菌	*Bifidobacterium adolescentis*
德氏乳杆菌保加利亚种	*Lactobacillus delbrueckii* subsp. *bulgaricus*
嗜酸乳杆菌	*Lactobacillus acidophilus*
干酪乳杆菌干酪亚种	*Lactobacillus casei* subsp. *casei*
嗜热链球菌	*Streptococcus thermophilus*
罗伊乳杆菌	*Lactobacillus reuteri*

卫生部关于印发《食品营养标签管理规范》的通知
（卫监督发〔2007〕300号）

各省、自治区、直辖市卫生局，新疆生产建设兵团卫生局，中国疾病预防控制中心、卫生部卫生监督中心：

为指导和规范食品营养标签的标示，引导消费者合理选择食品，促进膳食营养平衡，保护消费者知情权和身体健康，我部组织制定了《食品营养标签管理规范》。现印发给你们，请遵照执行。

二〇〇七年十二月十八日

食品营养声称和营养成分功能声称准则
（卫监督发〔2007〕300号附件3）

依据《食品营养标签管理规范》中所涉及的内容要求，制定本准则。

本准则规定了食品营养标签使用的营养声称和营养成分功能声称条件以及标准化用语。

一、定义

（一）营养声称是指食品营养标签上对食物营养特性的确切描述和说明，包括：

1. 含量声称　指描述食物中能量或营养成分含量水平的声称。声称用语包括"含有"、"高"、"低"或"无"等（如牛奶是钙的来源、低脂奶、高膳食纤维饼干等）。

2. 比较声称　指与消费者熟知的同类食品的营养成分含量或能量值进行比较后的声称。声称用语包括"增加"和"减少"等。所声称的能量或营养成分含量差异必须≥25％（如普通奶粉可作为脱脂奶粉的基准食品；普通酱油可作为强化铁酱油的基准食品等）。

（二）营养成分功能声称　指某营养成分可以维持人体正常生长、发育和正常生理功能等作用的声称。

二、基本使用原则

（一）本准则规定的营养和功能声称适用于所有预包装食品，但不包括婴幼儿配方食品和保健食品；特殊膳食用食品和医学用途食品可参照此原则。

（二）营养声称所涉及的物质仅指表1所列项目中的能量和营养成分；功能声称中所涉及的营养成分，仅指具有营养素参考数值（NRV）的成分。

（三）营养声称应符合本准则中对声称的含量要求和条件。比较声称应按质量分数或倍数或百分数标示含量差异。

（四）营养声称可以标在营养成分表下端、上端或其他任意醒目位置。但营养成分功能声称应标示在营养成分表的下端。

（五）当同时符合含量声称和比较声称的要求时，也可同时进行两种声称。

三、营养声称的要求和条件

使用含量声称或比较声称，必须满足表1所给出的能量或任一营养成分的含量要求，并符合其限制性条件。

表 1   含量声称和比较声称的要求和条件

项 目	声 称 条 件	含 量 要 求	限制性条件
能量	减少或减能量	与基准食品相比减少 25% 以上	基准食品应为消费者熟知的同类食品
	低能量	≤170kJ/100g 固体 ≤80kJ/100ml 液体	
	无或零能量	≤17kJ/100g（固体）或 100ml（液体）	
蛋白质	低蛋白	来自蛋白质的能量≤总能量的 5%	总能量指每 100g 或每份
	蛋白质来源或含有蛋白质或提供蛋白质	每 100g 的含量≥10% NRV 每 100ml 的含量≥5% NRV 或者 每 420kJ 的含量≥5% NRV	
	高或富含蛋白质或蛋白质丰富	"来源"的两倍以上	
脂肪	低脂肪	≤3g/100g 固体；≤1.5g/100ml 液体	
	减少或减脂肪	与基准食品相比减少 25% 以上	基准食品的定义同上
	脱脂	液态奶和酸奶：脂肪含量≤0.5% 奶粉：脂肪含量≤1.5%	仅指乳品类
	零，无或不含脂肪	≤0.5g/100g（固体）或 100ml（液体）	
	低饱和脂肪	≤1.5g/100g 固体 ≤0.75g/100ml 液体	1. 指饱和脂肪及反式脂肪的总和； 2. 其提供的能量占食品总能量的 10% 以下
	零，无或不含饱和脂肪	≤0.1g/100g（固体）或 100ml（液体）	指饱和脂肪及反式脂肪的总和
	瘦	脂肪含量≤10%	仅指畜肉类和禽肉类
胆固醇	减少或减胆固醇	与基准食品相比减少 25% 以上	基准食品的定义同上
	低胆固醇	≤20mg/100g 固体 ≤10mg/100ml 液体	应同时符合低饱和脂肪的声称含量要求和限制性条件
	无，或不含，零胆固醇	≤0.005g/100g（固体）或 100ml（液体）	
糖	减少或减糖	与基准食品相比减少 25% 以上	基准食品的定义同上
	低糖	≤5g/100g（固体）或 100ml（液体）	
	无或不含糖	≤0.5g/100g（固体）或 100ml（液体）	
钠	低钠	≤120mg/100g（固体）或 100ml（液体）	
	极低钠	≤40mg/100g（固体）或 100ml（液体）	
	无或不含，零钠	≤5mg/100g（固体）或 100ml（液体）	
钙或其他矿物质	钙（××）来源或含有钙（××）或提供钙（××）	每 100g 中≥15% NRV 每 100ml 中≥7.5% NRV 或者 每 420kJ 中≥5% NRV	
	高或富含××或××的良好来源	"来源"的两倍以上	
	增加，加，或减少，减××	与基准食品相比增加或减少 25% 以上	基准食品的定义同上

续表

项　目	声称条件	含　量　要　求	限制性条件
维生素	××来源 或含有×× 或提供××	每100g中≥15% NRV 每100ml中≥7.5% NRV 或者 每420kJ中≥5% NRV	
	高或富含××	"来源"的两倍以上	
	增加,增,或减少,减××	与基准食品相比增加或减少25%以上	基准食品的定义同上
	多维	含量符合上述相应来源的含量要求	添加3种以上的维生素
膳食纤维	膳食纤维来源或含有膳食纤维	≥3g/100g,≥1.5g/100ml	膳食纤维总量符合其含量要求;或者可溶性膳食纤维、不溶性膳食纤维或单体成分任一项符合含量要求
	高或富含膳食纤维或良好来源	"来源"的两倍以上	
碳水化合物	增加、增,或减少、减	与基准食品相比增加或减少25%以上	基准食品的定义同上
	减少或减乳糖	与基准食品相比减少25%以上	
	低乳糖	乳糖含量≤2g/100g(ml)	仅指乳品类
	无乳糖	乳糖含量≤0.5g/100g(ml)	

注：使用每份食品的含量时也必须符合100g（ml）的含量规定。

四、营养成分功能声称使用要求和条件

当能量或营养素含量符合表1有关要求时，根据食品的营养特性，可选用以下一条或多条功能声称的标准用语。以下用语不得删改和添加。

1. 能量

人体需要能量来维持生命活动。

机体的生长发育和一切活动都需要能量。

适当的能量可以保持良好的健康状况。

2. 蛋白质

蛋白质是人体的主要构成物质并提供多种氨基酸。

蛋白质是人体生命活动中必需的重要物质，有助于组织的形成和生长。

蛋白质有助于构成或修复人体组织。

蛋白质有助于组织的形成和生长。

蛋白质是组织形成和生长的主要营养素。

3. 脂肪

脂肪提供高能量。

每日膳食中脂肪提供的能量占总能量的比例不宜超过30%。

脂肪是人体的重要组成成分。

脂肪可辅助脂溶性维生素的吸收。

脂肪提供人体必需脂肪酸。

饱和脂肪：

饱和脂肪可促进食物中胆固醇的吸收。

饱和脂肪摄入量应少于每日总脂肪的1/3，过多摄入有害健康。

过多摄入饱和脂肪可使胆固醇增高，摄入量应少于每日总能量的10%。

4. 胆固醇

每日膳食中胆固醇摄入量不宜超过300mg。

5. 碳水化合物

碳水化合物是人类生存的基本物质和能量主要来源。

附录 **187**

碳水化合物是人类能量的主要来源。

碳水化合物是血糖生成的主要来源。

膳食中碳水化合物应占能量的 60% 左右。

6. 钠

钠能调节机体水分，维持酸碱平衡。

中国营养学会建议每日食盐的摄入量不要超过 6 克。

钠摄入过高有害健康。

7. 钙

钙是人体骨骼和牙齿的主要组成成分，许多生理功能也需要钙的参与。

钙是骨骼和牙齿的主要成分，并维持骨骼密度。

钙有助于骨骼和牙齿的发育。

钙有助于骨骼和牙齿更坚固。

8. 铁

铁是血红细胞形成的因子。

铁是血红细胞形成的必需元素。

铁对血红蛋白的产生是必需的。

9. 锌

锌是儿童生长发育必需的元素。

锌有助于改善食欲。

锌有助于皮肤健康。

10. 镁

镁是能量代谢、组织形成和骨骼发育的重要物质。

11. 碘

碘是甲状腺发挥正常功能的要素。

12. 维生素 A

维生素 A 有助于维持暗视力。

维生素 A 有助于维持皮肤和黏膜健康。

13. 维生素 C

维生素 C 有助于维持皮肤和黏膜健康。

维生素 C 有助于维持骨骼、牙龈的健康。

维生素 C 可以促进铁的吸收。

维生素 C 有抗氧化作用。

14. 维生素 D

维生素 D 可促进钙的吸收。

维生素 D 有助于骨骼和牙齿的健康。

维生素 D 有助于骨骼形成。

15. 维生素 E

维生素 E 有抗氧化作用。

16. 维生素 B_1

维生素 B_1 是能量代谢中不可缺少的成分。

维生素 B_1 有助于维持神经系统的正常生理功能。

17. 维生素 B_2

维生素 B_2 有助于维持皮肤和黏膜健康。

维生素 B_2 是能量代谢中不可缺少的成分。

18. 烟酸

烟酸有助于维持皮肤和黏膜健康。

烟酸是能量代谢中不可缺少的成分。

烟酸有助于维持神经系统的健康。

19. 维生素 B_6

维生素 B_6 有助于蛋白质的代谢和利用。

20. 维生素 B_{12}

维生素 B_{12} 有助于红细胞形成。

21. 叶酸

叶酸有助于胎儿大脑和神经系统的正常发育。

叶酸有助于红细胞形成。

叶酸有助于胎儿正常发育。

22. 泛酸

泛酸是能量代谢和组织形成的要素。

23. 膳食纤维

膳食纤维有助于维持正常的肠道功能。

参 考 文 献

[1] 金宗濂. 保健食品的功能评价与开发. 北京：中国轻工业出版社，2001.

[2] 王光亚. 保健食品功效成分检测方法. 北京：中国轻工业出版社，2002.

[3] 邓平建. 转基因食品食用安全性和营养质量评价及验证. 北京：人民卫生出版社，2003.

[4] 郑建仙. 功能性食品学. 北京：中国轻工业出版社，2003.

[5] 中华人民共和国卫生部. 保健食品检验与评价技术规范，2003.

[6] 中华人民共和国国家食品药品监督管理局. 保健食品注册管理办法（试行），2005.

[7] 范青生. 保健食品研制与开发技术. 北京：化学工业出版社，2006.

[8] 范青生，龙洲雄. 保健食品功效成分与标志性成分. 北京：中国医药科技出版社，2007.

[9] 刘静波，林松毅. 功能食品学. 北京：化学工业出版社，2008.

[10] 管正学. 保健食品开发生产技术问答. 北京：中国轻工业出版社，2003.

[11] 金宗濂. 功能食品教程. 北京：中国轻工业出版社，2005.

[12] 吴谋成. 功能食品研究与应用. 北京：化学工业出版社，2004.

[13] 徐怀德. 药食同源新食品加工. 北京：中国农业出版社，2002.

[14] 顾维雄. 保健食品. 上海：上海人民出版社，2001.

[15] 李世敏. 功能食品加工技术. 北京：中国轻工业出版社，2003.

[16] 于守洋，崔鸿斌等. 中国保健食品的进展. 北京：人民卫生出版社，2001.

[17] 郑建仙. 功能性食品：第三卷. 北京：中国轻工业出版社，2002.

[18] 凌关庭. 保健食品原料手册. 北京：化学工业出版社，2002.

[19] 温辉梁. 保健食品加工技术与配方. 南昌：江西科学技术出版社，2002.

[20] 孙远明. 食品营养学. 北京：中国农业大学出版社，2002.

[21] 吴翠珍，李承朴，杜慧真. 临床营养与食疗学. 北京：中国医药科技出版社，2001.

[22] 陈君石，闻芝梅. 功能性食品的科学. 北京：人民卫生出版社，2002.

[23] 钟耀广. 功能性食品. 北京：化学工业出版社，2004.

[24] 黄元森，邹宗柏. 新编保健食品的开发配方与工艺手册. 北京：化学工业出版社，2005.

[25] 刘翠格. 营养与健康. 北京：化学工业出版社，2006.

[26] 郑建仙. 功能性食品学. 第2版. 北京：中国轻工业出版社，2006.

[27] 孙远明. 食品营养学. 北京：科学出版社，2006.

[28] 王叔淳. 食品卫生检验技术手册. 北京：化学工业出版社，2002.

[29] 于智敏. 走出亚健康. 北京：人民卫生出版社，2003.

[30] 孙涛，王天芳，武留信. 亚健康学. 北京：中国中医药出版社，2007.

[31] 范青生，胡居吾. 保健食品注册申报实用指南. 北京：中国轻工业出版社，2006.

[32] Glenn R. Gibson. 功能性食品. 霍军生等译. 北京：中国轻工业出版社，2005.

[33] 王锦鸿，陈仁寿. 临床实用中药辞典. 北京：金盾出版社，2003.

[34] 江苏新医学院. 中药大辞典：上、下册. 上海：上海科学技术出版社，2004.

[35] 张炳文，郝征红. 健康食品资源营养与功能评价. 北京：中国轻工业出版社，2007.

[36] 吴时敏. 功能性油脂. 北京：中国轻工业出版社，2001.

[37] 潘道东. 功能性食品添加剂. 北京：中国轻工业出版社，2006.

[38] 邵俊杰. 保健食品工程. 长沙：湖南科学技术出版社，2001.

[39] 李里特，王海. 功能性大豆食品. 北京：中国轻工业出版社，2002.

[40] 赵新淮，于萍，张永忠. 乳品化学. 北京：科学出版社，2007.

[41] 李凤林，夏宇. 食品营养与卫生学. 北京：中国轻工业出版社，2007.

[42] 杨君. 食品营养. 北京：中国轻工业出版社，2007.

[43] 中华人民共和国卫生部. 食品营养标签管理规范，2007.